新编

辛 菊 潘家懿 \ 编著
毕富生 \ 审订

普通逻辑学基础

山西出版集团
书海出版社

编 写 说 明

本教材是 1991 年 8 月出版的《普通逻辑基础》的新编版本。

原版的《普通逻辑基础》是在山西省高等教育成人自学考试的逻辑学教材供应极其紧张的情况下仓促出版的。出版以后我们才发现,不仅排版校对有不少疏漏和错误,而且有些章节的内容安排也有欠妥之处。我们一直希望有一个改正、补充和完善的机会。书海出版社根据高校和社会上用书的需求,同意为我们出一个新版本。因此,本书的问世首先应感谢书海出版社的支持和帮助。

本书仍然坚持理论联系实际和熔知识性、科学性、趣味性于一炉的原则。改写了第一章至第六章;增写了模态判断间的真值关系表、假言易位转换推理综合运用的公式和假说、论证等章节;补充了学习指要与技能训练以及模拟自测题型。如果说,原版教材主要是以参加自学考试的成人学员为对象,那么这个新版本则有更宽的适用面,可以作为普通高校和高等教育成人自学考试及高教函授文科专业的教学用书,也可作为公关、文秘、公安人员自学逻辑的辅导读物。

本书在编写过程中征求了一些成人自考函授学员的意见。参考了近年来国内发表的一些逻辑学论著。在此谨向上述有关的朋友和专家们表示衷心的感谢。

为了便于学生平时的自学和训练以及成人自考函授学员参加逻辑学课程的考试,本书将逻辑原理与技能训练合为一册,分上、下两编。上编为普通逻辑学基本原理,由辛菊、嘉意合作编写,辛菊修订。下编为学习指要与习题训练,由辛菊编写,嘉意通稿。

本书的特色是高效实用,简明清楚,重点突出,便于训练。希望本书能成为广大逻辑学爱好者通往智慧王国、到达理想彼岸的桥梁。

本书的参考书目有:

《普通逻辑原理》,吴家国主编,高等教育出版社,1989 年版(全国高教自考教材)

《普通逻辑基础》,潘家懿、辛菊主编,山西高校联合出版社,1991 年版(山西省自考委指定参考用书)

《普通逻辑自学考试大纲》(全国高教自考委员会制定)

《逻辑导论》,吴格明、辛菊主编,地震出版社,1999 年版

《普通逻辑自学导引》,刘新友、田宏第主编,高等教育出版社,1991 年版(全国高等教育自学考试教材《普通逻辑原理》辅导)

在此对以上著作的作者表示衷心的感谢。

本书承蒙中国逻辑学会理事、中国现代逻辑专业委员会副主任、山西省逻辑学会会长、山西大学哲学系教授毕富生先生审阅定稿,特此谢忱。书海出版社总编杭海路先生和辞书工具书编辑部孔庆萍女士对本书的出版也付出了很多心血,在此一并致以诚挚的谢意。

编　者

2002 年 12 月

前　言

　　普通逻辑是高校政教、中文专业的必修课,也是文科自学考试的一门必考课。我们所编写的这本《新编普通逻辑学基础》,主要以上述两类学生为适用对象,也可供从事文秘、公安工作的同志和中学教师以及逻辑爱好者的自学之用。

　　本书依据全国高等教育自学考试指导委员会颁布的《高等教育自学考试普通逻辑自学考试大纲》编写,对普通逻辑的知识作了全面的讲解。但考虑到本书的主要对象是参加自学考试和函授学习的成人学员,所以,在体例和内容上作了一些调整,把判断和推理放在一起讲,即讲完每一种判断类型,就接着讲由该类判断所构成的推理。这样做,既能体现思维形式之间的紧密联系,也便于自学。在写法上,我们力图做到化艰深为浅易,引用各种趣味性较强的材料来阐述抽象的逻辑问题,寓知识性和科学性于趣味性中,以提高学生学习逻辑的兴趣。

　　本书是山西省高等教育自学考试委员会指定的汉语言文学专业自学考试普通逻辑学参考教材。

　　我们虽然长期从事逻辑教学,但由于水平有限,对许多逻辑问题尚未作较深入的研究,错误和不当之处,敬请逻辑学界的各位同人不吝赐教。

编 者

2002 年 12 月

目　　录

上 编　普通逻辑基本原理

下编 学习指要与技能训练

普通逻辑基本原理

上 编

辛 菊　嘉意

编著

毕富生　审订

新编普通逻辑学基础

第一章 绪 论

第一节 普通逻辑的对象和任务

一、逻辑、逻辑学、形式逻辑、普通逻辑

（一）逻辑

"逻辑"是个外来词，是英语"Logic"（逻辑克）一词的音译，英语"Logic"又导源于古希腊语"λoros"（逻各斯）。

"逻辑"一词翻译过来后，在现代汉语里被广泛地使用，是一个多义词，在不同的语言环境中其含义有所不同，一般有以下四个含义较为常用。

（1）表示事物发展变化的客观规律。如：

"多行不义必自毙"，这是被历史发展证明了的一条逻辑。

（2）表示人类思维的规律、规则。如：

推理不合乎逻辑，论证就没有说服力。

（3）表示某种特殊的理论、观点或看待问题的方法。如：

"只许官家放火，不许百姓点灯"，这真是奇怪的逻辑。

在这个意义上使用的"逻辑"之前，往往有一些贬义的修饰语，表示不同于常人的一种歪理。如"反革命逻辑"、"混蛋逻辑"等都是。

（4）表示一门研究思维形式和思维规律的科学——逻辑学。如：

领导干部学点逻辑是十分必要的。

（二）逻辑学

逻辑学有广义和狭义的区别。广义的逻辑学包括形式逻辑、辩证逻辑、数理逻辑以及一切与逻辑有关的新兴学科。如：语言逻辑、模糊逻辑、刑侦逻辑、法律逻辑、符号逻辑等；而狭义的逻辑学仅仅指的是以演绎法为主要内容的形式逻辑。

逻辑学是一门既古老而又年轻的科学。2000 多年来，随着人类实践、认识和思维科学的发展，逻辑学也在不断拓深和拓宽自己的领域，从而发展成为一门多层次、多学科的庞大系统。现在，逻辑学除了包括形式逻辑、辩证逻辑和数理逻辑的基本逻辑演算之外，还建立了数理逻辑的证明论、集合论、递归论、模型论以及其他许多新的逻辑学说，如逻辑语法学、逻辑语义学、逻辑语用学、逻辑语言学、模态逻辑、规范逻辑、时态逻辑、多值逻辑、控制论逻辑、评价逻辑、行为逻辑等等，从而越来越显示了逻辑学的重要地位。联合国教科文组织编制的学科分类，已将逻辑学列为七大基础科学的第二位。英国的大百科全书也将逻辑学列为五大学科之首。

（三）形式逻辑

"形式逻辑"这个名称发展到现在，又有两个不同的意义：一指传统的、古典的形式逻辑，二指现代的形式逻辑。传统的形式逻辑是从既成思维的外在关系来研究思维形式结构及其规律的科学，包括演绎逻辑和归纳逻辑。它的奠基人是古希腊的哲学家亚里士多德(公元前 384 年—公元前 322 年)和英国的唯物主义哲学家、整个现代实验科学的真正始祖弗兰西斯·培根(1561 年—1626 年)。现代的形式逻辑主要指数理逻辑(又称"符号逻辑"),数理逻辑是用数学方法研究有关形式逻辑问题及数学问题的一门新兴的逻辑科学。它的创始人是 18 世纪德国的数学家、唯心主义哲学家莱布尼茨(1646 年—1716 年)。

由此可见,"形式逻辑"这个名称,既可用来指称古典的形式逻辑,即传统的演绎逻辑,又可用来指称现代的形式逻辑,即数理逻辑。若再继续沿用"形式逻辑"这一名称来指称传统逻辑,就容易混同于演绎逻辑或数理逻辑。为了避免用语上的混乱,国内有些学者采用"普通逻辑"这个名称来指称这门既包括演绎法,又包括归纳法,还包括人们认识现实的简单逻辑方法的形式逻辑。本教材也采用这个名称。

(四)普通逻辑

普通逻辑既不同于辩证逻辑,又与数理逻辑有区别,同时,也与亚里士多德所创立的以演绎法为主的传统的形式逻辑有所不同。因为普通逻辑既不研究辩证逻辑所研究的辩证思维的形式、规律和方法,也不以数理逻辑所使用的特制符号(人工语言)和数学方法来研究处理演绎推理的问题,普通逻辑研究的对象要比辩证逻辑具体、比数理逻辑宽泛,它所使用的工具主要是人们日常应用的自然语言。它的基本内容既有演绎,也有归纳,还有现代逻辑中的模态逻辑和一些简单逻辑方法。在讲解这些基本内容时,也使用了一些现代逻辑的符号表达式。为此,我们给普通逻辑下这样一个定义:普通逻辑是一门研究人类思维的逻辑形式及其基本规律和人们认识现实的简单逻辑方法的一门工具性的科学。

要理解并把握普通逻辑的定义,就须要对"思维"、"思维的逻辑形式"、"思维的基本规律"、"简单的逻辑方法"这些概念有一个明确的认识。

二、思维

思维是人脑对客观世界的反映,是人对客观世界的一种认识活动。

根据辩证唯物论的认识论,人的认识过程分为感性认识和理性认识两个阶段。这就是所谓的感性(形象)思维和理性(抽象)思维。感性思维是人们的感觉器官对于客观事物外部现象或联系的反映,具有个别的或片面的性质。感性认识可分为感觉、知觉和表象三个阶段。感觉是事物外部的个别方面在人脑中的反映。知觉是各种感觉的综合,是感官对于认识对象外部总体的反映,知觉比感觉所了解的现象更全面。表象是凭借记忆力对通过感知所获得的客观事物完整形象在头脑中再现的形象。

无论是感觉、知觉还是表象,都只是客观事物的直观认识,随着社会实践的继续,人们对脑子里存在着的十分丰富的感性材料进行了"去粗取精、去伪存真、由此及彼、由表及里"的制作,于是便产生了认识过程中的质的飞跃,到达了理性认识。理性阶段的思维是对客观事物的本质、全体和内部联系的认识,它的基本反映形式是概念、判断和推理。形式逻辑所研究的"思维",指的正是这种抽象性的思维,即逻辑思维。

逻辑思维是人的特有属性,它有三个方面的特征:

(一)思维的概括性——由个别到一般

人们的思维能够撇开事物的个别的、表面的、非本质的属性而反映其共同的、内在的和本质的属性,这就是思维的概括性。

(二)思维的间接性——由已知到未知

人们的思维能够在感性认识的基础上,借助于一定的媒介(过去所掌握的知识),去推知那些没有直接认识甚至根本无法直接认识的事物,这种由已知到未知的推演就是思维的间接性。公安人员侦破案件时,经常要根据已知的现象提出各种假设性的推断,这些也都是思维具有间接性的反映。

(三)思维同语言的密不可分性

思维同语言具有密不可分的关系,就好像是一张纸的正、反两面,谁也离不开谁。思维对客观事物的概括和间接的反映都要借助语词、句子或句群来实现。人们的思维,一刻也离不开语言。正如斯大林所说:"思维只有在语言材料的基础上,在语言的词和句子的基础上,才能产生和存在","没有语言材料、没有语言的'自然物质'的赤裸裸的思想是不存在的"。

但是,语言与思维又有质的区别。思维是人脑对客观事物的反映,是精神的东西,语言是由语音、词汇和语法构成的,是物质的东西;思维是认识工具,语言是交际工具;思维的单位是概念、判断和推理,语言的单位是词、词组和句子;思维是被表现者,是内容,语言是表现者,是形式;思维具有全人类性,而语言则具有民族性和地域性。因此二者分属不同的学科领域。

三、思维形式、思维的逻辑形式

思维有内容和形式两个方面。

所谓思维的内容,就是反映在人们意识中的客观对象。人们的任何具体思维都要涉及到某些特定的对象,自然界的山川草木、花鸟虫鱼、飞禽走兽,人类社会中存在着的国家、阶级、政治、经济、文化、艺术等等,都可以成为思维的对象。比如刑侦学中的具体思维,涉及到的是侦破、案例、主犯、被告、公诉、终审等特定对象,教育学中的具体思维,涉及的是启发式、课堂讨论、教案、板书、教学效果等特定对象。这些都是思维的内容。

所谓思维的形式,就是思维对特定对象及其属性的反映方式,即概念、判断和推理。思维形式是思维内容赖以存在的表达方式,也是思维内容之间的联系方式。由于各个不同领域的具体思维内容全部都要靠各种不同的概念、判断和推理来承担和表现,思维的逻辑形式也就表现在各种不同的概念、判断和推理的形式之中,因此,思维的逻辑形式也就是思维形式的结构,即思维形式各组成要素之间的联系方式。

在人们的思维实践中,逻辑结构形式是多种多样的,各种类型的判断和推理都有其特定的逻辑结构形式。普通逻辑的任务就是要通过对各种思维结构形式的研究,总结出它们的使用规律,以便指导人们在各门具体学科的研究中,正确地运用逻辑工具,去认识世界、表达思想、论证思想。

在所有的逻辑结构形式中,都包含着逻辑常项和逻辑变项两部分。所谓逻辑常项,是指在一定的逻辑结构形式中保持不变并决定这种结构形式的特征的部分。所谓逻辑变项,是指在一定的逻辑结构形式中可以用任何具体的概念或判断来代换的部分。

逻辑结构形式可以用自然语言来表示,也可以用人工语言来表示。如"所有 S 都是 P"、"只有 p,才 q,非 p,所以非 q"就是自然语言表达式。也可以表示为:"SAP"、"p←q,﹁p,∴﹁q"这就是人工语言的表达形式,即符号表达式。普通逻辑在讲解各种思维形式的结构公式时,在用自然语言表达式加以理解的基础上,也介绍了相应的符号表达式,便于准确地进行推演。

在一定的逻辑结构形式中,逻辑变项是可变的部分,往往用一些符号来表示,逻辑常项是不变的。如:用"真知"和"来源于实践"分别为变项 S、P,构成"所有真知都是来源于实践的",其逻辑形式仍是"所有 S 都是 P"(SAP)。可见逻辑形式具有高度的概括性和抽象性。从这一点看,思维的逻辑结构形式同语法中的句型是类似的。

四、思维的基本规律

思维规律又称逻辑规律,它是保证逻辑形式正确性所必须遵守的最起码的思维法则。广义的思维规律应包括确定概念、进行判断和推理时所要遵守的各种规则。思维的规律和规则是人类长期思维经验的总结,对思维活动具有普遍的指导意义。逻辑学把对人类思维具有普遍意义的一般规律称为逻辑思维的基本规律,它一共有四条,即:同一律、矛盾律、排中律和充足理由律。这几条基本规律,是人们在实践基础上对思维活动规律性的概括和总结。因此,逻辑规律具有客观性质,它们对人类思维活动具有强制性,遵守这四条规律,是保证思维正确性的必要条件。一个正确的思维活动要求具备确定性、一贯性、明确性和论证性,如果不遵守同一律,思维的确定性就无法保证。

以上四条逻辑规律是互相联系的,它们从不同的方面表现了思维的确定性,反映了客观事物在一定发展阶段上的质的规定性。

五、简单的逻辑方法

简单的逻辑方法主要包括明确概念的一些逻辑方法和寻求现象间因果联系的方法。如定义、划分、限制、概括的方法和求因果五法。

普通逻辑所研究的上述方法之所以被称为简单的逻辑方法,是相对于辩证逻辑的方法而言的,并不是绝对的简单。因为辩证逻辑的方法,如分析与综合相结合的方法、归纳与演绎相结合的方法、历史与逻辑相结合的方法、从抽象上升到具体的方法是在辩证思维中运用的,它们与辩证的分析方法、事物的矛盾运动是密切相关的,比较复杂一些。而普通逻辑所研究的上述方法是以思维的确定性为前提的,不涉及辩证分析的问题,所以称之为"简单的逻辑方法"。

第二节　普通逻辑的性质和作用

一、普通逻辑的性质

普通逻辑是一门工具性质的学科。这在亚里士多德创立以演绎法为主的普通逻辑体系时,就已很明确。亚里士多德研究人类的思维时,并没有去研究思维的具体内容,而是从各种思维内容中抽象出概念、判断、推理的思维结构形式,并发现了运用这些结构形式来论证思想时所必须遵守的逻辑规律和规则。因此,亚里士多德的学生把亚氏的学说定名为《工具论》。到17世纪,英国哲学家弗兰西斯·培根建立了归纳逻辑,又定名为《新工具》。可见,普通逻辑从建立到发展,都是工具性的科学。

普通逻辑的工具性质主要表现在:它本身不能给人们提供各种具体的科学知识,但它却能为人们进行正确思维、获取新知识以及表述和论证思想,提供必要的逻辑手段和方法。因此,任何学科都必须运用普通逻辑所研究的概念、判断、推理以及论证的知识来表述理论、观点,构成科学体系。同时,各门科学的理论体系,还必须符合思维规律。从这一点看,逻辑与语法很相似。语法是用词造句的规则,它也是从千千万万个内容各不相同的具体句子中抽象出来的。比如在汉语里,有"x把y怎么样了"的句式(即"把"字句),它就是从诸如:"云把太阳遮住了"、"风把门吹开了"、"小王把球踢破了"、"医生把病人的阑尾割掉了"、"资本家把工人解雇了"等等句子中抽象概括出来的。

正因为普通逻辑是一门工具性质的具体科学,所以它是没有阶级性的。好像斧头、镰刀、汽车、轮船、飞机、大炮一样,人民可以用它,敌人也同样可以用它,斧头、镰刀等并不是属于哪个阶级独有的。所以普通逻辑对各阶级、各民族一视同仁,不管哪个阶级、哪个民族,只要人们进行思维,论证思想,都要使用人类共同的思维形式,都要遵守逻辑规则和规律,否则,就不可能达到交际和正确表述思想的目的。

二、普通逻辑的作用

普通逻辑是研究思维形式及其规律的工具性科学,它既有认识作用,也有表达和论证思想的作用。因此有人说,学了逻辑,人们会变得聪明起来,也就是说,学习逻辑,无论对于人们正确表达思想,提高思维能力,或者对于人们正确认识客观世界和进行创造性的劳动,都有不可忽视的作用。学习普通逻辑的主要作用有以下三点:

(一)学习普通逻辑,有助于人们正确地认识事物,获取新知识

普通逻辑所介绍的各种思维形式和思维规律,都是人们经过长期的实践概括和总结出来的,它可以作为人们正确认识事物和获取新知识的工具。比如"概念"这种思维形式,是反映客观对象本质属性的思维形式,任何一个概念都有其特定的内涵和外延,如果人们在使用概念时,不能准确地揭示出它的本质属性及其适用范围,那就会犯偷换概念或混淆概念的错误。

逻辑学不仅是认识的工具,也是获得新知识的工具。比如,掌握了演绎推理,使我们懂得可以从一般性前提(已知知识)推出个别性结论(新知识);掌握了类比推理,我们便可以根据某个对象与另一个对象有一系列属性相同,从而推出其他某个属性也相同的新知识。

(二)学习普通逻辑,有助于提高人们的思维能力和表达能力

正确思维的特点是确定性、一贯性、明确性和论证性。学习普通逻辑对提高我们正确思维的能力有非常重要的意义。

有人以一些著名作家和辩论家没有学过逻辑学为例来说明逻

辑学并不需要专门去学,这种认识是错误的。诚然,有许多人没学过逻辑,但有很强的思辨能力和表达能力,这是生活实践和文化修养所形成的一种自发的逻辑能力。正如大多数人没有学过语法而照样能顺畅表达思想一样,这是因为人们从小到大都在某个社会语言环境中生活,一般的话总不会说错的。然而自发的思维能力和自觉的思维能力是不同的。学了逻辑,人们掌握了逻辑学的系统性知识,就不仅可以克服在思维和表达中容易出现的毛病,而且还可以有意识地运用逻辑工具去达到更好的表达效果。也就是说,使我们的思维更准确严密,使表达更有论证性和说服力。

思维能力和表达能力是分不开的。在人们进行思想的表述和论证时,要求概念要明确,判断要恰当,推理要合乎逻辑规则。否则再好的思维内容也会表达不好或收不到预期的效果。

(三)学习普通逻辑,有助于人们识别谬误和驳斥诡辩

谬误是指人们在思维和语言表达中,由于违反逻辑规则和规律而产生的逻辑错误。像运用概念时所出现的混淆概念、误用集合概念、定义过宽、划分不全、限制不当;运用判断时所出现的主谓项搭配不当、多重否定误用、搞错条件关系、选言肢不穷尽;运用推理时所出现的四项错误、中项不周延、大项扩大、小项扩大,充分条件假言推理误用否前式或肯后式,必要条件假言推理误用肯前式或否后式以及轻率概括、类比不伦和在论证中出现的转移论题、论据虚假、预期理由、循环论证等等违反逻辑规律的错误,都属于"谬误"。学习普通逻辑,不仅能够提高人们鉴别和分析逻辑错误的能力,而且还能帮助人们去自觉地克服谬误。

所谓诡辩,是有意识地对某种谬误作论证,即为了达到某种目的,施展一些计谋手段而故意违反逻辑规则和规律。诡辩的基本手段是偷换概念或命题,含糊其辞,模棱两可,虚拟前提或论据,循环论证或同义语反复等等,学习普通逻辑有助于人们揭露诡辩,反驳论敌的谬论。

　　普通逻辑是一门应用科学。学习普通逻辑不仅能够提高思维能力和表达论证能力,而且对于人们所从事的各种具体工作来说,也有极其重要的意义。就以从事领导工作的人来说,要做好本部门、本行业的领导工作,必须讲究领导艺术,但领导艺术并不是凭主观想像就可以获得的,它是在实践中形成的。一个人的领导艺术水平如何,同他的逻辑分析能力有密切关系。比如获取信息,要靠敏锐的观察力和科学的实验;调查研究,要掌握全面调查、抽样调查、典型调查的步骤和方法;预测和决策,要善于通过对已知信息和已知调查结论进行科学分析,找出事物间的必然因果联系等等。而所有这一切,都同逻辑思维能力密切相关。掌握普通逻辑的基本知识,有助于提高人们分析问题、解决问题的能力,因此,从掌握领导艺术,提高工作效率来说,逻辑学也是一门必不可少的工具性学科。

第三节　逻辑学简史

　　逻辑学是一门古老的科学,早在 2000 多年以前,逻辑学就在古代中国、印度和希腊诞生了。在 2000 多年的历史中,逻辑学随着人类社会和人类思维的发展而不断丰富了自己的内涵,逐渐变成一门指导人们正确思维不可或缺的工具性科学。

一、普通逻辑的产生

　　普通逻辑即形式逻辑,又称传统逻辑或古典逻辑,它的主要奠基人是古希腊杰出的哲学家亚里士多德(公元前 384 年—公元前322 年)。亚氏在他所著的《工具论》一书(此书乃亚氏所写的《范畴篇》、《解释篇》、《前分析篇》、《后分析篇》、《论辩篇》和《辩谬篇》

的总称)中,对逻辑学的各个方面——概念、判断、三段论推理、证明和逻辑谬误等,作了深入的研究和系统的论述。此外,他还在他的《形而上学》一书中,对矛盾律和排中律等逻辑规律进行了阐述,从而使传统逻辑成了一门独立的学科。所以,亚里士多德被后人称为"逻辑之父"、"形式逻辑的奠基人"。

在亚里士多德建立逻辑学的同一个时代,中国和印度也出现了逻辑学的萌芽。

在古代中国,春秋战国时期正是奴隶制向封建制过渡的时期,社会的变革带来了思想的活跃,各种学说纷纷涌现。当时的诸子百家,为了论证自己的政治主张、反驳异己的流派,探讨了论辩的各种方法、技巧和规则,他们所提出的许多概念、命题和辩难技巧都属于形式逻辑研究的范畴。今天,我们从《墨经》的"以名举实"、"以辞抒意"、"以说出故"的理论中,可以看出当时的诸子百家对概念(名)、判断(辞)和推理(说)等思维形式及其联系,已经有了初步的认识。此外,像公孙龙的"白马非马"的命题,惠施的"同中求异、异中求同"的推理方法,以及荀况的"名无固宜,约定俗成谓之宜"等对名和实的看法,都反映出这一时期中国"辩学"即逻辑学已经兴起,并有了自己的特色。

在印度,大约公元前5世纪就产生了被称为"因明"的逻辑学。它也是研究论辩技巧的学问。"因"指推理的根据和理由,"明"是学问、学说,"因明"就是关于推理的学问。其代表作有陈那的《因明正理门论》和商羯罗主的《因明入正理论》。因明学中所谓的"宗、因、喻"的"三支论式",从推理结构看,同亚氏的三段论式是基本一致的。"宗",相当于三段论的结论;"因",相当于三段论的小前提;"喻",相当于三段论的大前提。如:

　　　此山有火　　　　　　　(宗)

　　　以有烟故　　　　　　　(因)

　　　凡有烟处必有火　　　　(喻)

通过以上介绍,我们可以看到,普通逻辑这门科学,在三个文明古国中几乎是同一时代诞生的。这使人们得到一个启示:思维科学的发展,同人类智能和文明的发达是密切相关的。

二、逻辑学的发展

普通逻辑在其创立的 2000 多年中,不断得到发展。在亚里士多德之后,古希腊和古罗马的斯多葛学派就给普通逻辑增加了不少内容。如假言判断和选言判断、假言推理和选言推理等。到了中世纪,亚氏逻辑学走过了一段曲折的路。一方面是当时欧洲许多神学家和经院学家对亚氏奉若神明,把他的逻辑学变成了论证上帝存在的工具;但与此同时,也有一些逻辑学家不仅捍卫了亚氏学说,而且还加以发展,提出了许多具有现代逻辑意义的理论。如西班牙的布里丹,对指代理论、称呼理论、直言命题和复合命题等逻辑问题的研究都有了新的建树。

在近代,逻辑史上最有影响的人物是英国的哲学家、逻辑学家弗兰西斯·培根(1561 年—1626 年),他在当时数学和实验科学研究成果的基础上,建立了归纳逻辑。培根的主要著作是《新工具》。在这部著作中,他着重研究了实验科学的认识论和方法论,提出了排除不相干因素,以确定因果联系的方法。到了 19 世纪,英国的逻辑学家约翰·穆勒(1806 年—1873 年)沿着培根的道路,系统阐述了寻求现象间因果联系的五种方法。培根和穆勒的研究,补充了亚里士多德重演绎、轻归纳的缺陷,从而使传统逻辑成为一门较为完整的思维科学体系。

在归纳逻辑发展的同时,演绎逻辑也得到了新的发展。18 世纪,德国的数学家、逻辑学家莱布尼茨(1646 年—1716 年),提出了用数学方法处理演绎逻辑、把推理变成逻辑演算的光辉思想,他的理论为后来的"数理逻辑"即"现代逻辑"的出现开拓了道路。100 多年以后,英国数学家布尔(1815 年—1864 年)建立了"逻辑代数",把莱布尼茨的理论变为现实,建立了数理逻辑的早期形式。以后,又经弗雷格、罗素等人的努力,建立了命题演算和谓词演算的理论和方法,完成了数理逻辑的创建,并使它成为一门新兴的科学。

值得一提的是,在近代,随着形式逻辑体系的不断完善,西方一些哲学家又探讨了属于辩证逻辑领域的问题。其主要的代表人物是康德(1724年—1804年)、黑格尔(1770年—1831年)和马克思(1818年—1883年)。康德从唯心主义观点出发,把思维形式和思维规律都看成是先验的东西,是绝对不变的。黑格尔批判了旧逻辑中的形式主义和形而上学,用极大的精力研究了人类辩证思维的形式和规律,在逻辑史上第一次提出了一个庞大的辩证逻辑体系。然而,黑格尔的辩证逻辑是"头足倒置"的。真正的辩证逻辑,即唯物辩证逻辑的体系只是到了19世纪40年代,才由无产阶级的伟大导师马克思建立起来。因此,从19世纪以后,逻辑学就有了两大分类,一类是形式逻辑,一类是辩证逻辑。前者只研究事物处于相对静止状态下的质的规定性,而不反映客观事物的运动变化和发展,但后者却要研究这些问题;前者只从真值角度研究思维形式之间的真假关系,而不研究各种思维形式在认识发展过程中的联系和转化,但后者恰恰是强调了事物的发展、联系和转化。因此,形式逻辑只要求思维的确定性、无矛盾性和论证性,辩证逻辑则强调它的实践性、流动性和具体性。所以,形式逻辑是纯工具的、无阶级性的科学,而辩证逻辑则是世界观和方法论,属于哲学的范畴。

本章小结

　　逻辑学包括形式逻辑和辩证逻辑两大门类。狭义的逻辑学仅指形式逻辑,形式逻辑又可分为传统形式逻辑和现代形式逻辑两大类。为了区别于现代形式逻辑(数理逻辑),将以传统逻辑为主要内容的逻辑简称为普通逻辑。

　　普通逻辑是研究思维的逻辑形式及其基本规律和简单逻辑方法的科学。思维是人的特有属性,它有概括性、间接性以及同语言的密不可分性三个特征。一定的思维形式总是通过一定的语言形式来表达的。思维的逻辑形式是思维形式(概念、判断、推理)各组成要素之间的联系方式,即思维的逻辑结构。任何思维的逻辑结构形式都是由逻辑常项和逻辑变项构成的,它既可以用自然语言表达,也可以用人工语言表达。思维的基本规律有四条,即同一律、矛盾律、排中律和充足理由律。

　　普通逻辑是一门工具性质的科学,它是全人类进行思维活动、表述和论证思想的不可缺少的逻辑工具,它没有阶级性。

　　学习普通逻辑有助于人们正确地认识事物,获取新知识;有助于提高人们的思维能力和表达能力;有助于人们识别谬误和驳斥诡辩。

　　普通逻辑是一门应用科学,在各行各业中被普遍地运用着。

　　要学好普通逻辑,还需要学习和了解逻辑学简史。

　　学习本章,重点要掌握普通逻辑的对象、性质和作用。

思考题

1. 什么是普通逻辑？普通逻辑研究的对象是什么？
2. 什么是思维？思维有哪些特征？
3. 什么是思维的逻辑形式？什么是逻辑常项和逻辑变项？什么是思维的基本规律？
4. 普通逻辑是一门什么性质的科学？为什么说普通逻辑没有阶级性？
5. 普通逻辑和辩证逻辑、数理逻辑有何区别？
6. 学习普通逻辑有什么作用？怎样才能学好普通逻辑？

第二章　概　念

第一节　概念的概述

一、概念是最基本的思维形式

在绪论中,我们讲过,思维形式包括概念、判断和推理。推理由判断组成,判断又由概念组成。所以说,概念是我们首先要了解的一种最基本的思维形式。

概念是反映思维对象特有属性或本质属性的思维形式。

这里所说的思维对象,是指作为思维主体的人脑所思考的一切对象。它既可以指客观存在的一切物质和现象,如自然界的日月星辰、江河湖海、山川草木、花鸟虫鱼,人类社会的党政团体、阶级国家、法律监狱、商品货币、文体卫生等;也可以指主观反映的精神现象,如思想意识、感觉表象、准则规律、良莠善恶、神仙上帝、妖魔鬼怪等;还可以指表达这些物质存在和精神反映的语言现象。

总之,从有形物体到无形思想,从自然现象到社会现象以至思维现象,从各种具体事物到事物的各种性质和关系,只要它反映到人脑中,就成为人们认识的对象,也就可以成为思维对象。

任何对象都具有它的性质和特点,如颜色、气味、性能、功用、价值、标志、动作、行为、时间、空间以及大小、高低、好坏、善恶、美丑等等,除此之外,任何对象都和其他对象发生各式各样的关系,如交换、支援、朋友、同学、喜欢、敬佩、大于、等于、对立、联系等等。对象的性质、特点和对象之间的种种关系,通称为对象的属性。任何对象及其属性都是紧密相连的,没有无属性的对象,也没有无对象的属性,各种对象由于属性的相同或相异而形成各种不同的类,具有相同属性的对象组成同一个类,具有不同属性的对象则组成不同的类。

在一类对象的众多属性中,有些是本质属性,有些是非本质属性。所谓本质属性,就是能够决定一事物之所以成为该事物并区别于他事物的属性。也可以说是一事物区别于他事物的标志。

本质属性是为某类对象所独有,而不为其他对象所具有的属性。

所谓非本质属性,是指对某类对象不起决定作用或区别意义的那些一般属性,也可称为非特有属性。如人"有四肢、有五脏六腑"、"会走路、会吃饭"等属性。这些属性对于人之所以为人并不起决定性的作用,我们并不能据此而把人同其他动物区别开来。所以,我们不能根据事物的非本质属性来认识概念。

那么,概念是如何形成的呢?

首先,概念是社会实践的产物,是人们在反复接触客观世界的过程中,由感性认识向理性认识飞跃的产物。人们对于思维对象的认识,是一个不断深化的过程。一开始,人们并不能一下子就抓住对象的本质属性,而往往只是看到它的表面现象及外部联系。随着社会实践的继续,人们的认识也不断向前发展,即在感性认识的基础上,运用比较、分析、综合、抽象、概括等方法,逐步认识到对象的本质属性,并借助于一定的语词形式,才能形成概念。正如毛泽东同志在《实践论》中指出的:"社会实践的继续,使人们在实践中引起感觉和印象的东西反复了多次,于是在人们的脑子里生起了一个认识过程中的突变(即飞跃),产生了概念。概念这种东西已经不是事物的现象,不是事物的各个片面,不是它们的外部联系,而是抓住了事物的本质、事物的全体、事物的内部联系了。概念同感觉,不但是数量上的差别,而且有了性质上的差别。"毛泽东同志的这段话是对概念的形成及其性质的极为精辟的论述。

其次,概念又是智力高度发展的产物,人的智力是在社会实践中发展的。比如,一岁多的小孩儿头脑里就装有好多不同的概念,如爸爸、妈妈、叔叔、阿姨、爷爷、奶奶、猫、狗等。这些概念在现实世界中都有与之相应的对象存在着。所以,尽管有时小孩儿的语言表达还不十分流利,但他们都不会把留着长辫子的姑娘叫爷爷,也不会把一个小伙子叫阿姨。可见人一生下来就有智力的萌芽。正是由于人有这种智力基础,所以才能将客观世界中的一切现象加以反映,并逐步形成概念。

既然概念是智力发展到一定阶段的产物,那么,就只有同社会实践紧密相连的人类才会有概念,动物或者生存在动物界的人是不会产生概念的。

综上所述,我们得出这样的认识:

第一,概念是主客观的统一物。从概念反映对象的本质属性来看,它是客观性的,而从概念是思维活动的单位看,它又是主观性的。

第二,概念具有抽象性和概括性。对概念的这种特性,毛泽东同志曾作过生动的说明:"小孩子已经学会了一些概念。狗,是一个大概念。黑狗、黄狗是些小概念。他家里的那条黄狗就是具体的。人,这个概念已经舍掉了许多东西,舍掉了男人、女人的区别,大人、小孩的区别,中国人、外国人的区别……只剩下区别于其他动物的特点。谁见过'人'？只能见到张三、李四。'房子'的概念谁也看不见,只看到具体的房子,天津的洋楼,北京的四合院。"从这段论述中可知,概念并不是对某个具体事物及其特点的反映,而是把一类事物共同的本质属性抽象出来,加以概括地反映。

第三,概念有真假之分。因为人脑对思维对象的反映,有正误之别。凡是为实践证明能够准确地反映对象本质属性的概念,就是真实的概念。如"国家、人民、学生、太阳、桌子"等等。凡是不能正确地反映客观世界所形成的概念,则是虚假概念,如"鬼神、上帝、圆的四方形"等等,它们在现实中是不存在的。这类概念我们可以称为空外延概念,它只是人脑对客观对象的一种扭曲的或虚幻的反映。

除上述特点以外,概念还有一个不可忽视的特点就是它的模糊性。语言中大量存在着的模糊语词,都表达着模糊概念。如高—低、长—短、美—丑、伟大—渺小等等属性概念都是模糊概念。它们所反映的对象都是不明确的,其本质属性也是很难说清的。

二、概念的语言表达形式

概念和语词有着不可分割的联系。每一个概念都是同与之相应的语词一起形成并确定下来的。概念是语词的思想内容,语词是概念的表现表式。正如离开了语言就没有思维一样,离开了语词也就没有了概念。例如,对一本成本的著作,中国人叫做"shū(书)";英国人叫做"book";日本人叫做"ほん〔本〕"。这样关于"书"的概念,在不同的语言里,就有"shū、book、ほん"等语言形式来确定、巩固和表达它。由此可知,概念是语词存在的基础,语词是概念得以表达的形式,二者是相辅相成的。就好像是一张纸的正反两面不可分割一样,概念和语词也是不可分割的。

概念和语词虽有紧密的联系,但二者又有明显的区别。

(一)概念是思维的细胞,是最基本的思维形式,属于逻辑学研究的对象;语词(词或词组)则是语言中有意义的能独立运用的单位,属于语言学研究的对象。

(二)概念是人们认识的成果,是思维的工具,它的内容是客观的,同事物之间有反映与被反映的关系,所以它具有全人类性。而语词则是表达概念的语言形式,是交际工具,它具有民族性。不同民族的人们对于同一事物的正确反映所形成的概念是相同的,但是他们用来表达这一概念的语词却是不同的。例如"学生"这个概念,汉语用"学生(xuéshēng)"这个词来表达;英语用"student"来表达,日本语则用"がくせい〔学生〕"来表达。

(三)概念和语词之间并非一一对应的关系。第一,任何概念都是通过语词来表达的,但并非所有的语词都能用来表达概念。在汉语里,一般来说,实词有实在的意义,所以都能表达概念,虚词没有实在的词汇意义,所以不表达概念。但虚词中的关联词语,如"如果……那么……"、"因为……所以……"、"只有……才……"、"而且"、"并且"、"或"等等,由于反映了事物间的联系,能在判断和推理中作逻辑联结项,所以它们则是逻辑学中表达逻辑常项的重要概念。否定副词"不"、"没有"能表达否定概念。

第二,概念可以用词来表达,也可以用词组来表达。概念和词不是以字数的多少来计算的,单音词一个字可表示一个概念,有时还可以表示几个概念。如"信",在"他失信于我"中表"信用";在"这话我不信"中表"相信";在"给他报个信"中表"信息、消息";在"给他写一封信"中表"信函";在"信口开河"中表"随意"。一个词表达了几个不同的概念。而有的词组如"抗日战争时期华北某地的一个小山村"虽然长达十几个字,但却只表示一个概念。

第三,同一个概念可以用不同的语词来表达。如:"逻辑学"和"论理学"都指研究思维的科学,"大夫(dàifu)"、"医生"、"先生"和"郎中"都指给人看病的人。汉语中的等义词大多是几个语词表达同一个概念。

第四,同一个词语,有时也可以用来表达几个不同的概念。汉语中的多义词和同音词就是一个语词表达几个概念的。

如何辨别一个语词是否表达概念,表达几个概念,同别的语词表达的概念是否同一个概念呢? 以下提供几种简便的识别方法:

1.凡是能够表达概念的语词,我们都能从中揭示出它的语词含义(即内涵)和所指对象范围(即外延)。

2.凡是能表达概念的语词,都能反映事物或事物的属性。

3.凡是能表达概念的语词,都可以在陈述句中充当句子成分。

三、概念的作用

概念在思维过程中起着十分重要的作用。

(一)概念是最基本的思维形式,人们在进行思维时,必须先有关于某一对象的概念,然后才可能做出判断和推理。所以,概念是构成判断和推理的基础,是思维的起点和细胞。没有概念也就无法进行思维。

(二)概念是思维的结晶。作为科学认识一定阶段的总结,概念总是以压缩的形式将最本质的东西反映出来的。

(三)概念具有开发人类智力和提高思维素质的重要作用。概念是以反映事物的特有属性为己任的,而且这种反映又具有极强的概括性,因此,如果人们自觉运用概念的这些特征,便会在分析问题和研究问题时,集中精力从相同事物之间的细微差别中去探求事物的差异点,从而引发出某种新的结论,并把对个别现象或个别事物的认识归拢到类的范畴加以考虑,从而扩大对事物认识的领域。因此,我们可以说,概念的理论对于开发智力和提高思维素质也是有重要作用的。

四、概念要明确

明确概念,是进行正确思维的必要条件,只有概念明确,才能进行正确的判断和做出符合逻辑的推理;也才能获得正确的认识,指导我们有效地学习和工作。

　　混淆概念和偷换概念是运用概念时常见的逻辑错误,它们有各种不同的表现方式,一般来说,混淆概念是指将两个不同的语词所表达的不同概念混为一谈,即把两个概念当做一个概念来使用。而偷换概念则是把同一个语词所表达的不同概念互相替换。

　　那么,怎样才能使概念明确呢?

　　第一,要使概念明确,就必须对思维对象有正确的认识。这就要求人们深入实际,调查研究,掌握有关的具体科学知识,运用马列主义、毛泽东思想的立场、观点和方法去观察和分析事物,认识对象的本质属性,从而形成正确的概念。

　　第二,要使概念明确,还必须注意选用恰当的语词来表达概念,避免出现由于用词不当而引起概念模糊等毛病。比如,把劳改期满已经释放的人员叫做"劳改释放犯"就是不正确的,因为他已经不是犯人了。汉语中存在着大量的有细微差别的同义词,我们一定要注意其中所表示概念的差异性,准确选用语词来表达概念。

　　另外还要注意某些省略语词(或简称)的运用,一定要使其表达明确的概念,否则会引起误解。如有一个相声段子叫《省略语》,其中列举了大量的表示概念不明确的语词。如称"山西化工厂"为"山化",称"怀来运输公司的老头儿"叫"怀运(孕)的老头儿",称"包头子母扣厂"为"包子",称"龙口电梯厂"为"龙(笼)梯",称"上海测绘所"为"上测(厕)所",称"自贡砂器厂"为"自砂(杀)"等等,使用这些省略语词所表达的概念都是不明确的。

　　第三,要使概念明确,从逻辑的角度来讲,应该注意弄清概念和语词的关系;明确概念的内涵和外延;明确概念的种类和概念外延间的各种关系;正确地运用定义、划分、限定与概括等明确概念的逻辑方法。

　　这些内容我们将在下面几节中逐一进行讲解和分析。

第二节　概念的内涵和外延

一、什么是概念的内涵和外延

概念的内涵和外延是概念的两个基本逻辑特征。

概念的内涵是指反映在概念中的对象的本质属性,也就是我们通常所说的概念的含义。

概念的外延是指反映在概念中的对象的数量总和,也就是我们通常所说的概念的适用范围。

客观事物本身具有质和量两个方面的特征。事物的质的规定性反映在概念中就是概念的内涵,事物的量的规定性反映在概念中就是概念的外延。所以,内涵是从质的方面反映对象,而外延则是从量的方面反映对象。这二者是统一的,不能分割的。任何一个概念都具有确定的内涵和外延。真实概念的外延在现实世界中存在着相应的对象类;虚假概念的外延在现实世界中虽然没有相应的对象类,但有一个虚构的类;模糊概念的外延在现实世界中有一个不确定的模糊的类。总之,任何概念的外延都对应着一个具有该概念所反映的事物组成的类。

另外,我们还必须认识到,人们可以从不同方面去认识事物,从不同方面去反映对象的不同的本质属性或特有属性,从不同方面去反映和分析对象的不同数量范围。因此,对同一个对象,可以有不同方面的几个内涵,也可以从不同方面去分析它的所有外延,如"货币"这一概念可以有以下几个方面的内涵:①是组织社会经济的工具,特别是组织社会生产的工具;②是进行社会经济管理的工具;③是沟通城乡及国民经济各部门联系的工具;④是社会财富分配的工具;⑤是充当一切商品的等价物的特殊商品;⑥是价值的一般代表,可以购买任何别的商品。"货币"的外延可以按时代分为:古代货币、近代货币、现代货币;也可以按国籍分为:中国货币和外国货币(如人民币、美元、马克、卢布、法郎、日元等);还可以按货币材料的不同分为:金币、银币、铜币和纸币等等。

我们通常所说的概念要明确,首先就是要明确一个概念的内涵和外延,即要明确这个概念所反映的是具有什么本质属性的对象以及它包括哪些对象范围。如果我们掌握了一个概念的内涵和外延,这个概念便是明确的;如果对这两个方面中的一个方面没有掌握或没有完全弄清楚,运用起来就容易出错。在思维过程中,掌握一个概念内涵与外延的程度是衡量我们对一个概念明确到什么程度的标准。如对"名词"这个概念,如果你能说出"名词"的本质特征(内涵),又能说出哪些是"名词"(外延),那么你对于"名词"这个概念才算明确了。所以,我们在讲话、写文章时对使用的概念,尤其是一些关键性的概念,一定要弄清楚,否则就会影响听众和读者的理解。

二、概念内涵和外延的反变关系

概念的内涵和外延是关系密切而又相互制约的。当一个概念的内涵确定了,那么在一定条件下,它的外延也就随之确定了。这是因为人们总是通过概念所反映的本质属性去指称具有该属性的事物范围的。同时,概念的外延确定了,在一定条件下,它的内涵也就跟着确定了。

概念的内涵有多少之分。也就是说,概念所反映的对象的本质属性有多有少。

概念的外延有宽窄之别。也就是说,概念所反映对象的数量范围有大有小,如"钢笔"、"桌子"、"人"等概念的外延宽到无限,以至于无法计算其数量之多,而有些概念的外延尽管数量很大,但通过一定的手段,却可以计算出其准确数目,如"当今世界的语言"、

"中国现在的人口"等概念,通过普查统计是可以确定其具体数目的;还有一些概念的外延只指一个单独的对象,如李白、北大、天安门、太阳等等。此外,还有一类概念,它们的外延在客观世界中是找不到的,如"圆的四方形"、"液体玻璃"、"妖怪"等。

概念的内涵与外延之间具有反变关系。所谓反变关系就是指:一个概念的内涵愈多,外延就愈小;反之,内涵愈少,外延就愈大。如"教师"和"中学教师"、"中学语文教师"是同类对象中相邻的几个概念,"教师"的外延是指一切从事教学工作的人;而"中学教师"的外延则是指在中学进行教学工作的人;"中学语文教师"的外延则是指在中学从事语文学科的教学工作的人。显然,"教师"的外延比"中学教师"的外延大,而"中学教师"的外延,又比"中学语文教师"的外延大,但就这几个概念内涵来看,"中学语文教师"的内涵要比"中学教师"多,更比"教师"的内涵多。因为"中学语文教师"除了具有"中学教师"的共同属性,还具有"从事语文教学的属性","中学教师"不仅具有"教师"的共同属性,而且还具有"在中学教学"的属性。根据上面这些分析,我们可以看出:从"教师"到"中学教师"到"中学语文教师"外延越来越缩小,但内涵却越来越增多,这种反变关系,是属概念和种概念之间所存在的一种必然关系。

概念的内涵和外延的反变关系反映了思维对象的一般与特殊的关系。如果概念的外延大而内涵少,则着重于表现其普遍性;如果概念的外延小而内涵多,则着重于表现事物的特殊性。认识概念内涵与外延的反变关系,对于我们准确地运用概念是十分重要的。

三、概念内涵和外延的相对确定性与灵活性

任何事物的矛盾运动都有两种状态,相对静止的状态和显著变化的状态。因此一个反映对象本质属性的概念,它的内涵和外

延也就存在着相对的确定性和灵活性。所以,我们对概念的内涵和外延也应从以下这两方面去认识。

(一)概念的内涵和外延是发展变化的,不是一成不变的。这是因为:一方面,概念是反映事物的,而客观事物又是不断发展变化的,所以概念的内涵和外延也要发生相应的变化。另一方面,概念是人们认识的结果,而人们通过实践对事物的主观认识也是不断深化的,所以概念的内涵和外延也要发生相应的变化。如:"强人"这个概念,在早期白话小说里是"强盗"的意思。

(二)概念内涵和外延是相对确定的。这是事物在同一发展阶段上,在相对稳定的状态下,质的规定性在人们意识中的反映。所以概念的内涵和外延并非是变化莫测、不可捉摸的。

普通逻辑正是在事物发展的相对稳定的状态下研究其质的规定性,所以在一定的条件下,概念的内涵和外延总是相对确定的。当概念的内涵或外延发生变化了之后,我们就要将其看做一个语词表示的几个不同的概念来认识,不能随意转换。

第三节　概念的分类

概念可以按各种不同的标准分成不同的类。比如,按各门具体科学的研究内容,我们可以把"太阳、月亮、风、云、雷、电"等概念归为天文类;把"正数、负数、加、减、乘、除、函数、微积分"等概念归为数学类;把"杨树、李树、木棉树、芍药、玫瑰、牡丹"等概念归为花木类。但这些都不是逻辑学研究的内容。在普通逻辑中所说的概念的种类,是指概念的逻辑分类。它是在各门科学所提供的具体知识的基础上,根据概念的内涵和外延的不同情况而进行的分类。研究概念的不同种类及其特征,对正确认识和运用概念有十分重要的作用。

一、单独概念和普遍概念

按概念外延的不同,即概念所反映对象数量的不同,可把概念分为单独概念和普遍概念两类。

单独概念是反映某一个特定对象的概念。它的外延是一个独一无二的对象。例如:

"北京"、"东京"、"伦敦"、"纽约"反映的是某个特定的地方;"高尔基"、"鲁迅"、"雷锋"反映的是某个特定的人;"五四运动"、"西安事变"反映的是某个特定时间、空间内发生的事件;"北京时间 1949 年 10 月 1 日下午 3 时"表示一个特定的时间;"南京长江大桥"、"世界上最高的山峰"表示某个特定的事物;"大于 2 小于 4 的正整数"表示某个特定的数。

语言中的专有名词和某些词组都可以用来表达单独概念。

普遍概念是反映某类事物的概念,它的外延所反映的对象是由两个或两个以上的许许多多分子所组成的类。而组成类的各个分子之间,都有其不同的属性和范围。所以,它不仅反映该类的全部对象,而且反映该类的每一个对象。如:工厂、学校、作家、城市、国家等。语言中的普通名词一般都可以表达普遍概念。

普遍概念所反映的对象多少不等,它至少是两个,但也可以是很多甚至可以是无限多。所以它又可以分为有限的普遍概念和无限的普遍概念。前者外延多而有限,可以确切地计算出该概念所反映对象的数量,如"中国现在(2002 年 7 月 1 日)的人口"等等;后者却无法确切地计算出该概念所反映的对象数量,如"自然数"、"点"、"人"、"原子"、"时刻"等等。

另外还有一种空概念,又称"虚假概念"、"虚构概念"或"虚幻概念",是与真实概念相对而言的,指外延在客观上为空类的概念,空概念所反映的"类",在现实中不存在任何具体的分子,它是人们在主观上把一些不同对象的属性综合起来,并根据这些属性所组成的一个特定的"类"。如:"上帝"、"妖怪"、"美人鱼"、"理想气体"等,这些概念所反映的对象在现实中是不存在的,它的外延的分子数目是"零"。但是这些概念所反映的对象在某些人的头脑中却是存在的。所以空概念的外延是空想的虚构的对象,有些是单独的,也有些是普遍的。

空概念不都是对现实的歪曲的反映,它在人们的实际生活中有时起着重要的作用,有助于进行想像,提出假设,实现发明创造。如果没有空概念就要阻碍想像,不能提出大胆的假说,就会给认识带来很大的困难。如 18 世纪的"燃素"是一个空概念,但这个空概念却提出一个合理的思想,即认为有某种东西能从一种物质转移到另一种物质中去。正是它包含这一合理的思想,才使燃素说大有用处,在当时能解释许多现象,从而推进了人们的认识。一直到拉瓦锡发明了氧化学说,才最终代替了燃素说。

二、集合概念和非集合概念

根据概念所反映的对象是否由个体事物所组成的集合体,可以把概念分为集合概念和非集合概念。

集合概念就是反映由个体事物组成的集合体的概念。集合体是由许多个体(或部分)有机构成的一个统一的不可分割的整体(或群体)。它的特点是:集合体所具有的属性,作为其组成单位的个体(或部分)并不具有。因而,集合概念只适用于它所反映的集合体,而不适用于组成集合体的任何一个个体。我们不能把集合体与组成它的个体混淆起来。

集合概念反映的是一个整体或群体。所以从外延来讲,它只有一个,也就是说,集合概念都属于单独概念。正因为如此,我们在运用集合概念时就不能拿具体的数量词去进行限制。如"门口停着 5 辆车辆"、"上海有 300 万工人阶级"等等,这都是集合概念的误用。

　　集合概念可以反映由一个个个体组成的群体,如一个个"人"组成了"人类",一个个"词"组成了"词汇",这是把一类对象集合为一个群体。也可以反映一个个部分构成的整体,如"一部汽车"是由车灯、车头、车身、车轮、车厢等部分构成的一个整体,"山西省"是由临汾市、运城市、晋中市、大同市、忻州市和太原市等构成的一个整体,这都是把一个个特定的对象集合成为一个完整的整体。

　　非集合概念是不反映集合体的概念。如:"词、工人、书、人"等,它所反映的对象是由一个个分子构成的类。所以非集合概念可以适用于它所反映的全类对象,也可以适用于该类中的某一个分子。因为"类"所具有的属性,组成它的分子也一定具有。如"工人"可以指所有的工人,也可指某一个具体的工人。

　　非集合概念是反映由许多分子组成的一类对象的概念,所以它的外延不只一个。因此,我们可以说非集合概念都是普遍概念。单独概念和普遍概念是从外延角度对概念进行的分类,而集合概念和非集合概念是从是否反映集合体这个角度对概念进行的分类。这两种分类的出发点是不同的。

　　正如单独概念和普遍概念不能混用一样,集合概念和非集合概念也不能误用,否则会出现"误用集合概念"的逻辑错误。

　　区分集合概念和非集合概念是"概念"一章的一个难点,因为在不同的语言环境中,同一个语词往往既可以表达集合概念,也可以表达非集合概念,所以,我们要在具体的语言表达中,注意它们的区别。

　　在客观世界中,存在着两种不同的联系,一种是类和分子的联系,如树和桃树;一种是群体与个体或整体与部分的联系,如森林和树。由于类的属性为每个分子所具有,所以我们可以说"桃树是树",但整体的属性并不被其个体所具有,所以我们不能说"树是森林"。

　　有些概念,从构成它的个体或部分来讲,是集合概念,而从构成它的分子来看,又是非集合概念。在同一个语言环境中,一个概念不能同时既是集合概念,又是非集合概念,如果这样,就是偷换了概念。但一个语词在不同的语言环境中,既可以表达集合概念,又可以表达非集合概念。如:

　　①我班所有学生都按时返校了。

　　②我班所有学生仅占全校人数的 1/100。

　　例①的"所有"是指"每一个"的意思,所以这句中的"学生"是在分别的意义上使用的,是非集合概念。例②的"所有"是指"总起来所有",因此,这句中的"学生"是在集合的意义上使用的,是集合概念。我们在识别概念是否反映集合体时,一定要联系具体的语境和上下文。

三、实体概念和属性概念

　　按照概念的内涵,即概念所反映的对象是各种具体事物还是各种具体事物所具有的某种属性,可以把概念分为实体概念和属性概念。

　　实体概念是以具体事物为反映对象的概念,又叫具体概念。

　　属性概念是以事物的某种属性(性质或关系)为反映对象的概念,事物的属性离开了具体事物就是抽象的东西,所以属性概念又叫抽象概念。

　　从语言表达的角度看,实体概念一般由语词中的具体名词和代名词来表达,属性概念一般由语词中的抽象名词和形容词来表达。

　　值得注意的是,有些概念所表示的对象在现实中尽管看不见、摸不着,但在某些人的头脑中却存在着某种具体的对象,我们可以说它是一个不存在的实体,仍然是实体概念。如前面所举的上帝、鬼神、妖怪等。

　　在思维过程中,我们必须分清实体概念和属性概念,如果混淆了这两种概念,就会造成思想混乱、语无伦次。如:"营养品"、"懒人"是实体概念,而"营养"、"懒惰"则是属性概念,人们可以说:"他是个懒人"、"要多吃点营养品",但却不可以说"他是个懒惰"、"要多吃营养"。

四、正概念和负概念

根据概念所反映的对象是否具有某种属性,可以把概念分为正概念和负概念。

正概念是肯定对象具有某种属性的概念,又叫肯定概念。如党员、正义的、进步、健康等都是正概念。

负概念是否定对象具有某种属性(即反映对象不具有某种属性)的概念,又叫否定概念。如:非党员、非正义的、不进步、不健康等都是负概念。

由于负概念是对某个概念的否定,所以从语言表达的角度看,表达负概念的语词往往带有"无"、"不"、"非"等字样。但是,带有"无"、"不"、"非"字样的并非都是负概念,关键是看它是否确实否定了某个概念。如"无产阶级"、"不锈钢"、"非洲"等虽在词头冠以"无"、"不"、"非",但并不反映此概念没有某种属性。"无"只是对"产"的否定("无产"是个负概念),"无产阶级"有它自身的属性;"不锈钢"是指含铬13%以上的合金钢,它具有耐蚀和不锈的特性;"非洲"是一大洲之名,更无否定之意。它们都是正概念。

要明确负概念的内涵和外延,必须了解和掌握它所处的论域,所谓论域是指负概念所处的特定范围,即负概念的属概念。任何一个负概念都有一个论域。如:"非无产阶级"这个负概念,通常情况下是在"阶级"这一论域下存在的,表示一切不属于"无产阶级"的阶级,只有把它放在"阶级"这个范围内,才能真正了解其内涵和外延。如果不了解负概念的论域,就不能使负概念明确。

在一定的论域中,任何事物或者具有某些属性,或者不具有某些属性,它绝不是既具有某些属性,同时又不具有这些属性。因此,在实际思维过程中,对同一对象,如果突出反映它具有某种属性,就形成了正概念,如果突出反映它不具有某种属性,就形成负概念。如"侵略战争"和"非正义战争"、"落后"和"不进步"等都是。

正概念和负概念不是一组反义词。如"先进"的负概念不是"落后",而是"不先进";"无产阶级"的负概念不是"资产阶级"而是"非无产阶级"。它们往往表现为词和词组的关系。如果用"A"表示正概念,用"非 A"表示负概念,那么,二者外延之间则是矛盾关系,而不是反对关系。

上述几种概念的分类,是从不同角度来划分的,目的在于了解概念各个方面的特征。对于某一具体的概念,不只是属于某种划分中的一个种类,而是可以分别属于几种不同划分中的几个种类。如"山西人很忠厚",其中"山西人"是单独概念、集合概念、实体概念和正概念;"忠厚"是普遍概念、非集合概念、属性概念和正概念。

第四节　概念外延间的关系

客观世界的万事万物之间存在着各种各样复杂的联系,因而反映思维对象的概念之间也就存在着各种不同的关系。普通逻辑不研究存在于概念之间的所有各方面的关系,只研究可比较概念的外延之间的关系。

根据概念外延之间有无重合之处,概念间的关系可分为相容关系和不相容关系两大类。

一、概念间的相容关系

概念间的相容关系是指两个概念的外延至少有一部分重合的

关系。概念外延的重合情况有完全重合和部分重合两种,完全重合的概念是全同概念,部分重合的概念又可分为属种关系(真包含关系、真包含于关系)和交叉关系。

(一)全同关系

全同关系也叫同一关系,是指外延完全重合的两个或两个以上的一组概念间的关系。具有全同关系的概念叫做全同概念。

如果用圆圈来表示概念的外延,用 a、b 等字母来表示概念,全同关系的概念可用右图来表示。

具有全同关系的一组概念,是从不同方面、不同角度来反映同一对象的,所以它们的外延虽完全重合,但内涵却有所不同。

为什么反映同一对象的几个概念,外延重合而内涵却不同呢?

这是因为许多客观对象都具有大量的属性,人们在认识它们的时候,可以从某一方面,借助于该对象的某些属性,把该对象与其他事物区别开来,也可以从另一方面,借助于该对象的另一些属性使它与其他事物区别开来。这样就形成了关于同一对象的许多具有不同内涵的同一关系的概念。

具有全同关系的概念可以在同一议论过程中或在谈话和写作的上下文中交替使用,这不仅有助于我们从不同角度加深对同一对象的本质属性的认识,而且还可以避免文字上的单调、重复,使语言表达更加生动活泼。

有的逻辑教材把全同关系叫做同一关系,把具有同一关系的几个概念叫做同一概念,这种说法不科学。因为同一关系的概念不等于同一个概念。尽管二者都是由不同的语词来表达,但不同的语词既可以用来表示同一个概念,也可以用来表示同一关系的几个概念,这是有区别的。几个不同的语词表达的同一关系的一组概念仅仅指外延上的完全重合,其内涵却可以不同。而几个不同语词表达的同一概念不论从外延上看,还是从内涵上讲,都是完全一致的。所以内涵、外延完全相同的概念,我们叫做同一概念,而不是同一关系的概念。如："北京"和"中华人民共和国的首都"属同一关系,是两个概念,前者指的是城市名称,后者指的是当今中国政治、经济、文化的中心,中央政府的所在地。而"玉米"、"玉茭"、"珍珠米"、"玉蜀黍"、"老玉米"、"苞谷"、"苞米"、"棒子"等这些不同的语词所表达的概念,内涵和外延完全一致,都是指的子实比黄豆稍大,可供食用或制淀粉的一种果实,是同一个概念。

汉语中常用"……就是……"、"……即……"这种语言形式来表示前后两个概念之间的全同关系。

(二)属种关系

属种关系也叫"从属关系",是指两个概念之间,其中一个概念的全部外延完全包含在另一个概念的外延之中,而且仅仅成为另一个概念外延的一部分的关系。具有属种关系的概念叫做属种概念。

在属种关系中,外延大的那个概念叫属概念(也叫上位概念),外延小的那个概念叫种概念(也叫下位概念)。所以,概念的属种关系,就是属概念和种概念的关系,所有种概念都是属概念,但不是它的全部属概念。属概念和种概念是大类与小类、或类和分子的关系,而不是整体和部分的关系。因为部分不是整体下的一个独立的类,它并不具有整体的全部性质。如"车"和"汽车"是属种关系,我们可以说"汽车"是"车"。但"车"与构成这部车的某一部分零件(如轮胎、辐条)不是属种关系,而是整体与部分的关系,所以我们不能说"轮胎"是"车"。

属概念和种概念的关系是相对而言的。同一个概念,对它的上位概念来说,是种概念,对它的下位概念来说,又是属概念。如"学生"对"人"来说,是种概念,而对"大学生"来说又是属概念。

一个种概念,如果其属概念不只有一个时,则与它最接近的那一个属概念,称为邻近的属概念。如:"人"和"学生"都是"大学生"这个概念的属概念,而"大学生"的邻近属概念则是"学生"。

在具体运用属种关系的概念时,要注意以下几个问题:

第一,属种关系的概念间是包含和被包含的相容的关系,而不是排斥关系,所以不能用"不是……而是……"来连接,用后一个概念去否定前一个概念。如不能说"我不考大学,而考师范学院",因为"师范学院"也是"大学"。

第二,属种关系的概念在一般情况下,不能在同一地位上并列使用。如果并列,就会层次混乱。比如我们可以说"纸和笔"、"钢笔和毛笔",但不能说"文具和笔"、"笔和毛笔"。

但是在特殊情况下,当需要把某个种概念突出加以强调时,却又可以把这个种概念与属概念并列使用,但这一点必须符合语言习惯。如:

实现社会主义四个现代化,是中国青年和全国人民的光荣而艰巨的任务。

这种用法是为了突出说明"中国青年"的地位而使用的。

在汉语中常常用"……是一种(个)……"或"……是……之一"等语言形式来表达概念的属种关系。

属种关系包括"真包含关系"和"真包含于关系"两种:

1.真包含关系

又称包含关系。是指属概念的外延包含着种概念的外延。如果 a 概念的外延大于 b 概念的外延,并且完全包含 b 概念的外延,a 概念的部分外延与 b 概念的全部外延重合,b 概念仅仅成为 a 概念外延的一部分,那么 a 概念对 b 概念的关系就是真包含关系。真包含关系可用右图表示。

2.真包含于关系

也称"包含于关系",是指种概念的外延被包含在属概念的外延之中。如果 a 概念的外延小于 b 概念的外延,并且 a 概念的全部外延包含于 b 概念的外延之内,成为 b 概念外延的一部分,则 a 概念对于 b 概念来说,就是真包含于关系。真包含于关系可用右图表示。

真包含于关系与真包含关系是一种相反的关系。如果 a 与 b 有真包含于关系，即 a 包含于 b，那么 b 与 a 就有真包含关系，即 b 包含 a，反之，如果 a 包含 b，那么 b 则真包含于 a。

(三)交叉关系

交叉关系也叫"部分重合的关系"，是指两个或两个以上的几个概念的外延之间有且只有一部分重合的关系。交叉关系可用右图表示。

具有交叉关系的两个概念的外延是部分重合的相容关系，不能把它当做互相排斥的概念使用。如我们可以说："有些医生是科学家"，也可以说："有些科学家是医生"，但不能说"医生不是科学家"或"科学家不是医生"。因为二者是可以相容的。

在一般情况下，交叉关系的概念也不能并列使用，否则概念外延之间就会纠缠不清。如在"工人和青年应该互相帮助"，这句话中，工人和青年是交叉关系的概念，不能并列使用。

但有时为了某种需要，在语意明确、符合语言习惯的前提下，交叉概念也是可以并列的。如："对不符合党的原则的，就应当保持一个距离，就是说，要划清界限，立即挡回去。不能因为是<u>老朋友</u>、<u>老上司</u>、<u>老部下</u>、<u>老同事</u>、<u>同学</u>、<u>同乡</u>等而废去这个距离"。

上例"老朋友"、"老同事"、"同学"、"同乡"等是交叉关系的概念，但这里是根据它们有着某种共同点即有某种特殊关系而把它们突出地列举出来的。

如果同属于一个属概念之下的三个或三个以上的同一级种概念之间，出现外延互相交叉，又同时并列使用的情况，那么这些概念之间的关系，也可以称为相容的并列关系。

二、概念间的不相容关系

概念间的不相容关系又称"全异关系"或"排斥关系"。是指两个可比较概念的外延没有任何一部分重合的关系,即同一个属概念之下的两个外延互相排斥的种概念之间的关系。这两个种概念称为不相容概念或全异概念。全异关系可用下图表示:

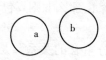

全异关系又可分为矛盾关系和反对关系。

(一)矛盾关系

矛盾关系是指在同一个属概念之下的两个全异关系的种概念,如果它们的外延互相排斥,并且外延相加之和等于其属概念的全部外延,那么,这两个概念间的关系就是矛盾关系。这两个概念称为矛盾概念。矛盾关系可用下图表示。

一般来说,具有矛盾关系的两个概念,一个是正概念,一个是负概念(无产阶级—非无产阶级)。但有时两个正概念也可以构成矛盾关系的概念。如"实词"和"虚词"。

(二)反对关系

反对关系也叫对立关系,是指在同一个属概念之下的两个全异关系的种概念,如果它们的外延互相排斥,并且其外延相加之和小于其属概念的全部外延,那么,这两个概念间的关系就称为反对关系或对立关系。这两个概念则称为对立概念或反对概念。反对关系可用右图表示。

图中 a、b 两概念之和小于属概念 c 的全部外延，中间还有其他可能情况出现。具有反对关系的概念，一般来说是由语言中的反义词或其他表对立意义的词语来表示的。如赞成—反对、黑—白、伟大—渺小、香—臭等。

如果同属于一个属概念之下的三个或三个以上的同一级种概念之间，出现外延互相对立、又同时并列使用的情况，那么这些概念之间的关系，也可称为不相容的并列关系。

如：联合国的 6 种工作语言是：<u>英语</u>、<u>法语</u>、<u>俄语</u>、<u>汉语</u>、<u>西班牙语</u>和阿拉伯语。

对立概念和矛盾概念有明显的区别：

1.从外延看，两个对立概念的外延相加之和小于其属概念的外延，如"白＋黑＜颜色"，因为除白、黑之外，还有其他的各种颜色存在。而两个矛盾概念的外延相加之和则等于其属概念的外延，"白＋非白＝颜色"，除"白"之外，其他各种颜色都是"非白"。

2.从内涵看，两个对立概念都具有其属概念所有的内涵，但就这两个概念本身的内涵来说则不相同，它们既是互相否定的，同时又各自肯定其所反映的对象的某种属性。例如"白"和"黑"互相否定，但二者同时又各自肯定着它们所反映的对象具有"白色"或"黑色"的属性。两个矛盾概念虽然也都具有它们的属概念所具有的内涵，但是，其中的否定概念，除了对另一个概念的内涵加以否定之外，它自身并不肯定具有什么属性；或者说，它是以否定另一个概念的内涵作为自身的内涵。如"非白"只指出不具有"白"的属性。但究竟是黄的、绿的、蓝的，还是黑的，并没有肯定。

3.从语言形式看，两个对立概念往往表现为反义词或其他表示对立意义的词语，如赞成—反对、桌子—椅子；两个矛盾概念则往往用一个语词及其否定形式来表示。如赞成—不赞成、桌子—非桌子。

以上我们讲了比较概念外延间的 5 种关系。现列表如下：

概念间的关系 {
　相容关系 {
　　全同关系:鲁迅—《阿Q正传》的作者
　　属种关系 {
　　　真包含关系:茶—红茶
　　　真包含于关系:红茶—茶
　　}
　　交叉关系:工人—青年
　}
　不相容关系
　(全异关系) {
　　矛盾关系:农业人口—非农业人口
　　对立关系:工人—农民
　}
}

第五节　明确概念内涵的逻辑方法——定义

一、什么是定义

定义是明确概念内涵的一种逻辑方法。概念的内涵是反映在概念中的对象的本质属性,给一个概念下定义是用精练的语句、简明的方式将这个概念的内容和含义揭示出来。

定义的逻辑结构可以分为三个组成部分。即被定义项、定义项和定义联项。

被定义项也叫被定义概念,就是其内涵需要揭示的概念。给哪个概念下定义,哪个概念便是被定义项。

定义项是用来揭示被定义项内涵的概念,也叫定义概念。

定义联项是表示被定义项与定义项之间的必然联系的概念。在汉语中,常用"是"、"就是"、"即"、"是指"、"所谓……就是"等来表示,有时还可用破折号来表示。

如果用"Ds"表示被定义项,用"Dp"表示定义项,用"就是"作为定义联项,那么,定义的结构公式就可以表达为"Ds 就是 Dp"。

此公式也可用符号表示为:Ds = Dp

二、下定义的方法

怎样才能给一个概念做出正确的定义呢? 首先要求我们具有

丰富的科学知识,了解概念所反映对象的本质属性;其次还要掌握下定义的逻辑方法。形式逻辑是在人们认识了对象的本质属性的基础上来提供给概念下定义的方法的。

在实际思维活动中,最常用的一种下定义的方法是"属加种差"法。属加种差定义的公式是:

$$\boxed{被定义项} = \boxed{种差 + 邻近的属}$$
$$\Vert \qquad\qquad\quad \Vert$$
$$\text{Ds} \qquad\qquad\quad \text{Dp}$$

公式中,被定义项即 Ds,种差和邻近的属相加等于定义项,即Dp,"="表示定义联项。邻近的属是指被定义项最邻近的属概念,种差是指被定义项与同一属概念之下的其他种概念的差别,即被定义项这一种概念区别于其他种概念的那些属性。

运用属加种差法定义,首先,要找出包含被定义项的那个最邻近的属概念。

属加种差定义要求揭示被定义项的邻近的属和种差。但有时一个概念不只有一个邻近的属概念,那么我们给这个概念下定义时,究竟选择外延较广的哪一个属概念作为邻近的属,这要根据实际的需要来决定。如:生物、动物、高等动物、脊椎动物、哺乳动物、灵长目等都是"人"这个概念的属概念。而"人是能制造工具和使用工具的动物"这个定义,却是以"动物"作为邻近的属,这是因为我们给"人"下定义时所要求的是把人和其他动物区别开来的缘故。

定义中的种差是被定义项所反映的对象区别于同一个属中其他对象的本质属性。由于事物的本质属性是多方面的,在不同的科学领域,人们可以从不同的角度、不同的方面揭示被定义概念所反映对象的种差,做出不同的定义。如"圆"在平面几何中,定义为"由一定线段的一端动点在平面上绕另一端不动点运动而形成的一条封闭曲线";而在解析几何中,则定义为"偏心率等于零的圆锥曲线"。

属加种差法定义有一定的局限性。单独概念和哲学范畴都不能用属加种差法去下定义,因为单独概念外延最小,内涵就最多,人们很难准确地把握它同其他概念之间(种之间)的差别;如"张三"是单独概念,他有生活的时代、地点、性别、年龄以及外貌特征和心理特性等种种属性,他和其他人的区别就很难用属加种差法定义来说明;范畴是一定领域里最大的属概念,它的外延大到极限,人们无法再找到一个比它的外延更广泛的属概念了,所以也不能用属加种差法来下定义,如对"物质"和"精神"这两个哲学范畴的概念下定义,列宁就说过:"对于认识论的这两个根本的概念,除了指出它们之中哪一个是第一性的,实际上不可能下别的定义。"(《列宁选集》第2卷第146页)对于这两类概念,人们可以采取其他方法来给它们下定义。对单独概念可采用特征描述法下定义。特征描述只是一种类似定义的方法,而不是定义,在文学作品中常用这种方法来塑造个别对象的具体形象。如人物描写就属于特征描述。

对范畴概念我们可以采用比较法来下定义,也可用成双成对的范畴概念来反映其本质属性。因为范畴是一对一对的,可以利用每对中两概念的关系或这对概念与第三者的关系来下定义,这也是一种关系定义。如"物质是精神的反映,是独立存在于人的意识之外的客观实在"。

三、定义的种类

定义有很多种类,最常见的是真实定义和语词定义两种。

(一)真实定义

真实定义也叫"本质定义"、"实质定义"。是揭示概念所反映的对象的本质属性的科学定义。真实定义是用属加种差法来做出的。由于种差可以是不同方面的,因而用属加种差法所做出的定义也是多种多样的。常见的真实定义有：

1.性质定义：是用被定义概念所反映对象的性质作为种差而形成的定义。也叫做属性定义。

2.发生定义：是用被定义概念所反映对象的产生、来源，以及形成、发展的情况作为种差而形成的定义。

3.功用定义：是用被定义概念所反映对象的功能和作用作为种差而形成的定义。如："温度计是用来测量温度的仪器"。

4.关系定义：是用被定义概念所反映对象与其他对象之间的关系作为种差而形成的定义。如："偶数就是能被 2 整除的数"、"负数是小于零的数"。

(二)语词定义

语词定义是规定或说明语词意义的定义。说明了或规定了一个语词的意义，也就同时揭示了这个语词所表达的概念的内涵。因此，语词定义也可以看做是一种揭示概念内涵的逻辑方法。语词定义分为两类：

1.说明的语词定义

说明的语词定义是对某个语词已确定的含义加以说明的定义。如对"决策"一词可以这样说明："决"，是决断；"策"，是策略、方略。"决策"，就是决断方略，即针对特定的问题，从若干可供选择的解决方案中做出一种选择的过程。被决策的问题，往往都是比较重大的或具有关键性的问题。

说明的语词定义的作用是对别人不了解的语词的含义进行解释。词典或语文课本中的词语解释多属于说明的语词定义。

2.规定的语词定义

规定的语词定义是给一个新语词或符号所表达的意义做出某种规定的定义。

规定的语词定义的作用是：(1)给新的语词或新引用的符号规定意义。如：给"扫黄"、"除六害"、"四项基本原则"、"软科学"等语词规定意义。(2)可以对多义词或模糊语词规定一个特定的含义，以起到明确内涵的作用。如"单身汉是指 21 岁以上的未婚男子"。

四、定义的规则

给概念下一个正确的定义，除了了解对象的本质属性,掌握好下定义的方法外，还必须遵守下定义的规则。

下定义的规则有四条：

(一)定义项的外延和被定义项的外延要完全相等

如："学者是指在学术上有一定成就的人"，这个定义的定义项"在学术上有一定成就的人"的外延和被定义项"学者"的外延完全相同,反映了同一类对象。

如果违反了这条规则,定义项的外延大于(包含)或小于(包含于)被定义项的外延,就会犯"定义过宽"或"定义过窄"的逻辑错误。

怎样辨别定义项和被定义项的外延完全相等呢? 有一个简便的方法就是把两者互换位置。互换位置后,如果意思一样,就表示二者外延相等;如果意思令人费解,就表示外延不等。如"哺乳动物是人"显然是不对的。

(二)定义项的语言形式不能直接或间接地包含被定义项

也就是说,不能用被定义项自身来解释被定义项。定义的目的是要明确被定义项的内涵。如果定义项中直接或间接地包含了被定义项,就不能真正了解被定义项的内涵。

如果违反了这条规则,就会犯"同语反复"或"循环定义"的逻辑错误。如:"官僚主义者就是有官僚主义的人"，这个定义就犯了"同语反复"的逻辑错误。在定义项中直接地包含了被定义项的语言形式,二者仅仅是语词形式上的简单重复而已,并没有真正揭示其本质属性。"官僚主义者"应定义为:脱离实际、脱离群众、不关心群众利益、只知发号施令而不进行调查研究的干部或领导。

循环定义是指定义项间接包含被定义项的一种逻辑错误。

循环定义还有一种情况是:对一组互有联系的概念下定义时,如果从单个定义看都不是循环定义,但如果放在一起看,则仍是循环定义。

如把"教师"定义为"从事教学工作的人",又把"教学"定义为"由教师所从事的活动"。那么,这两个定义实际上告诉我们的是:"教师"就是"从事那种为教师所从事的工作的人"。这样的定义,对于一个本来不知道"教师"一词含义的人,仍然还是不知道这个词究竟适用什么对象。

(三)定义一般应用肯定形式

因为给概念下定义的目的是要揭示概念的内涵,指出被定义项所反映对象的本质,所以要从正面来肯定对象反映着什么。如果用了否定的形式,只能说明对象不具有什么属性,而不能揭示对象到底具有什么属性,达不到下定义的目的。

这条规则同第一条规则是相应的。如果定义用了否定形式,就说明定义项和被定义项不是全同关系,而是全异关系了。所以根据定义的结构,定义联项必须用"是"、"就是",而不能用"不是"。某些正概念的定义项中可以包含有负概念,但那不是否定形式。

负概念的定义项中一定包含有负概念,这样,二者才能相应相称。如:

非党员就是没有入党的人。

(四)定义必须简明、确切、清楚,不能用晦涩、含混的语词,也不能用比喻形式

给概念下定义,必须用科学术语,准确地揭示概念的内涵,而不能用含混不清、隐晦艰涩的词语。否则,就会犯"定义含混"的逻辑错误。如古希腊人给"美"下的定义是:"美就是黄金,美就是恰当,就是身体好、全希腊人都尊敬、长命到老、自己给父母送葬、儿孙给自己送葬。"

这个定义只说明了"美"的一些表现形式,而没有真正揭示"美"的内涵,语言也不简明。

还有一些概念所反映的对象本来是很简单的事物,如果故弄玄虚,用各种怪异费解的语词来定义,便会使人不知所云。如:

①饥饿是收到了消化系统内在知觉发出的食物匮乏的反馈信息。

②吃饭是使营养物质从人体自身的外部向内部渗透。

这类"定义"在近年来的一些文艺作品,尤其是文学评论中常常可以看到。这不仅仅是逻辑问题,而且也是文风不正的问题了。

定义是明确概念内涵的一种逻辑方法,通过定义,可以巩固人们认识的成果,帮助人们学习各门具体科学知识,同时也能检验人们所运用的概念是否明确。所以在写作或说话时,一定要自觉遵守定义规则,准确表达概念。

第六节　明确概念外延的逻辑方法——划分

一、什么是划分

(一)划分及其构成

划分是通过揭示概念的外延来明确概念的一种逻辑方法。即把一个概念(属概念)所反映的一类对象的全部外延按照一定的属性作为标准,分为若干小类或分子(种概念)的一种方法。

要明确概念的外延,就是要说明一个概念的外延包含了哪些对象,适用于多大的范围。单独概念的外延只有一个单独的对象,可以用指出这个对象的方法来明确它的外延。但是,在很多时候,对普遍概念的外延一一进行列举,不仅办不到,而且也没有必要。如要明确"人"、"学生"和"社会产品"等概念的外延,我们总不能把每一个人、每一个学生和每一种社会产品的外延全部列举出来,即使人们花很大的精力办到了,也没有十分的必要。在这种情况下,我们就可以采用"划分"的办法来明确其外延。

划分是由三个要素组成的。即划分的母项、划分的子项和划分的根据。

被划分的属概念叫做划分的母项,划分所得的各个种概念叫做划分的子项。将一个母项分为若干个子项,必须以母项所反映对象的一个或几个属性作为标准,这种作为划分标准的属性就叫做划分的根据。

在划分中,母项和各个子项之间都是属种关系,各个子项之间则是一种不相容的并列关系。

概念所反映对象的任何一个属性都可以作为划分的根据,由于对象具有各种各样的属性,所以反映同一对象的同一概念,以不同的属性为划分根据,就可以划分出不同的结果。这是对一个概念所进行的几种不同的划分,可叫做多种划分。

(二)划分同分解、分类的区别

划分不同于分解。划分是把一个属概念分为几个种概念,而分解则是把一个整体肢解为它的组成部分。划分后的任何一个种都具有属的本质属性,而分解出来的各个部分却不必具有整体的属性。因此对于一个正确的划分,就可以断定它的子项具有母项的内涵,并且得到一个真的判断,而对于任何一个分解,就不可以做出这样的断定。如"山西师范大学"是从"山西省高等院校"这个属概念中划分出来的一个种概念,它具有"山西省高等院校"的全部内涵,所以我们说"山西师范大学是山西省的高等院校";而从"山西师大"中分解出来的"教务处"等并不完全具有"山西师大"的内涵。所以不能说"山西师大教务处是山西师大"。

划分是明确概念外延的逻辑方法,但不是所有的概念都可以划分,只是具有属种关系的概念才能划分。单独概念,由于它再没有可以包含的种概念,所以不能进行划分。反映集合体的集合概念也不能进行划分,只能分解。因为集合概念所反映的是事物的个体所组成的群体,而不是分子组成的类,所以我们要区分逻辑上的划分和事物的分解。

　　划分也不同于分类。划分是分类的基础,分类是划分的特殊形式。任何分类都是划分,但并非所有的划分都是分类。划分的根据可以是对象的任一属性,而分类的根据必须是对象的本质属性或显著特征。划分的作用在某一实践过程完毕之后,就失去了意义,而分类所得的子项具有相当的稳定性,在科学发展中,能较长时期地起作用。分类有自然分类和辅助分类两种。根据对象的本质属性所进行的分类是自然分类;根据对象的某种显著特征所进行的分类是辅助分类。如字典中根据字的部首或四角号码对字的编排便是。

二、划分的种类和方法

　　划分可根据不同的标准,分为不同的种类。根据划分次数的不同,可分为一次划分和连续划分。

(一)一次划分

　　一次划分是根据实践的需要,对被划分的概念一次划分完毕的划分。

(二)连续划分

　　连续划分是把一次划分后所得的子项作为母项,再继续进行划分,这样连续划分下去,直到满足实践需要为止。这种划分至少包含有三个层次。也叫多次划分。

　　根据划分后所得子项数量的不同,划分又可分为二分法和多分法。

(三)二分法

　　二分法是以对象有无某种属性作为划分的根据,将一个属概念划分为两个互相矛盾的种概念的方法。

二分法是把母项一分为二,即把一个母项分为两个子项,这两个子项是矛盾概念。二者可以表现为一个正概念、一个负概念,也可以两个都是正概念。

二分法是一种简化的划分方法。有时为了着重明确概念的一部分外延,而对另一部分外延可以暂时抛开不管,或者只知道被划分概念的一部分外延,而又需要对它进行划分时,就可用二分法。这种划分便于人们在思维过程中,把注意力集中到应当注意的那一部分上,而且这种划分总能包括它的全部子项,因此,它是合乎划分规则的。

在写作中运用二分法,可以舍弃一些不必要的列举,使文章更为简洁,语言表达更加灵活。如:"各级学校都要减少一切非教学性的开支",这句话把学校开支分为教学性开支和非教学性开支两种,如果不用二分法,就得把非教学性开支写成"办公费、文娱费、招待费"等等,这样就比较啰唆。当然在特定情况下,为了强调,这样分项写也是必要的。

当二分法所得的两个子项中有一个是负概念时,由于负概念只反映对象不具有某种属性,并未说明它具有什么属性,所以它的缺点在于负概念的那部分外延不是十分明确的。

(四)多分法

多分法是把母项划分为具有三个或三个以上子项的划分。

三、划分的规则

对概念进行划分,在逻辑上除了要掌握好划分的方法外,还必须遵守划分的规则。

划分的规则有以下四条:

(一)划分的子项外延之和与母项的外延必须是全同关系

这就是说,划分的所有子项与母项的外延要相应相称。划分出来的每一个子项都必须是被划分的概念所包含的种概念,而且所有子项的外延之和应该正好等于母项的全部外延,不能多,也不能少。如果子项的外延之和大于母项的全部外延,那么必定有一部分不属于母项的对象被当做母项的外延来处理了,就会犯"多出子项"的逻辑错误;如果子项的外延之和小于母项的全部外延,那么,必定有一些属于母项的对象被遗漏,使被划分概念所反映的对象没有完全揭示出来,出现"划分不全"或"子项不全"、"遗漏子项"的逻辑错误。

有时,被划分的概念外延很广,难以逐一列举所有子项,或者不必逐一列举所有子项,我们可以根据实践的需要,只列出某些主要子项,并在这些子项之前加上"主要有"、"大致有"等字眼,或在其后加上"等等"、"及其他"之类的字眼,表示还有其余的子项,使子项之和同母项相称。

(二)每次划分的标准必须同一

划分可以根据不同的标准来进行,但同一次划分,只能用同一个标准。即划分的根据必须同一。不能在同一次划分中既采取这一标准,又采取另一标准。如果同时根据两个甚至两个以上的标准,这个划分就是混乱的,而且往往是不相称的,就会犯"混淆根据"的逻辑错误。

如果对被划分的概念分几次进行不同的划分,每次都可以分别用不同的标准。如:战争在规模上有局部战争和世界大战,在性质上则有正义的和非正义的两类。

在连续划分中,每次必须按同一根据进行,但各次划分的根据可以不同。如:在平面几何中,将直线图形划分为三角形、四角形和其他多角形三个子项,这是第一次划分,根据的是"角的数目",然后又将三角形划分为等边三角形、二等边三角形(等腰三角形)和不等边三角形三个子项,这是第二次划分,根据的是"边与边之间是否相等"的关系。

(三)划分的子项应互不相容

所谓划分的子项互不相容,就是指划分所得的各个子项之间必须是互相排斥的不相容的关系。如果子项之间不是互相排斥,就有一些对象同时属于几个子项,必定引起混乱,犯"子项相容"的逻辑错误。

如果一个划分混淆了根据,那么它必然同时会犯"子项相容"的逻辑错误。

(四)划分不能越级

划分不能越级就是指被划分的概念和划分后所得的概念之间必须具有邻近的属种关系。这样逐级划分,层次才能清楚。否则就会出现"划分中的跳跃",即"越级划分"的错误。如果把文学作品分为小说、诗歌、散文、戏剧;诗歌又分为叙事诗、抒情诗等等。这是正确的。反之,如果把文学作品分为小说、多幕剧、抒情诗、叙事诗和散文等,这是错误的。因为"文学作品"和"多幕剧"、"抒情诗"、"叙事诗"不具有邻近的属种关系,跳过了"戏剧、诗歌"这一层,层次混乱不清,犯了"划分越级"的逻辑错误。

上述四条规则是相互联系的。同时遵守这些规则的划分,就能把属于母项的任何一个对象各划到一个子项中,而且只能划分到一个子项中去;如果违反了其中任何一条,都不是正确的划分,而且也会同时违反其他规则,犯多种逻辑错误。

划分的主要作用是明确概念的外延,使人们了解概念能够适用于哪些事物。这对于准确地表达思想、有效地进行学习和工作,都具有重要意义。对于一些重要的概念,特别是法律条文中的概念,务必通过划分,明确表达其外延,以便准确理解。

我们学习或论述问题时,要使一个概念明确,有时重点在明确概念的内涵,有时重点在明确概念的外延,而在很多情况下,既要明确概念的内涵,又要明确概念的外延,这就要同时使用定义和划分两种方法。

第七节　概念的限制与概括

前面我们已讲过,具有属种关系的两个概念或几个概念的内涵和外延之间具有一种反变关系,即内涵越多,外延越小;内涵越少,外延越大。概念的限制与概括就是概念内涵与外延的反变关系这一原理的具体运用。

一、概念的限制

概念的限制是通过增加概念的内涵、使外延较大的属概念过渡到外延较小的种概念的一种逻辑方法。

对概念进行限制有助于人们对事物的认识从一般过渡到特殊,使认识具体化。如果在定义中出现了"定义过宽"的逻辑错误,就可以运用限制这种逻辑方法,对定义项的外延加以缩小,使定义不宽。如:"生产关系就是指人与人之间的社会关系"这个定义过宽了,如果说成:"生产关系就是指人与人在物质资料的生产过程中所结成的社会关系",这就对了。

人们在日常生活中,经常运用概念限制的方法,如甲、乙两人见面后的一段谈话:

甲:你好! 去哪儿?　　　　　　　　　乙:去买东西。

甲:买什么东西?

甲:买什么吃的?　　　　　　　　　　乙:买点肉。

甲:什么肉?　　　　　　　　　　　　乙:牛肉。

甲:哪儿的牛肉?　　　　　　　　　　乙:平遥牛肉。

这种"打破沙锅问到底"的谈话,正是对概念的不断限制。

究竟要限制到什么程度,根据实际的需要来定。对一个外延较大的概念,可以进行多次限制。但当一个概念的外延限制到单独概念时,也就到了限制的极限,因为单独概念的外延只反映某一个特定的对象,在它之下再没有被包含的种概念了,因而也就不能进行限制了。

概念的限制从语言方面来说,有的是对原有的语词增加限制词,即定语,有的则是改换一个语词。如"人"到"亚洲人"是增加了定语"亚洲",而由"亚洲人"到"中国人"则是改换了语词,概念的限制有时是通过加定语的方法来实现的,但加定语的不一定都是概念的限制。以汉语来说,定语有两种,一种是限制性的,一种是修饰性的,修饰性的定语往往只是加以修饰,并没有对外延加以限制,所以丝毫没有缩小其范围。

概念的限制只有在具有属种关系的概念中才能进行。这一点特别要注意。如全同关系和交叉关系的概念间不是限制,构成集合体的群体与个体、整体与部分之间也同样不是概念的限制。如把"山西省"限制为"太原市"、把"非金属元素"限制为"塑料"都犯了"限制不当"的逻辑错误。

对概念进行限制是准确使用概念的一种很有用的逻辑方法,如果一个概念,当限制而不限制,就会造成概念混乱。这种错误叫"缺少必要的限制"。

另外,不必限制而硬加限制的现象,是限制不当的错误。

如:提起过去的往事,他心情很沉重。

二、概念的概括

概念的概括是通过减少概念的内涵、使外延较小的种概念过渡到外延较大的属概念的一种逻辑方法。也叫"概念的扩大",与概念的限制是相对的一种明确概念外延的逻辑方法。

概念的概括,有助于人们对事物的认识从特殊到一般,掌握事物的共同本质,使人们在表述思想时,概念更加明确。

如：先进与落后之间的矛盾是人民内部矛盾。

如果在定义中出现了"定义过窄"的逻辑错误，就可以运用概括这种逻辑方法对定义项的外延加以扩大，使定义不窄。如："期刊就是每周或每月定期出版的出版物"，这个定义过窄了，如果去掉"每周或每月"这一限制语，定义就正确了。

概括，按照被概括的概念的数量，可以分为两种。一种是对一个概念所作的概括，如上例。另一种是对几个概念所作的概括，如将水稻、小麦、玉米、高粱概括为粮食作物。后一种概括，用来概括的概念一定要能够包括被概括的每一个概念，只要有一个被概括的概念包括不进去，概括就不正确。

概念的概括从语言表现方面来说，有的是减少原概念之前附加的限制性定语，即减少被概括概念的内涵；有的则是改换一个语词。如："男人是人，女人也是人"，"理想问题，实际上是一个人的世界观问题"。前者是减少定语，后者是改换语词。

对一个外延比较小的概念也可以进行连续概括，究竟概括到什么程度，要根据实践的需要而定。但从逻辑上来说，当一个概念的外延最大，大到范畴概念时，就到了概括的极限，不能再加以概括了。

概括要恰当。概括出来的概念和被概括的概念之间必须是类和分子的关系，否则，就会犯"概括不当"的错误。概括不当的概念不能起到扩大概念外延的作用。

在概括中，如果故意歪曲事实、乱作概括，那就只是谣言和诡辩。通常所说的"乱扣帽子"、"无限上纲"都是对概念错误的概括。

本章小结

概念是思维活动的起点,有了概念,人们才可能构成判断和推理。普通逻辑并不研究概念的一切方面,反映在概念中的具体内容是各门具体科学和哲学所研究的任务。普通逻辑只是从逻辑形式上研究概念的基本逻辑特征,研究概念的种类和关系,以及明确概念的逻辑方法,如定义、划分、限制和概括等。

学习本章时,要着重抓住两条线索:

一、正确地把握概念的基本逻辑特征——内涵和外延,这是学好本章的关键。因为这一章的基本内容都是围绕这一关键展开的。概念的种类是分别根据内涵和外延的一般特征来划分的;概念间的关系是根据概念之间外延上是否重合来说明的;至于概念的定义、划分、限制和概括则是分别介绍揭示概念内涵和外延的逻辑方法。

二、着重领会概念间的属种关系是学好这一章的基础。因为这一章的所有内容都离不开这一基础。概念内涵和外延之间的反变关系,只存在于具有属种关系的概念之间;而不存在于全同、交叉和全异关系的概念之间;概念的分类中,普遍概念和非集合概念所反映的分子和类的关系也是属种关系;概念间的矛盾关系和反对关系,指的是同一个属概念中两个不相容的种概念之间的关系;概念的划分就是把一个属概念分为若干个种概念的方法;概念的定义中属加种差法定义也离不开概念的属种关系;概念的限制是由属概念过渡到种概念,概念的概括则是由种概念过渡到属概念。

由此可见,只有准确把握概念的内涵和外延,着重领会概念间的属种关系,才能学好本章内容,才能把有关内容有机结合起来。

除了把以上两条作为贯穿本章的线索外,还要弄清楚概念与语词的关系,内涵与外延的关系,集合概念与非集合概念的区别,矛盾概念与反对概念的区别等;还要牢记定义的规则和划分的规则;善于识别违反这些规则的逻辑错误,做到概念明确。

在实际运用过程中,要明确某个概念的准确含义,还必须注意具体语言环境,切不可主观武断。

思考题

1. 什么是概念? 它和语词的关系如何?
2. 什么是概念的内涵和外延? 举例说明概念的内涵和外延之间的反变关系?
3. 概念可分为哪些种类? 什么是单独概念、普遍概念和正概念、负概念?
4. 如何区分集合概念和非集合概念?
5. 概念的外延之间有哪几种关系? 矛盾关系与反对关系有何区别?
6. 什么是定义? 正确定义要遵守哪几条规则?
7. 什么是划分? 正确划分要遵守哪几条规则?
8. 划分与分类、分解有何区别?
9. 什么是概念的限制和概括? 概括和限制应注意什么问题? 试各举一例加以说明。

第三章　简单判断和演绎推理(上)

第一节　判断和推理的概述

一、判断是由概念组成的思维形式

判断是概念的结合,又是组成推理的基本要素。没有判断就不可能揭示和说明概念,也不可能进行推理。

通过第二章的学习,我们既懂得了概念的逻辑特征,概念的内涵、外延,概念的种类以及概念外延间的几种关系,又学会了运用定义、划分以及限制和概括等逻辑方法来明确概念的内涵和外延。这些都是概念部分所要解决的一些问题。但是形成概念不是思维的最终目的。在思维过程中,要通过概念来进一步更深入地认识事物的不同特征,反映对象之间的各种联系。

(一)判断的定义

判断是对思维对象有所断定的一种思维形式,是人们对事物及属性之间各种联系的认识。

"思维对象",如前所说,是指作为思维主体的人脑所思考的一切对象。它包括客观存在的一切物质和现象,也包括思维的现象,还包括表达各种思想的物质外壳,如语言中的词、句等。

"有所断定"是指对思维对象的性质、关系、状态、存在等等属性的肯定或否定。任何一个判断都是通过对思维对象有所肯定或否定来反映现实,从而表现人们对现实的某种认识的。如:"群众是真正的英雄"是一个判断,它断定了"群众"具有"真正的英雄"的性质;又如:"小王不认识张老师"也是一个判断,它断定了"小王"和"张老师"之间不具有"认识"的关系。

总之,判断是对事物的断定,是对思维对象表示肯定或者否定的一种思维形式,这就是判断的定义。

(二)判断的特征

概念有两个最主要的逻辑特征——内涵和外延,判断也有两个最显著的逻辑特征。

第一,判断必须有所断定。任何一个判断不是对思维对象的肯定,便是对思维对象的否定。因为判断是用来反映和论断事物情况的,无论它多么简单或多么复杂,总是断定思维对象是否具有某种属性的,这是一切判断最显著的特征和标志,无所肯定或者无所否定的就不是判断。一个判断是肯定的还是否定的,表明了判断的质。掌握了这个特征,就能从结构上区别判断。需要注意的是:人们往往只将肯定的断定看做判断,而否认否定的断定也是判断,这是不对的,肯定判断是判断,否定判断也是判断。

第二,判断都存在着真假问题。任何一个判断要么是真的,要么是假的。因为判断是对思维对象的一种断定,这种断定具有与实际情况是否符合的问题。一个判断如果符合思维对象的实际情况,就是真实的判断;否则就是虚假的。需要注意的是:人们往往只将真实地反映现实的断定看做判断,而否认虚假的断定也是判断,这也是不对的。真的断定是判断,假的断定也是判断,只不过是错误的判断。

判断虚假有两种原因:一是由于科学知识的缺乏和认识条件的限制。如:天气预报有时不太准确,医生对病情诊断的失误等。二是由于立场反动,故意混淆是非。

判断的真假要通过实践加以检验才能确定,因为实践是检验真理的惟一标准。

总之,"有所断定"是一切判断从形式上区别于其他思维形式的最显著的特征和标志,而"有真有假"则是判断从内容上来讲的基本特征。

(三)判断的语言表达形式

判断作为一种思维形式,总是依附于一定的语言形式存在的。判断要靠语句来表达,所以判断和语句就有十分密切的关系。任何一个判断都不可能离开语句而赤裸裸地存在,判断的形成、存在和表达一刻也不能脱离语句。判断是语句的思想内容,语句是判断的语言表现形式,判断必须借助于语句才能实现。

但是判断并不等于语句,二者还是有本质的区别的。判断是人们认识的内容,是思维现象,它属于逻辑学研究的对象;而语句是一些声音或笔画的组合,是物质现象,它属于语言学研究的对象。二者各属于不同的学科领域研究的对象。

判断和语句的具体区别表现在以下几方面:

1.二者并不是一一对应的关系。即同一个判断可以用不同的语句来表达;在不同的语言条件下,同一个语句也可以表达不同的判断。

2.判断离不开语句,但并非任何语句都能表达判断。只有表达"有所断定"的思想内容,并在客观上能检验其真假的语句才是判断。以汉语来说,陈述句是可以直接表达判断的。除陈述句以外,凡是在有所断定的基础上加以疑问、祈使、感叹的句子也可以直接表达判断。

　　总之,我们既不能把所有的语句都看做是判断,也不能把一种判断只看做一种语句,更不能以句子的长短来区分判断,要根据判断的两个基本特征来鉴别语句是否表达判断。

　　(四)判断的种类

　　判断可以按照不同的根据进行分类。

　　我们首先按判断是否包含有模态词,而将判断分为模态判断和非模态判断。然后根据判断的自身是否包含有其他的判断这一结构特点,把一切判断区分为简单判断(即自身不包含其他判断的判断)和复合判断(即自身还包含着其他判断的判断)。关于简单判断,我们再按其所断定的是对象的性质还是关系,将其分为性质判断(即直言判断)和关系判断。关于复合判断,我们按照组成复合判断的各个简单判断之间的结合情况的不同,将其区分为联言判断、选言判断、假言判断和负判断。

　　上述两种分类的结果是互相交叉的,即简单判断与复合判断都可以是模态判断或非模态判断。本教材在介绍各种类型的简单判断和复合判断时,都把它作为非模态判断来处理,至于模态判断,则主要讨论简单的模态判断。这样我们可以将判断的分类情况列成下表来表示:

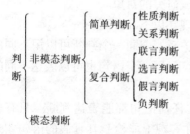

　　不同类型的判断反映事物的不同的联系情况。普通逻辑研究各种判断形式之间的真假关系。掌握判断分类的知识,对于人们

正确地使用不同类型的判断,进行相应的逻辑推理,准确地表达思想内容是有帮助的。

二、推理是由判断组成的思维形式

推理是判断的组合,是普通逻辑最主要的内容。推理又是判断得以形成的根据,有些判断光靠感性经验是难以直接得到的,必须运用推理才能形成。如:凡金属都能导电。这个判断是依据"金、银、铜、铁、锡"等金属都能导电的已知断定,通过推理而得到的一个新的断定。

前面说过:思维的基本过程就是运用概念做出判断,进行推理的过程。

我们的思维不只是停留在一个个单纯的概念或者一个个孤立的判断上,而是要运用一系列的判断组成更复杂的一种思维形式——推理。就是说,我们说话、写文章并不只是说出一个个毫无联系的词、词组和句子,而是要说出一连串的句子来表达一个完整而较为复杂的思想。

(一)推理及其构成

推理是由一个或几个已知的判断推出一个新判断的思维形式。

任何推理都有两个组成部分,即前提和结论。推理所依据的已知判断是前提,推出来的新判断是结论。

推理的前提和结论都是判断,所以说推理是判断的组合。作为前提的判断可以是一个,也可以是几个,而作为结论的判断则只有一个。由于结论判断是由推理而得到的新判断,所以说,这些判断得以形成的根据便是推理。

因为前提与结论的关系是理由和推断关系的反映,所以推理不是任意判断的组合,而是由有推论关系的判断构成的。

掌握和运用关于推理的知识,有助于人们在实践的基础上根据已有的知识推出新的结论,获得新知识。同时也有助于人们有条不紊地表达思想。人们说话、写文章,不仅要求概念明确,判断恰当,而且要求推理有逻辑性,否则,议论就不可能有说服力。

(二)推理的语言表达形式

概念由语词来表达,判断由语句来表达。相应地说,推理是由复句或句群来表达的。但是,正如语词不一定都表示概念、语句不一定都表示判断一样,复句和句群也不一定都表示推理。只有具有前提与结论关系的复句或句群才能成为推理。

体现前提和结论之间关系的叫做论式,即推论的形式。

在日常语言中,表达前提与结论关系的语词有:"因为……所以……"、"由于……因此……"、"之所以……是因为……"、"根据……可知……"、"既然……就……"等等。"因为、由于、是因为、根据、既然"后面的语句表达推理的前提,"所以、因此、之所以、可知、就"后面的语句表达推理的结论。这些关联词语叫做推理的语言标志。

此外,表达前提的语言标志还有"鉴于……"、"基于……"、"就在于……"、"正因为……"等等。表示结论的语言标志还有"总之……"、"由此可见……"、"总而言之……"、"这些都说明……"等等。

但是,我们在说话和写文章时,往往省去某些语言标志。

了解了推理的语言标志及其省略,有助于我们分析文章的层次和段落。

具有因果关系的复句或句群一般来说都表达推理,而其他复句则只表示复合判断。所以,复句和推理是交叉关系,而不是同一关系。

(三)推理结论真实的必要条件

推理的目的是要获得真实的结论。人们在进行推理时,并不一定都能合乎逻辑地得出真实的结论。要想从已知的知识中合乎

逻辑地获得真实的知识,必须具备以下两个条件:

第一,推理的前提必须真实。

第二,推理的形式必须正确(也叫有效)。

推理的结论是从已知的前提中得出的,因此,要使结论真实,作为出发点的前提必须首先是真实的。当然形式逻辑本身不能解决前提真实与否的问题,前提是否真实是实践和各门具体科学才能解决的问题,形式逻辑只研究推理形式正确的问题。但是推理的形式正确并不能保证其结论必然真实可靠。

必然真实的结论是依赖必然真实的前提而存在的,所以形式逻辑为了保证其结论的真实性,有权要求作为前提的判断必须是真实的,不真实的判断不能用来作为正确推理的前提。

推理形式正确,就是我们通常所说的"合乎逻辑",即合乎思维的规律性。一个推理,只是前提真实,结论还不能必然真实,还要求前提与结论之间有必然的推断关系,即形式正确。只有把这两个条件结合起来,才能必然得出真实的结论来。

正如恩格斯所指出的:"如果我们有正确的前提,并且把思维规律正确地运用于这些前提,那么结果必定与现实相符。"①

形式正确是推理具有逻辑性的问题。推理的逻辑性是思维具有准确性的又一根本要求,推理的形式正确性的判定,是逻辑学的中心课题。当且仅当具有其推理形式的任一推理,都不会出现真前提和假结论时,此推理形式才是正确的。普通逻辑判定推理形式正确的方法是制定一些规则,如果一个推理是正确的,就不能违反这些规则。

(四)推理的种类

对推理进行分类,也是一件很复杂的事情,根据不同的标准可以分成不同的种类。

---

① 《马克思恩格斯全集》,第20卷,第661页。

我们是这样来对推理进行分类的。首先按照推理进程的不同方向,把推理分为演绎推理(一般到特殊)、归纳推理(特殊到一般)和类比推理(特殊到特殊)三种基本类型。在演绎推理中,又根据前提判断类型的不同,分为简单判断的推理和复合判断的推理两种。简单判断的推理又分为性质判断的推理和关系推理;性质判断的推理又可分为性质判断的直接推理和性质判断的间接推理(即三段论)两小类。复合判断的推理又可分为联言推理、选言推理、假言推理、假言选言推理(即二难推理)等几种。在归纳推理中,又分为完全归纳推理和不完全归纳推理两类;不完全归纳推理又可分为简单枚举归纳推理和科学归纳推理两小类。

另外,根据推理中前提和结论之间是否有蕴涵关系,可以把推理分为必然性推理和或然性推理。必然性推理是前提蕴涵结论的推理,即前提真,则结论一定真。演绎推理是必然性推理,完全归纳推理也是必然性推理。按照现代逻辑的观点,演绎推理包括所有蕴涵关系的推理,这样就把完全归纳推理也包括在内了。我们还是按照传统逻辑的观点,把完全归纳推理仍然放在归纳推理的系统中来讲。

直接推理是由一个前提推出结论的推理,除了性质判断的推理中有直接推理之外,在关系推理、联言推理、假言推理等推理形式中,也有直接推理。间接推理是由两个或两个以上的前提推出结论的推理,以上各种推理形式中,都有间接推理。

其次,我们还可以根据前提中是否运用了模态判断,把推理分为模态判断的推理和非模态判断的推理。上述介绍的各种推理,都作为非模态推理来处理。模态推理中又可包括真值模态推理(简称模态推理)和规范模态推理(简称规范推理)两种,本教材只介绍真值模态推理。模态推理其实也属于演绎推理的一部分。

推理分类情况可列成下表:

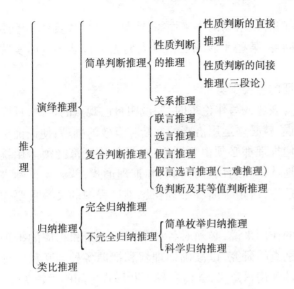

三、判断和推理的作用

判断和推理在人们的认识和思维实践中有着极其重要的作用。

(一)是认识的重要工具

人们认识任何事物,都要通过判断,进行推理。只有当人们能够做出有关事物的各种正确的、深刻的判断时,人们才能正确地、深刻地认识该事物,做出相应的推理。同时,也只有当人们能够做出合乎逻辑的推理时,才能获得新的认识。

任何思维的成果,无论科学的发现、会议的决议、调查的结论、裁判的裁决、法律的判决、人们的信念乃至衣服的增添、天气的寒暖等等,都要用判断表现出来,通过推理获得新的认识,这是判断和推理在认识过程中反映现实的作用。

就这方面的作用来说,人们对判断和推理的基本要求是必须真实、准确地反映客观事物的本来面貌,能最好地解决具体实践中所提出的某一问题、某些矛盾或能指导人们去进行某一具体实践活动等等。

(二)是论证的重要工具

在日常语言表达或写作论辩时,要说明自己观点的正确,反驳别人观点的错误,就必须运用恰当的判断和有效的推理,使论证更有说服力。任何推理都必须由判断组成,任何论证都必须运用推理。因此正确地认识和运用各种判断和推理形式,就成为正确进行论证的必要条件,这是判断和推理在思维过程中的又一重要作用。

就这方面的作用来说,必须对各种不同的判断和相应的推理形式进行分门别类的研究,以准确地理解和把握各种判断和推理形式的逻辑特性和逻辑意义,弄清各种判断形式之间的逻辑关系,正确地运用各种判断形式构成相应的推理形式,我们将在下面的章节中加以讨论。

第二节　性质判断及其直接推理

一、什么是性质判断

(一)性质判断的定义和结构

性质判断是断定对象是否具有某种性质的判断。

从结构形式上讲,所有性质判断是由主项、谓项、联项和量项四个部分构成。

如:<u>有的</u>　　<u>科学</u>　　<u>不是</u>　　<u>上层建筑</u>。
　　量项　　　主项　　　联项　　　　谓项
　　(量词)　(主词)　(质词)　　　(宾词)

判断由概念组成,所以这四个部分都是由概念充当的。

主项是断定的主体,即表示思维对象的概念,通常用"S"来表示。谓项是表示对象性质的概念,通常用"P"来表示,S 和 P 都是逻辑变项,可以用不同的概念来替换。

联项是联结主、谓项的概念,是表示肯定和否定的联结词。联项只有"是"和"不是"两种。"是"表示对象具有某种性质,"不是"表示对象不具有某种性质。联项的不同,反映着性质判断质的区别。表示肯定联项的"是"在自然语言中可以省略,如:"学习靠勤奋"、"科学无禁区"等。而表示否定的联项"不是"在自然语言中却不能省略,如:"学习不是靠捷径"。有的语句中出现了"不"这个词,我们可以理解为否定联项"不是",也可以理解为谓项是一个负概念,而省略了联项"是"。如:"他不爱学习",可以表示"他不是爱学习的",也可以表示"他是不爱学习的"两个不同的判断。

量项是表示主项外延数量的概念。量项有三种不同类型,标志着性质判断量的不同。全称量项,表示主项外延的全部。通常用"所有"、"一切"、"全部"、"凡是"、"任何"等来表示。在自然语言的表达中,全称量项经常可以省略。单称量项,表示主项的外延是一个对象。通常用"这个"、"那个"、"这位"、"那位"来表示。在语言表达中,如果主项是个单独概念,则它的量项可以省略,如果主项是个普遍概念,则它的量项不能省略。特称量项,表示主项外延的部分对象。通常用"有的"、"有些"、"有"、"部分"等来表示。它们在语言表达中也是不能省略的。在普通逻辑中,性质判断的基本逻辑结构可用下面的公式表示:

所有(或"有的")S 是(或"不是")P

(二)性质判断的种类和逻辑形式

根据不同的标准,性质判断可以分为不同的种类:

1.根据质的不同,性质判断可以分为肯定判断和否定判断两种:

肯定判断是断定对象具有某种性质的判断。即 S 是 P。

否定判断是断定对象不具有某种性质的判断。即 S 不是 P。

判别一个判断是肯定判断还是否定判断,标准只有一个,就是看联项是肯定的还是否定的。

2.根据量的不同,性质判断可以分为单称判断、全称判断和特称判断三种:

单称判断是断定单个对象具有或不具有某种性质的判断。

全称判断是断定主项的全部外延都具有或不具有某种性质的判断。

特称判断是断定主项外延中至少有一个具有或不具有某种性质的判断。

3.根据质量的不同,性质判断可以分为下列六种类型:

单称肯定判断:这个 S 是 P

单称否定判断:这个 S 不是 P

全称肯定判断:所有 S 是 P

全称否定判断:所有 S 不是 P

特称肯定判断:有的 S 是 P

特称否定判断:有的 S 不是 P

由于单称判断所断定的是只有一个对象的主项是否具有某种性质的判断,因此它实际上也是对主项的一个外延的全部加以断定的。所以,除非特别说明,一般都把单称判断作为全称判断来处理。这样,性质判断可以归为四种基本类型。

在传统逻辑中,用 A、E、I、O 四个字母分别代表这四种类型的判断形式,标志着性质判断质和量的区别。它们是:

SAP(全称肯定判断)简称 A 判断;

SEP(全称否定判断)简称 E 判断;

SIP(特称肯定判断)简称 I 判断;

SOP(特称否定判断)简称 O 判断。

为什么要用 A、E、I、O 四个字母而不用 A、B、C、D 呢？这是有一定根据的,不能随意改换。因为在希腊文中,Affimo 是"肯定"之意,Nego 是"否定"之意,所以取"肯定"一单词的第一个元音字母的大写"A"表示全称肯定,第二个元音字母的大写"I"表示特称肯定,取"否定"一单词的第一个元音字母的大写"E"表示全称否定,第二个元音字母的大写"O"表示特称否定判断。

这里必须强调指出,特称量项"有的"(或"有些")的含义与我们日常用语中所说的"有的"是有所不同的。日常用语中讲"有些",大多是指"仅仅有些",因而一般讲"有些是什么"时,往往意味着"另一些不是什么",而讲"有些不是什么"时,也往往意味着"另一些是什么"。但是作为特称量项的"有的"(或"有些")只是表示在一类事物中有对象被断定具有或不具有某种性质,至于这一类事物中未被断定的对象的情况如何,它并没有做出明确的表示。因此,特称量项"有的"是指"至少有些",即"至少有一个"的意思;但究竟有多少个呢？不确定。客观上可以是"有一个"、"有几个",乃至于可以是"所有"。因此当我们断定某类中有对象具有某种性质时,并不必然意味着该类中的另一部分对象怎么样。如"有些团员是青年"这个判断在逻辑上无疑是完全正确的,它并不意味着"有些团员不是青年"。由此可知,特称量项的基本含义是:它对主项的外延作了至少部分的断定,然而,却未对其全部外延做出断定。绝不能将它与日常用语中"有些"的用法混同起来。

(三)性质判断主、谓项的周延性

性质判断项的周延性,是指在性质判断中对主项和谓项外延数量的断定情况。如果在一个性质判断中,对其主项(或谓项)的全部外延都作了断定,那么这个判断的主项(或谓项)就是周延的,如果只对主项(或谓项)的部分外延作了断定,那么这个判断的主项(或谓项)就是不周延的。

周延不同于外延。外延是概念的基本特征之一,任何概念都有外延。而周延是某个概念在性质判断中作了主项或谓项的时候，其外延的具体断定情况。外延是周延的基础，周延是对主、谓项外延的断定。所以，一个概念只有当它作了判断的主、谓项的时候，才会产生周延与否的问题。概念离开了判断，只有内涵和外延的问题，而无所谓周延不周延的问题。同一个概念在这个判断中，可以是周延的，在另一个判断中又可以是不周延的。

同一个概念作主项或谓项的周延情况也可能不同。如：

①共青团员都是青年。

②有的青年是共青团员。

下面就对主、谓项的周延情况作一具体分析：

1.对主项来讲，全称判断的主项是周延的，特称判断的主项是不周延的。

2.对谓项来讲，肯定判断的谓项是不周延的，否定判断的谓项是周延的。

这里需要说明的是：主、谓项的周延性，是一个形式意义上的概念，是相对于判断的形式结构而言的。就是说，它只是判断者对主项与谓项外延之间关系的一种认识（判定），而不是直接表示主、谓项所反映的对象在现实中实际存在的客观关系。如有些同学之所以认定在"等边三角形都是等角三角形"和"有的学生是大学生"中的谓项是周延的，并不是基于这一判断本身提出的，而是根据已知的主、谓项在客观上的全同关系和"所有大学生都是学生"的事实提出的。如果仅仅以给定的判断本身来分析，我们只能说"S是P"，S包含于P中，至于S是不是全部的P，判断本身没有断定，因而肯定判断的谓项只能是不周延的，这一问题就好理解了。所以，在分析具体判断主、谓项的周延性时，不必拘泥于它们的外延在判断中的实际情况，而只要记住关于周延性的一般形式结论就可以了。

如此，周延性的一般形式结论就是：

第一,全称判断(A、E)主项周延,

特称判断(I、O)主项不周延。

第二,肯定判断(A、I)谓项不周延,

否定判断(E、O)谓项周延。

A、E、I、O四种判断主谓项的周延情况,可列表如下:

判断类型	判断形式	主项(S)	谓项(P)
A	所有 S 是 P	周延	不周延
E	所有 S 不是 P	周延	周延
I	有 S 是 P	不周延	不周延
O	有 S 不是 P	不周延	周延

主谓项的周延性,在性质判断的推理中是个重要的环节,必须熟记。

(四)性质判断的恰当性

性质判断是我们在学习、工作、生活中经常使用的一种判断。要正确运用性质判断,从逻辑上讲,必须注意下列几个问题:

1.判断的结构要严整,主谓项要相应

在判断中,主项要具有谓项所反映的属性,主、谓项要配合得当,结构不能残缺,否则就会犯主、谓项不相应的逻辑错误。其表现形式是:

(1)主、谓项搭配不当。

(2)主、谓项自相矛盾。

(3)主、谓项要前后照应。

如果主项是由正反两方面构成的,谓项就必须反映正反两方面的属性。否则判断就不恰当。

2.必须准确地表达被判断对象的数量范围,善于做出正确的量项限定判断时,要根据实际情况对主项的数量范围予以断定,这就需要准确使用量项。如果把全称和特称量项相混,也会使判断不恰当,甚至虚假。

另外,特称量项往往不能准确地说明对象数量的多少。如教务处统计新生报到的情况,中文系某班有 50 名同学,新生入学报到第一天来了 5 个,第二天增加到 25 个,第三天又增加到 49 个,都能说:"有的新生报到了。"如果仅从一般真实性的逻辑角度来说,这样的判断没有什么错误,但从实际需要来说,这样的判断用处不大,因为它不能准确地反映新生入学报到的具体情况。因此就必须选用恰当的语词,使特称量项精确化。如用"个别的"、"极少数的"、"少数的"、"至少半数的"、"2/3 以上的"、"绝大多数的"等等加以限定。

3.必须准确表达主项和谓项的联系性质,做出正确的联项限定

联项限定指的是,肯定和否定的情况必须符合客观实际,客观现实需要肯定的就必须肯定,需要否定的就必须否定。

值得注意的是:在使用性质判断时,为了突出断定的语气和内容,常用多重否定的表达方式。如用双重否定强调肯定,三重否定强调否定,用反问语气构成负判断来强调肯定或否定等。这些多重否定方式如果运用得当,可以增强论断的逻辑力量,但如果运用不当,就等于错用了联项,导致判断虚假。

除此以外,还必须如实地反映对象与性质之间联系的程度,从而在判断中做出恰如其分的联项限定。常用的联项限定词有:"基本上是"、"主要的是"、"大体上是"、"完全是"、"特别是"、"尤其是"等等。这些限定词的逻辑意义是不太相同的,应根据实际情况恰当运用。

二、由性质判断构成的直接推理

性质判断的直接推理是指由一个性质判断作为前提推出另一

个性质判断为结论的一种推理。根据推理方法的不同,主要介绍以下两种:

(一)对当关系法直接推理

要进行对当关系法直接推理,先要了解传统逻辑方阵中判断间的真假对当关系,要了解四种判断间的真假对当关系,就必须掌握每一种类型的判断自身的真假情况。

1.主、谓项的关系及四种判断的真值表

在性质判断中,主项是反映判断对象的概念,谓项是反映对象属性的概念,任何一个属性都是特定对象的属性。比如:"葡萄是酸的"这个判断的谓项"酸的",是各种具有酸味的事物的属性,如:"醋是酸的"、"梅子是酸的"等等。这样,我们便可以把属性看成是特定的对象。那么,在性质判断中,我们也就可以把 S 和 P 的关系看做是对象与对象之间的关系。而任何对象都有其外延,所以 A、E、I、O 四种判断的真值表就可以用主、谓项外延间的关系来加以说明。

主项和谓项外延间的关系,有且只有下面五种情况:

S 和 P 全同,如"等边三角形"和"等角三角形";

S 真包含于 P,如"商品"和"劳动生产品";

S 真包含 P,如"青年"和"共青团员";

S 和 P 交叉,如"文艺工作者"和"运动员";

S 和 P 全异,如"三角形"和"正方形"。

A、E、I、O 四种类型的判断,在上述五种关系中,都有惟一确定的真假情况。如下表所示。

由表可知:

对 A 判断来讲,只有当主项和谓项是全同或真包含于关系时,它才是真的,其余情况下,则是假的;

对 E 判断来讲,只有当主项和谓项是全异关系时,它才是真的,其余情况下,则是假的;

对 I 判断来讲,只有当主项和谓项是全异关系时,它才是假的,其余情况下,则是真的;

对 O 判断来讲,只有当主项和谓项是全同或真包含于关系时,它才是假的,其余情况下,则是真的。

判断的类型　判断的真假关系　S与P之间的关系	ⓈⓅ (S P)	(P/S)	(S/P)	(S)(P) 交叉	(S)(P)
A	真	真	假	假	假
E	假	假	假	假	真
I	真	真	真	真	假
O	假	假	真	真	真

为了加深理解,我们可以把上面的内容概括为三点:

(1)如果主项和谓项之间是一种全同或真包含于关系时,则肯定判断真,否定判断假;

(2)如果主项和谓项之间是一种全异关系时,则肯定判断假,否定判断真;

(3)如果主项和谓项之间是一种真包含或交叉关系时,则全称判断假,特称判断真。

2.对当关系和传统逻辑方阵

对当关系是指同一素材的性质判断 A、E、I、O 之间的真假制约关系。所谓同一素材,是就判断的变项而言的,如果两个性质判断的主项 S 和谓项 P 都是相同的,它们便是同一素材的判断。如"所有的科学理论都要受实践检验的",同"有些科学理论不是受实践检验的",就是素材相同的判断。两个判断的主项 S 都是"科学理论",谓项 P 都是"受实践检验的"。对当关系的直接推理正是在素材相同的性质判断中进行的。如已知"所有的科学理论都要受实践检验的"(SAP)为真,便可推出素材相同的"所有的科学理论都不是受实践检验的"(SEP)和"有些科学理论不是受实践检验的"(SOP)为假,而"有些科学理论要受实践检验的"(SIP)为真。

在传统逻辑中,用一个方形图来说明 A、E、I、O 四种判断类型的对当关系,这个方形图就称为"逻辑方阵"。

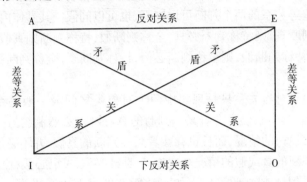

此图的上面两个判断是全称的,下面两个判断是特称的,左边的两个判断是肯定的,右边的两个判断是否定的。这四种判断的位置一定不能互换。

根据逻辑方阵,具有 SAP、SEP、SIP、SOP 判断形式的四种判断之间,存在着四种不同的关系:

第一,矛盾关系。分别存在于 A 和 O、E 和 I 之间。具有矛盾关系的两个判断,不能同真,也不能同假。即其中一个判断是真的,另一个判断则必然是假的;反之,当一个判断是假的,则另一个判断必然是真的。具有矛盾关系的两个判断叫矛盾判断。

第二,反对关系。存在于 A 和 E 之间。具有反对关系的两个判断,不能同真,可以同假。即其中一个判断真,另一个判断必假;而一个判断假,则另一个判断真假不定。因为"可以同假"不等于必然同假。具有反对关系的两个判断叫反对判断。

第三,下反对关系。存在于 I 和 O 之间。具有下反对关系的两个判断可以同真,不能同假。即其中一个判断假,另一个判断必真;而一个判断真,则另一个判断真假不定。因为"可以同真"不等于必然同真。

第四,差等关系。分别存在于 A 和 I、E 和 O 之间。具有差等关系的两个判断是联项(质)相同的全称判断和特称判断之间的关系。差等关系的两个判断可以同真,也可以同假。其具体内容是:全称判断真,则特称判断必真,全称判断假,特称判断则真假不定;反之,特称判断假,则全称判断必假,特称判断真,全称判断则真假不定。

由于对当关系只是现实中两个对象类之间最一般关系的抽象,因而其中不仅存在着某一判断的真(或假)必然制约另一判断的假(或真)的情况,而且也存在着某一判断的真假,并不必然制约另一判断的真或假的情况。比如,E 真,I 必假,A 也必假;而 E 假,I 必真,但 A 却真假不定。如:当"所有的书都不是上海出版的"(E)为假时,"有些书是上海出版的"(I)一定真,而"所有的书都是上海出版的"(A)却不一定是真的,实际上它正好是假的。

怎样看待这个问题呢? 应当明确:第一,对当关系中所谓真假不定的情况,乃是对由一个判断的真或假不能必然推出另一个判断的真或假的情况(如由 A 或 E 的假不能必然推出 E 或 A 的真,由 I 和 O 的真,不能必然推出 A 和 E 的真)而作的逻辑概括。第二,判断之间的真假关系同两个具体判断在事实上的真或假,是不能混同的。例如,事实上"所有的事物都不是发展变化的"是假的,"所有的事物都是发展变化的"是真的。但这是根据科学知识判断的。如果不具备这方面的知识,仅根据前一判断的假,是不能必然地判定后一判断为真的,从它们的逻辑关系来看,当前一判断假时,后一判断只能是真假不定的。这样,我们就不仅可以明确如何运用对当关系的原理来解决具体问题,而且又能弄清判断间的逻辑关系与具体判断在事实上的真假关系两者之间既相区别又相联系的辩证关系。

3.对当关系法直接推理

根据逻辑方阵中 A、E、I、O 四种判断之间的对当关系,我们就可以由其中一个判断的真假,推知其他三个判断的真假。如:

已知"所有公民都要守法"这个 A 判断是真的,我们就可以推知同一素材的其他判断的真假:

根据矛盾关系可知:"有的公民不是要守法的"(O)假,因为二者不能同真。

根据反对关系可知:"所有公民不是要守法的"(E)假,因为二者也不能同真。

根据差等关系可知:"有的公民是要守法的"(I)必真,因为二者可以同真,全称判断真,特称判断必真。

这就是对当关系直接推理的具体运用。

根据逻辑方阵,A、E、I、O 四种判断之间的真假制约关系,可概括为下列真假关系表来表示。

推知 已知真	A	E	I	O	推知 已知假
A	真	假	真	假	O
E	假	真	假	真	I
I	不定	假	真	不定	E
O	假	不定	不定	真	A

对于这个表,先记住两个角,一为真,一为假,两条对角线,一

条为真,一条为假,其余的就便于记忆了。

此表的看法,由已知为真的判断来推知其他判断的真假时,看左边一行和上边一行,其交叉处就是答案。由已知为假的判断来推知其他判断的真假时,看右边一行和上边一行的交叉处便是答案。这一真假关系表对我们后面要讲到的模态判断的真假制约关系同样起作用。

运用对当关系直接推理,要注意以下几点:

第一,对当判断是指素材相同的(即主项和谓项分别相同的)A、E、I、O 四种判断之间的一种真假关系,素材不同的四种判断之间,自然就不存在这种对当关系,所以不能进行推理。如:"小王是中文系学生"、"小李是物理系学生",二者没有推论关系。

第二,传统逻辑的对当关系都是以假定主项存在,即假定主项并非空类概念(虚概念)为前提条件的。因此,当主项表示的事物不存在时,对当关系中的某些关系就没有意义(即无真假)。如,以"神"为主项构成四种判断,由于"神"这一主项所表示的事物在事实上是不存在的,所以,"所有(或有的)神是(或不是)慈悲的"就无所谓真假对当关系,因而也就不能进行正确的推理。

第三,按照对当关系,全称肯定判断和全称否定判断之间的关系是不能同真但可以同假的反对关系,但是,通常都作为全称判断来处理的单称肯定判断和单称否定判断之间的关系,却不是反对关系,而是既不能同真也不能同假的矛盾关系。如:"小张是临汾人"和"小张不是临汾人",一真另一必假,一假另一必真。这是由于其主项的外延是一个独一无二的对象这一点所决定的,因为一个单独的对象或具有某种属性,或不具有某种属性,二者必居其一。

第四,对当关系法直接推理是一种前提蕴涵结论的必然性推理,是结论带有必然性的演绎推理。因此,对当关系中反映的真假不定的或然性关系,是对当关系直接推理的无效式,也不能据此进行正确的推理。

这种无效式共有 8 个：

A 假则 E 不定，E 假则 A 不定；

A 假则 I 不定，E 假则 O 不定；

I 真则 A 不定，O 真则 E 不定；

I 真则 O 不定，O 真则 I 不定。

从上表中去掉这 8 个无效式，再去掉自身重复的 8 个式(如 A 真则 A 真，A 假则 A 假)对当关系法直接推理可得 16 个有效式。这 16 个有效式，可分为 4 个小类。

直接推理是前提蕴涵结论的演绎推理，所以我们用"→"符号表示推论关系(读做"蕴涵")，就可以将对当关系直接推理的有效式列成下表：

推理公式 对当关系　　　推断情况	由真推真 真→真	由假推假 假→假	由真推假 真→假	由假推真 假→真
差等关系	A→I E→O	$\bar{I}$→$\bar{A}$ $\bar{O}$→$\bar{E}$		
反对关系			A→$\bar{E}$ E→$\bar{A}$	
矛盾关系			A→$\bar{O}$　O→$\bar{A}$ E→$\bar{I}$　I→$\bar{E}$	$\bar{A}$→O　$\bar{O}$→A $\bar{E}$→I　$\bar{I}$→E
下反对关系				$\bar{I}$→O $\bar{O}$→I

"蕴涵关系"是：能从前面的判断推出后面的判断，但不能从后面的判断推出前面的判断。公式中的矛盾关系的推断是相互蕴涵的关系，即等值关系，前后两个判断可以互推。等值关系可用"↔"表示，这样，矛盾关系的公式可简写成："A↔$\bar{O}$　E↔$\bar{I}$　I↔$\bar{E}$　O↔

$\overline{A}$",表示"相互推出"的关系,这几个公式在后面讲到简单判断的负判断及等值判断中还要介绍。

对当关系法直接推理在实际思维过程中经常运用,特别是当反驳某一错误判断时,就可以用矛盾判断或已知为真的一个反对判断来加以驳斥。如用 A 判断的真就可反驳与之矛盾的 O 判断和与之反对的 E 判断的假。掌握了这种推论原理,对于我们在实际思维过程中进行推理,具有普遍的指导意义。

(二)判断变形法直接推理

判断变形法直接推理,是通过改变前提中性质判断的结构形式而推出一个新的性质判断为结论的一种直接推理。它可以改变判断的质,即把前提中判断的联项由肯定变为否定,或由否定变为肯定;也可以改变判断主、谓项的位置,即把前提中判断的主项改为谓项,把谓项变为主项。如此,判断变形法直接推理有两种基本形式:换质法和换位法。在实际运用中,这两种基本形式还可以综合运用。下面分别加以介绍。

1.换质法

换质法是通过改变前提判断中联项的质来推出一个新的性质判断为结论的直接推理方法。

换质法有两条规则:

第一,结论和前提判断的质不同,前提中肯定("是"),结论中则否定("不是");前提中否定("不是"),结论中则肯定("是")。

第二,结论和前提中的主项与量项相同,而谓项则互为矛盾概念。

只要遵守这两条规则,A、E、I、O 四种判断都可以换质,如上例。其推理公式分别是:

$$SAP \leftrightarrow SE\overline{P}$$
$$SEP \leftrightarrow SA\overline{P}$$
$$SIP \leftrightarrow SO\overline{P}$$

$$\text{SOP} \leftrightarrow \text{SI}\,\overline{\text{P}}$$

公式中的"↔"表示"互蕴"关系,前后两判断可以互为前提或结论,$\overline{\text{P}}$表示 P 的矛盾概念。

实际上,换质的方法是在原判断中加两个否定词,一个加在联项前,一个加在谓项前,根据的是"双重否定"等于肯定的原理。(即$\overline{\overline{\text{P}}} = \text{P}$)。在汉语里用"无"、"不"、"非"、"没"来表示否定词。

判断的换质,不仅作为前提和结论的判断的值是相等的,而且它们所断定的内容也是相同的,只不过是用不同的形式罢了。

换质法的作用是:

第一,可使人们从相反的方面来加深对事物的理解,从不同的角度来揭示同一对象的本质,反映了思维活动的深化。如:学习靠勤奋,而不是靠走捷径(不勤奋)。

第二,可以在表达思想时加强语气或使语气委婉。由否定判断推出肯定判断,简明清楚,由肯定判断推出否定判断,坚强有力,各有所长。如:"知则言,言则尽",我们经常说成"知无不言,言无不尽",这种表达法就十分有力。

运用换质法一定要注意遵守规则,否则就会出现错误。

2.换位法

换位法是通过改变前提中判断的主项和谓项的位置而推出一个新的性质判断为结论的直接推理方法。

换位法的规则有两条:

第一,结论和前提判断的主谓项互换位置,而联项不变。

第二,结论中的主谓项不能扩大前提中主谓项的周延情况,即前提中不周延的概念在结论中也不得周延,结论中周延的概念在前提中必须周延。如果违反了这条规则就会出现"主项扩大"或"谓项扩大"的逻辑错误。

A 判断要限制换位,O 判断不能换位。因为换位法只换主谓项的位置,判断的质不变,这样 O 判断换位后仍是否定的,前提中不周延的主项换位后变成结论中否定的谓项,成了周延的,这就必然出现"谓项扩大"的错误。

"主项扩大"和"谓项扩大"都是违反规则的,所以又称为"非法换位"。

遵守换位法的规则,A、E、I 三种判断可以换位,如上例。其公式分别是:

$$SAP→PIS　　　　(限制换位)$$
$$SEP↔PES　　　　(简单换位)$$
$$SIP↔PIS　　　　(简单换位)$$

换位法也有特殊的认识作用:

第一,前提和结论的主项更换了,然而可从两个不同的方面加深对同一事物的认识。如:"善者不来,来者不善"、"开水不响,响水不开"。这些谚语都是换位法直接推理的具体运用。

第二,可以加深对主谓项周延情况的理解。因为前提中的谓项一般不用量项表示其外延断定的情况,所以周延性不很明显。换位后,前提中的谓项成了主项,有了量项标志,周延与否就很清楚了,这就有助于确定地表达思想。

3.换质法与换位法的综合运用

以一个性质判断为前提,可以按照两条不同的线路连续地进行判断变形直接推理,从而得出一个新的性质判断为结论的推理,就是换质法和换位法的综合运用。这有两种形式:

第一,先换质,再换位;再连续地换质、换位……直至不能换位。这称为换质位法。如:

英雄是不怕牺牲的,

所以怕牺牲的不是英雄。

这就是一次换质位法,公式是:

$$SA\overline{P}→SEP→PES$$

换质位法不仅改变了原判断的质,而且用原判断谓项的矛盾概念作了新判断的主项,所以它不仅有换质法加深认识的作用,而且又兼有换位法强调不同重点的作用。因此可使我们对事物获得更全面更深刻的认识。

运用换质位法,必须遵守换质法和换位法的规则,否则就是错误的。

根据规则,连续换质位的公式可表示为:

$$SAP \rightarrow SE\overline{P} \rightarrow \overline{P}ES \rightarrow \overline{P}A\overline{S} \rightarrow \overline{S}I\overline{P}
\begin{matrix} \nearrow S\overline{O}\overline{P} \\ \\ \searrow \overline{P}I\overline{S} \rightarrow \overline{P}OS \end{matrix}$$

$$SEP \rightarrow SA\overline{P}\;\overline{P}IS
\begin{matrix} \overline{P}O\overline{S} \\ \nearrow \\ \searrow \\ SI\overline{P} \rightarrow SOP \end{matrix}$$

$$SIP \rightarrow SO\overline{P} \qquad (不能换质位)$$

$$SOP \rightarrow SI\overline{P} \rightarrow \overline{P}IS \rightarrow \overline{P}O\overline{S}$$

在日常运用中,换质位法比较常见。

第二,先换位,再换质;再连续地换位、换质……直至不能换位。这称为换位质法。如:

不当家不知柴米贵,

所以,知柴米贵的是当家的。

这就是一次换位质法,公式是:

$$\overline{S}E\overline{P} \rightarrow \overline{P}E\overline{S} \rightarrow \overline{P}AS$$

运用换位质法也要同时遵守换质法和换位法的规则。

根据规则,连续换位质的公式可表示为:

$$SAP \rightarrow PIS \nearrow^{P O \overline{S}}_{\searrow SIP \rightarrow SO\overline{P}}$$

$$SEP \rightarrow PES \rightarrow PA\overline{S} \rightarrow \overline{S}IP \nearrow^{\overline{S O \overline{P}}}_{\searrow PI\overline{S} \rightarrow POS}$$

$$SIP \rightarrow PIS \rightarrow PO\overline{S}$$

SOP　　（不能换位质）

换质位法和换位质法的综合运用，有的教材又称为戾换法。

如果要判定从一个已知的前提能否运用判断变形推理得出一个给定判断为结论，就可以从这个已知的前提出发，分别进行换质位推理和换位质推理。如果在推理中得出了给定的结论，那么就说明此推理成立。否则就说明推理不能成立。

第三节　性质判断构成的间接推理
——三段论

一、三段论的定义和结构

"三段论"有广义和狭义的区别。广义的三段论泛指一切由三个判断(即大前提、小前提和结论)构成的演绎推理，是演绎推理的主要表现形式，它根据大前提判断类型的不同，可以包括由性质判断构成的直言三段论，也可以包括由关系判断构成的关系三段论，还可以包括由复合判断为前提构成的选言三段论、假言三段论、假言选言三段论以及由模态判断构成的模态三段论等不同的形式。

而狭义的三段论则专指由性质判断构成的直言三段论。本节所讲的三段论指的是狭义的三段论,即直言三段论。直言三段论是由两个包含着一个共同项的性质判断为前提推出一个新的性质判断为结论的一种演绎推理,是性质判断的间接推理。简称为"三段论"。

如:物质是可分的,

　　基本粒子是物质,

所以,基本粒子是可分的。

这就是一个三段论,它是以包含同一概念"物质"的两个性质判断为前提,推出后一个性质判断"基本粒子是可分的"为结论的推理。在传统逻辑中,三段论占有重要的地位。

从逻辑结构上讲,任何一个三段论都必须由三个"段"和三个"项"构成。

三个段即三个性质判断,其中,两个是前提,一个是结论。

三段论前提和结论的主项和谓项,都叫做"项",任何一个三段论都必须有而且只能有三个不同的项,三个项在整个三段论推理中,各出现两次,分别叫中项、小项、大项。

中项,是在两个前提中共同出现的,而在结论中不出现的概念,如上例中的"物质"。中项用"M"表示。

小项,是结论中的主项。如上例中的"基本粒子"。用"S"来表示。

大项,是结论中的谓项。如上例中的"可分的"。用"P"来表示。

三段论的两个前提分别叫做大前提、小前提。包含有大项的前提是大前提,包含有小项的前提是小前提。

大前提习惯排列在前,小前提通常排列在后。但是区分大、小前提的标准,不以其排列顺序的前后,而是看它包含大项还是小项。据此,三段论典型的结构公式可以表示为:

$$M—P$$
$$\underline{S—M}$$
$$\therefore S——P$$

二、三段论的公理和规则

(一)三段论的公理

三段论的公理有两条:

1.凡肯定一类事物的全部具有某种性质,也必然肯定一类事物的部分具有某种性质。

2.凡否定一类事物的全部具有某种性质,也必然否定一类事物的部分具有某种性质。

公理 **1** 是构成肯定判断为结论的三段论的依据,公理 **2** 是构成否定判断为结论的三段论的依据。如下图所示:

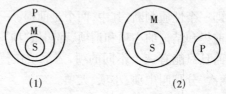

(1)　　　　　　　　　　　　　(2)

所有 M 是 P　　　　　　　所有 M 不是 P

所有 S 是 M　　　　　　　所有 S 是 M

所以,所有 S 是 P　　　　　所以,所有 S 不是 P

三段论公理的公式,典型地体现了三段论的结构,它是对事物的一般与个别、普遍与特殊关系的逻辑概括,因此,各种具体的三段论形式,都是三段论公理的具体表现,只要抓住了三段论的公理,也就抓住了三段论演绎推理的逻辑本质。

(二)三段论的规则

三段论的规则是判定一个三段论推理的形式是否正确的标准,要使一个三段论的推理形式有效,就必须遵守以下规则:

1.在一个三段论中,有且只能有三个不同的项

这条规则是根据三段论的逻辑结构而定的。在三段论中,大项与小项的联系是通过它们与中项的联系而确定的,假如一个三段论中少于三个项,而是两个项,则这两个项便因缺少作为媒介的中项而使它们之间的关系不能确定,它只是一个性质判断的主、谓项的简单重复而已,不能构成三段论推理。

假如不是三个项而是四个项,则大项与一个项发生联系,小项与另一个项发生联系,如此则大、小项便没有了共同与之发生联系的中项,因而大、小项的联系也不能确定,也不能得出必然的结论。如果成为五个或六个不同的项,就更谈不上什么三段论推理了。

因此三段论所包含的不同项只能是三个,也必须是三个,不能多也不能少。

如果违反这一规则,通常会出现四个不同的项,称为"四项"的错误,或叫"四概念"、"四名词"的错误。四项错误多数情况下都是同一个语词表达两个不同的概念而引起的,中项从表面上看是一个语词,实际上是两个不同的概念。

2.中项至少要周延一次

如果中项在前提中两次都不周延,也就是说,两次都涉及的是一部分外延,那么中项的一部分外延和大项发生联系,另一部分外延和小项发生联系,中项就不可能起到联结大、小项的作用,就不能制约大、小项,也就不能得出必然的结论。如果中项有一次是周延的,也就是说,中项有一次以全部的外延和大项或小项发生了联系,中项的全部外延都介入大、小项的关系之中,这样才能制约大、小项,得出必然的结论。

违反这一规则所犯的错误,称为"中项不周延"的错误。

以上两条规则都是关于中项的规则。第一条规则要求中项必须有而且只能有一个,第二条规则要求中项必须至少有一次是周延的。下面第三条规则是关于大、小项的规则。

3.前提中不周延的项,在结论中也不得周延

结论是由前提推出来的,大、小项在前提和结论中各出现一次。如果在前提中不周延,即仅断定了大项或小项的部分外延,那么在结论中也不能周延,即也只能断定大项或小项的部分外延。如果在前提中不周延的大项或小项在结论中却周延了,这就超出了前提中所断定的大、小项的范围,因而就不能保证结论必然为前提所蕴涵。

违反这条规则出现的逻辑错误,称为"大项不当周延"或"小项不当周延"的错误。也可叫做"大项扩大"或"小项扩大"。如:

①所有共产党员都要廉洁奉公,(不周延)

　我不是共产党员,

　　所以,我不要廉洁奉公。(周延)

②甲说谎,

　甲是中国人,(不周延)

　　所以,中国人说谎。(周延)

例①是"大项扩大",例②是"小项扩大"。

必须注意:这条规则说的是前提中不周延的项在结论中不得周延,这就意味着:大项和小项在结论中是周延的,则在前提中必须周延,否则就会扩大其外延。至于前提中周延的项在结论中如何,此规则没有说明,它可以周延,也可以不周延,都没有扩大其外延。同理,结论中不周延的项,在前提中可以是周延的,也可以是不周延的,即使前提中周延的项到结论中变得不周延,也不违反规则。因为它只是缩小了大、小项的外延,而没有扩大。所以一定要正确理解这条规则。

以上3条是关于三段论项的规则,后4条是关于三段论前提与结论的规则。

4.两个否定的前提不能得出任何结论

否定判断所确定的是主、谓项外延的相应部分是互相排斥的

关系。如果一个三段论的两个前提都是否定的,那么断定大、小项外延的相应部分都和中项是相互排斥的。这样,中项就不能起到联结大、小项的作用,从而也就不能确定大、小项的联系,无法得出正确的、必然的结论。

违反这条规则所犯的错误,称为"两否定前提"的错误。如:

有毒的东西不能吃。

这个东西没有毒,

所以这个东西……?

这个东西能吃还是不能吃,也无法确定,如这个东西是食品则可以吃,如不是食品(桌子、衣服等),则不能吃。

为了保证中项能起到媒介作用,这条规则也要求三段论中至少要有一个前提是肯定的,如果已知一个前提是否定的,那么另一个前提就必须是肯定的,否则就无法得出结论。

5.如果前提之一是否定的,则结论必否定;结论是否定的,则前提之一必否定

两前提中如果有一个是否定的,则另一个必然是肯定的,因为根据规则4,两个否定前提不能得出结论。这样,否定前提所断定的是中项和一个项排斥,肯定前提所断定的是中项和另一个项结合,大、小项之间的关系也就必然是排斥的。因此,结论只能是否定的。

如果大前提肯定,小前提否定,则中项与大项相联系而与小项相排斥。如图一所示。

如果大前提否定,小前提肯定,则中项与小项相联系而与大项相排斥。如图二所示。

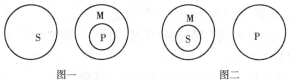

图一　　　　　　　　　　　　图二

显然,S 和 P 是不相容的关系,所以结论必然是否定的。

同理,如果结论是否定的,则大、小项在结论中是相排斥的。由于大、小项的联系是通过前提中的中项来实现的,所以大、小项中必有一个前提与中项相排斥而形成一个否定的前提。

以上 5 条规则,是三段论的基本规则,它们的合理性和必然性是不需要证明就可以说明的,具有指导意义。后面还有两条是导出规则,它不是规定的,而是由基本规则推导出来的,它可以用基本规则加以证明。

6.两个特称的前提不能得出任何结论

两个前提都是特称,只有 3 种不同的情况,或两个前提都是 I 判断(II);或两个前提都是 O 判断(OO);或一个前提是 I 判断,另一个前提是 O 判断(IO 或 OI)。可以证明,在以上 3 种情况下,都不能得出正确的结论。

①II:因为 I 判断的主、谓项都不周延,所以如果两个前提都是 I 判断,那么中项在前提中两次都不周延,必然违反规则 2,不能得出正确结论。

②OO:两个前提如果都是 O 判断,则根据规则 4,两否定前提不能得出任何结论。

③IO(OI):如果两个前提分别是 I 判断和 O 判断,那么两前提中只有一个项(特称否定判断的谓项)是周延的。这个周延的项必须是中项,否定就会违反规则 2,出现"中项不周延"的错误。这样大、小项在前提中都不周延。又根据规则 5,前提中有一否定,结论必否定,前提中有一个 O 判断,必得否定结论,结论否定,结论中的谓项(大项)是周延的,这样,就违反了规则 3,出现"大项扩大"的逻辑错误,也不能得出正确的结论。

如此,或犯"中项不周延"的错误,或犯"大项扩大"的错误,都不能得出必然的结论。

7.如果前提之一是特称的,则结论必特称

根据规则6,两特称前提不能得出任何结论,所以两前提中如果有一个是特称的,那么另一个必定是全称的。这样,一个特称前提和一个全称前提的配合,不外乎4种情况:A和I;A和O;E和I;E和O。

其中第四种情况,E和O,根据规则4,两否定前提不能得出结论,可以直接排除。而在前三种情况下,则只能得出一个特称的结论,现在分别加以证明:

①AI(IA):以AI为前提时,两判断中只有一个A的主项是周延的,根据规则2,这个周延的项必须是中项,否定会犯"中项不周延"的错误,这样大、小项在前提中都不周延,假如结论全称,则小项在结论中必周延,这样就违反规则3,出现"小项扩大"的逻辑错误,所以结论中只能是特称的。

②AO(OA):以AO为前提时,两判断中有两个周延的项,即A判断的主项和O判断的谓项。根据规则5,前提之一否定,结论必否定,结论否定则大项在结论中是周延的。这就要求前提中两个周延的项必有一个为大项,否定就要犯"大项扩大"的逻辑错误,而前提中的另一个周延的项必为中项,否定就要犯"中项不周延"的逻辑错误。这样,小项在前提中是不周延的,因此在结论中也不得周延,所以结论是特称的。

③EI(IE):以EI为前提时,两判断中有两个周延的项,即E判断的主、谓项。如此,则大、小项在前提中不能都周延,因为两个周延的项在同一个前提中,必有一个是中项,另一个只能是大项,根据规则5,前提之一否定,结论必否定,大项在结论中周延,则在前提中必须周延。如此小项在前提中是不周延的,在结论中也不能周延,所以只能得出特称的结论。EI两判断的配合,不能以I判断为大前提,因为结论否定,大项在结论中周延,如果大前提是I判断,则大项在前提中不周延,必然违反第三条规则,犯"大项扩大"的错误。所以结论是否定的三段论式,大前提不能是I判断。

应当注意,规则 7 和规则 5 所表达的条件关系是有区别的。规则 5 断定前提之一否定是结论否定的充分必要条件,规则 7 则断定前提之一特称是结论特称的充分条件。因此,根据规则 5,由结论否定可推出前提有一否定;而根据规则 7,由结论特称不能推出前提必有一特称。

三段论的这 7 条规则与三段论的公理都有着密切的联系,是三段论公理的具体化。三段论公理中谈到了"全类事物"、"一部分"和"什么"三部分,因此规则 1 便要求三段论必须有而且只能有 3 个项;公理指出对"全类事物"加以肯定或否定,因此,规则 2 便要求中项至少周延一次,涉及全类对象;公理指出对全类肯定或否定"什么",则对全类中的"某一部分"也只能肯定或否定"什么",因此规则 3 便要求大、小项不能扩大;公理指出"一部分"是"全类中的一部分"因此规则 4 便要求一定有一个前提是肯定的;根据公理,否定全类便要否定全类中的一部分,因此规则 5 便要求前提中有一个是否定的,则结论必否定;在公理中,是由对全类的断定进而对一部分加以断定,而不是脱离开全类孤立地只对一部分加以断定,因此规则 6 不允许两个前提都特称;公理指出全类中的一部分具有全类的属性,因此规则 7 规定前提有一特称,则结论也应特称。

三、三段论的格和式
(一)三段论的格及其规则
1.什么是三段论的格

三段论的格,是由中项在两个前提中的不同位置所构成的三段论的几种不同的结构形式。

在大、小前提里,中项可以分别是主项或谓项。这样,中项在前提中的位置,可有 4 种不同情况,这 4 种情况相应地就构成了三段论的 4 个格。

第一格:中项(M)在大前提中是主项,在小前提中是谓项。其结构形式是:

$$
\begin{array}{c}
M\text{—}P \\
S\text{—}M \\
\hline
\therefore S\text{——}P
\end{array}
$$

如:正确的三段论(M)都是遵守三段论规则的(P),

这个三段论(S)是正确的三段论(M),

所以,这个三段论(S)是遵守三段论规则的(P)。

第二格:中项(M)在大、小前提中都是谓项。其结构形式是:

$$
\begin{array}{l}
P\text{——}M \\
S\text{——}M \\
\hline
\therefore S\text{——}P
\end{array}
$$
　　如:所有金属(P)都是导电体(M),

这个物体(S)不是导电体(M),

所以,这个物体(S)不是金属(P)。

第三格:中项(M)在大、小前提中都是主项。其结构形式是:

$$
\begin{array}{l}
M\text{——}P \\
M\text{——}S \\
\hline
\therefore S\text{——}P
\end{array}
$$
　　如:小说(M)是文学作品(P),

小说(M)是教育工具(S),

所以,有些教育工具(S)是文学作品(P)。

第四格:中项(M)在大前提中是谓项,在小前提中是主项。其结构形式是:

$$
\begin{array}{l}
P\text{——}M \\
M\text{——}S \\
\hline
\therefore S\text{——}P
\end{array}
$$
　　如:有些水生动物(P)是海豚(M),

所有的海豚(M)都是哺乳动物(S),

所以,有些哺乳动物(S)是水生动物(P)。

2.各格的特殊规则和作用

三段论各格都有自己的特殊规则,这些特殊规则是三段论7条总的规则结合各格的特定结构推导出来的具体规则,是7条基本规则在各格中的具体体现。所以各格的特殊规则可以由三段论的一般规则加以证明,违反了格的规则,就必然违反三段论的一般规则。因此,运用各格进行推理时,必须遵守格的特殊规则。

第一格：

特殊规则：(1)小前提必肯定。

　　　　　　(2)大前提必全称。

为什么第一格的三段论必须有这两条特殊规则？下面分别加以证明：

(1)如果小前提不肯定，是否定的，则大前提必肯定，因为两个否定前提不能得出任何结论(规则4)。大前提肯定，则大前提中的谓项即大项是不周延的。而如果小前提否定，则结论必否定(规则5)。结论否定，则结论中的谓项即大项周延。如此大项在前提中不周延，而在结论中周延了，这就犯了"大项扩大"的错误(规则3)。这种错误是由于小前提否定造成的。所以，小前提必肯定。

以上证明过程可概括为：

小前提否定(不肯定)

$\left\{\begin{array}{l}\to(推出)大前提肯定\to大项在前提中不周延\\ \to结论否定\to大项在结论中周延——\end{array}\right\}\to大项扩大$

∴小前提不能否定(必肯定)

(2)由第一格的规则(1)可知：小前提肯定(已证)，如此则小前提的谓项(即中项)不周延。如果大前提不全称(特称)，则中项(即大前提的主项)也不周延。这样，中项两次都不周延，违反了规则2,出现"中项不周延"的错误。所以大前提必全称(不能特称)。

以上证明过程也可概括为：

$\left.\begin{array}{l}小前提肯定(已证)\ \ \to中项不周延\\ 大前提特称(不全称)\to中项不周延\end{array}\right\}\to中项不周延$

∴大前提不能特称(必全称)

这两条规则体现了第一格的三段论的基本特征。

作用：第一格的三段论具有重大的认识作用。由以上特征可知，其大前提指出了全类对象怎么样，小前提又把某些对象归入全类之中，由此而得出某些个别对象怎么样的结论。这一格最明显、最自然地表现了三段论由一般到个别的演绎推理的思维过程,典型地体现了三段论的公理,因此它被称为最完善、最典型的三段论格。它的结论可以是 A、E、I、O 4 种判断。在日常生活中,只要我们根据一般原理去推断个别问题,便很自然地要运用这一格。它也可以用一般原理去论证某一判断的真实性和必然性。

第二格:

特殊规则:(1)前提之一必否定。

(2)大前提必全称。

为什么第二格的三段论必须有这两条特殊规则?下面也分别加以证明:

(1)如果前提中没有一个否定的,即两个都肯定,则因为中项在前提中都是谓项,所以必然犯"中项不周延"的逻辑错误(规则 2)。因此,前提中必有一个否定判断才能保证中项至少周延一次。

以上证明过程可概括为:

两前提都肯定→大、小前提的谓项都不周延→中项不周延→推不出结论。∴前提之一必否定。

(2)由第二格规则(1)可知:前提之一是否定的,如此根据规则 5,结论必否定,结论否定,结论中的谓项(即大项)周延。大项在结论中周延,则要求在大前提中也必须周延。如果大前提不全称(特称),则大项在前提中必不周延,这样,就犯"大项扩大"的逻辑错误(规则 3)。大项在此格中是大前提的主项,所以大前提必全称。

以上证明过程可概括为:

前提之一否定→结论否定→大项在结论中周延→大项在前提中必周延→大前提必全称。

否则,"大项扩大"。

作用:第二格的三段论其结论总是否定的,因此它常被用来指出事物之间的区别,说明一个事物不属于某一类,所以,第二格被称为"区别格"。由于其结论否定,所以常用来反驳某个肯定判断。如:有人说"所有大学生都是学者"(A)为了反驳这个肯定判断,可进行如下推理:

学者是在学术上有一定成就的人,(A)

<u>有些大学生不是在学术上有一定成就的人,(O)</u>

所以,有些大学生不是学者。(O)

O 判断和 A 判断是矛盾判断,不能同真,所以结论 O 是真的,A 就一定是假的。

第三格:

特殊规则:(1)小前提必肯定。

　　　　　(2)结论必特称。

以下用概括形式加以证明。

(1)小前提否定(不肯定)→

$\left\{ \begin{array}{l} →大前提必肯定→大项在前提中不周延 \\ →结论否定→大项在结论中周延—— \end{array} \right\}$→大项扩大

∴小前提不能否定(必肯定)

这条规则的证明和第一格第一条规则的证明是完全一致的,因为一、三格中的中项的位置在大前提中是完全一致的。

(2)结论不特称(全称)→小项在结论中周延→要求小项在前提中必周延→而小前提肯定(已证)→小项在前提中不周延(小项是小前提的谓项)→小项扩大。∴结论必特称(不能全称)。

作用:第三格的三段论只能得出特称结论,因此它常常被用来反驳与之相矛盾的全称判断,所以第三格也被称为"反驳格"。这个特称的判断往往列举某些特例来对全类的某种情况加以反驳,所以又叫"例证格"。

第四格:

特殊规则:第四格的特殊规则比较复杂,一共有 5 条:

(1)如前提之一是否定的,则大前提必全称。

(2)如大前提是肯定的,则小前提必全称。

(3)如小前提是肯定的,则结论必特称。

(4)任何一个前提都不能是特称否定判断。

(5)结论不能是全称肯定判断。

这几条规则我们可以利用一、二、三格的特殊规则加以记忆,如第(1)类似于第二格的规则,第(2)类似于第一格的规则,但要将大、小前提变一下位置,第(3)类似于第三格的规则。这三条规则都是将前三格的各两条规则按顺序变成充分条件关系就可以了。其余(4)、(5)条规则也较好记,O 不作前提,A 不作结论,而 O 和 A 正好是矛盾关系的两个判断。

下面我们只对(4)、(5)两条规则加以证明,其他可自作练习,由读者自己完成。

证明(4):假设大前提是 O 判断→则大项在大前提中不周延(大项在第四格的大前提中是主项)且结论否定→大项在结论中周延→大项扩大;

假设小前提是 O 判断→中项在小前提中不周延(中项在第四格的小前提中是主项)且大前提必是 A 判断(规则4、6两前提不能都特称、都否定)→中项在大前提中也不周延(中项在第四格的大前提中是谓项)→中项两次不周延。

所以,大、小前提都不能是 O 判断。

证明(5):假设结论是 A 判断→则小项在结论中周延,且两前提必都是 A 判断(规则5、7前提中一特称结论特称;前提中一否定结论否定)→小项在小前提中不周延(小项在第四格的小前提中是谓项)→小项扩大。所以,结论不能是 A 判断。

第四格的三段论由于其大、小项在前提中的位置和在结论中的位置正好相反,所以特殊规则特别多。再者其中项的位置和第一格也正好相反,而第一格是典型格、常用格,作用最大,所以说第四格最不典型,最不完善,最不能体现三段论的公理,因而它是最不常用的一种格式,它没有什么特殊的作用。这里也就不多作讨论了。

　　三段论的一般规则和各格的特殊规则之间的关系是一般和特殊的关系,特殊规则是在一般规则的指导下制定出来的。但是特殊规则只是构成正确三段论的必要条件,即违反各格具体规则中的任何一条,三段论就一定不正确,而不违反各格的具体规则,三段论却不一定就能正确。

　　而一般规则,则是构成正确三段论的充分必要条件,即遵守它,就一定是正确的三段论形式,违反其中的任何一条,就一定是不正确的三段论形式。

　　所以,在判定一个三段论是否正确时,必须注意到一般规则和各格特殊规则的上述差别。

　　值得注意的是:第一格和第四格的中项都是斜线相连的位置,而第二格和第三格的中项都是在同一个位置上(竖线相连),所以一定要区别一、四格和二、三格,不要将特殊规则和格的结构形式弄错。

　　为了便于记忆,可用上边的符号标明各格中中项的位置(此符号正像是个"业"字)。

$$①　②　③　④$$
$$主　谓　主　谓$$
$$\therefore S—P$$

(二)三段论的式

1.什么是三段论的式

三段论的式,就是由 A、E、I、O 四种判断在两个前提和一个结论(三个段)中的各种不同组合情况所构成的三段论形式。也就是说,前提和结论的质(肯定和否定)和量(全称或特称)的不同组合形式,就形成了不同的三段论式。

2.三段论的可能式和有效式

在每一格的三段论中,大、小前提和结论都可能是 A、E、I、O 四种判断,因此,三个段中四种判断的组合数目是:4×4×4=64,

即就其可能性而言,每格有 64 个式。三段论共有四个格,64×4 = 256,因此,三段论四个格的可能式共有 256 个。

但是,这 256 个可能式并非都是有效式。如:EEE 式、III 式、OOO 式各违反了一般规律 4、6,EEA 式、IIA 式、EAA 式、IAA 式各违反了一般规则 4、5、6、7,所以这些式对四个格来讲都是无效式。

再如:AOO 式遵守了总的规则,在第二格的三段论中是正确式,但违反了第一格和第三格"小前提必肯定"的规则,犯"大项扩大"的错误,也违反了第四格"前提中不能出现 O 判断"的规则,犯"中项不周延"的错误。

AAA 式,虽然遵守一般规则,也不违反第一格的规则,却违反了二、三、四格的规则,分别犯"中项不周延"和"小项扩大"的逻辑错误。

因而,这些式都是无效的。

对于三段论的所有可能式,都可以依据一般规则或各格的特殊规则,判定其是否有效。根据这些规则对 256 个式加以严格筛选,剩下来的完全符合规则的有效式就不多了。分配到四个格中,只有 24 个有效式。用下列表格分别列出:

第一格	第二格	第三格	第四格
AAA	AEE	AAI	AAI
EAE	EAE	EAO	EAO
AII	AOO	AII	AEE
EIO	EIO	EIO	EIO
(AAI)	(AEO)	IAI	IAI
(EAO)	(EAO)	OAO	(AEO)

表中 24 个有效式中有 5 个带括号的称为弱式。所谓弱式,是指按照规则本来可以得全称的结论,但却得出了特称的结论。因为根据差等关系,全称判断是真的,特称判断必然是真的。如第一格的 AAI 式,就是弱式。因为大、小前提都是全称的,在第一格中

自然就能得出一个全称的 A 为结论,但 A 真 I 必真,所以也就自然能得出 I 为结论。弱式也是正确的有效的形式,只是一个不完全的式。因为它没有把应当推出的对象类全部显示出来,只涉及到其中的一部分对象。弱式总是相对于一个包含它的强式(完全式)而存在的,如第一格的 AAI 包含于 AAA 之中,第一、二格的 EAO 包含于 EAE 之中,第二格、第四格的 AEO 包含于 AEE 之中,所以,我们可以不把弱式看做是独立的有效式,而把它看做是包含于完全式之中的一个有效的不完全式。

除了上述 5 个弱式外,三段论共有 19 个完全正确的式。有些式在几个格中同时出现,如:AEE(AEO)式在第二、四格中都是正确式,EAE 式在第一、二格里同时出现,AII 式在第一、三格里重复出现,IAI 式在第三、四格里重复出现,AAI 式在第一、三、四格都有,不过在第一格中是弱式,EAO 式在四个格中都有,在第一、二格中是弱式,EIO 式在四个格中都是完全的有效式。只有 AAA 独属第一格;AOO 独属第二格;OAO 独属第三格。除去重复出现的式,三段论中完全不同的式只有 11 个:AAA、AAI、AEE、(AEO)、AII、AOO、EAE、EAO、EIO、IAI、OAO。

这 11 个正确式也不必一个个地死记,只要根据三段论的一般规则及各格的特殊规则就可以推出每格的有效式。如:第一格的规则要求小前提肯定,大前提全称。如此大前提只能是 A 或 E,小前提只能是 A 或 I,大小前提的配合形式只能是:AA、EA、AI、EI 四种情况,前提一确定下来,根据一般规则,就可以分别得出结论 A、E、I、O 这四个完全式了。既然能得出了 AAA、EAE 两式,从属于它们的 AAI 和 EAO 自然就是弱式了。同理其他格也可以如此推出。

当且仅当完全符合三段论的一般规则和各格特殊规则时,这个三段论式是有效的。反之,据各格的有效式也可以验证一个三段论是否正确。

四、三段论的变化形式

以上我们介绍了三段论的各种结构式及其公理规则。为了便于说明这些形式,我们所举的例子,大都限于三段论的典型的、纯粹的形式。但是在实际思维过程中,固然可以直截了当地运用这种典型、纯粹的形式,却不仅仅限于这种形式。在日常语言中,往往把一些三段论汇合在一系列的复杂的思维过程中,而用灵活的、丰富多彩的语言形式表现出来,这就是三段论的变化形式。下面我们主要介绍省略式和复杂式两种灵活的三段论变化式。

(一)省略式的三段论

1.什么是省略式的三段论

省略式的三段论也叫三段论的省略式。就是指没有明白地表示出大前提、小前提或结论的三段论。

任何一个三段论,在逻辑结构上,都必须包含大、小前提和结论三个段,任何一个段都不能少,这是三段论的完整式。但是,在自然语言的表达中,通常可以省略三段论的任何一个前提甚至两个前提。所谓没有明白地表示出,仅指这种语言形式上的省略而已。省略三段论可以使我们在说话写文章时,避免呆板啰唆,使语言简洁精练。

省略三段论有三种基本形式:

(1)省略大前提的形式。如:

"马克思主义是一种科学真理,它是不怕批评的。"

省去大前提的三段论,往往是以众所周知的一般原理、原则为大前提的三段论。如上例三段论中省去的大前提应是"凡科学真理都是不怕批评的"。

(2)省略小前提的形式。如:

"一切革命者都应该学习马列主义的科学,所以文艺工作者也不能例外。"

省去小前提的三段论,往往是某一事实与一般原理的联系非常明显,以不需要再叙述事实的判断为小前提的三段论。如上例三段论中省略的小前提:"文艺工作者是革命者。"就是一个不言而喻的事实。

(3)省去结论的形式。如:

"没有文化的军队是愚蠢的军队,而愚蠢的军队是不能战胜敌人的。"

省去结论的三段论,往往是显而易见的判断为结论,不说出来常比说出来更为含蓄、有力、发人深省。

有时,一个或几个三段论也可以用一句话表示出来,这就更是三段论的省略式了。在漫画、幽默、笑话中经常运用这种省略形式使人产生联想,回味无穷。

'在日常语言表达中,我们经常会遇到这样的情况。如:

在公共汽车上,一位小伙子不给老年人让座,当人们谴责他:"你怎么不给这位老大爷让座呢?"小伙子不仅不感到羞愧,反而理直气壮地说:"对不起,我不是雷锋。"

小伙子的"我不是雷锋"一语就是两个三段论的省略。

有些省略三段论的大、小前提和结论的顺序也有变动,这叫做三段论的倒装式。如上所举的省略结论的三段论形式一例,就是把小前提放在大前提之前。省略式和倒装式经常联系起来共同表达一个复杂的思维过程中的三段论形式,要注意分辨其逻辑结构。

三段论的倒装式有小前提提前和结论提前两种形式。如:"我们的事业是正义的事业,(小前提)而正义的事业是必定要胜利的(大前提)。"这就是小前提提前而省去结论的三段论式。

在实际思维中,经常运用这种省略式和倒装式的三段论,它便于我们敏捷地进行思维活动。

2.省略三段论的恢复

三段论的省略式简捷、精练、紧凑,有它存在的长处和必要性,这是不容置疑的。但是,由于省略了一个或两个前提,所以一些虚假的前提或错误的推理形式往往容易被掩盖起来,不易察觉,而得出错误的甚至荒谬的结论来。

如:小王的普通话说得很好,看来他一定是个北京人。

这个三段论省略了大前提。如果被省略的大前提是"凡普通话说得好的人都是北京人",则此前提是虚假的,而上述省略三段论却掩盖了虚假的大前提,因而结论是不必然的。

如果被省略的大前提是"北京人的普通话说得很好",则犯了"中项不周延"的逻辑错误。在省略式中,容易掩盖这些错误,所以,要特别注意三段论省略式的有效性。

因此,在判定省略三段论的有效性时,就需要先把省略部分补充进去,把省略式恢复成完整形式,便可看出有无逻辑错误,是否正确。

省略三段论的恢复,有以下步骤:

首先,确定结论是否省略。根据是否有表示结论的一些关联词语的存在,如"因此"、"所以"、"因而"等,来判定其结论是否被省略。

其次,如果结论没有被省略,那么根据结论就可以确定大、小项。大前提是大项和中项的结合,小前提是小项和中项的结合。如果前提中没有大项,则说明省略的是大前提,如果前提中没有小项,则说明省略的是小前提。

最后,用"大项＋中项"或"小项＋中项"的办法补出省略的大前提或小前提,并进行适当的整理,就会得到三段论的完整形式。

如果省去的正好是结论,必然大、小前提中有一个共同的中项,那么将不同的小项和大项联结起来,就是省去的结论。

下面,我们具体分析一个省略三段论,再用三段论规则对恢复的三段论加以检验,看是否有效。

我们必须坚持真理,而坚持真理必须旗帜鲜明。

此三段论是正确的第一格 AAA 式的三段论,它不违反一般的规则和格的规则。

应该指出,在恢复省略三段论时,要注意两点:第一,不能违反省略三段论的原意。一般地说,省略三段论的被省略部分的内容,是显而易见的,正因为如此,它才可以省略。要按照省略三段论这种明显的原意进行恢复。不能为了避免恢复后出现形式错误而违反它的原意。第二,如果对省略三段论的原意理解存在歧义,那么,在恢复时所补充的判断,应该力求真实。如果不违背原意却补充了一个虚假的判断,而不去补充那个真实的判断,以此来证明该三段论的错误,这就失去了恢复省略三段论的意义。

(二)复杂式的三段论

三段论不仅具有省略式,还有复杂式。所谓复杂式的三段论,就是由几个三段论结合起来所构成的推理形式。复杂式有复合式、连锁式和带证式等。如:

　　　　上层建筑是有阶级性的,

　　　　意识形态是上层建筑,

　　　　所以,意识形态是有阶级性的。

　　　　文学属于意识形态,

　　　　所以,文学是有阶级性的。

这就是一个复合式的三段论。它是把两个或两个以上的三段论联结在一起构成的复杂推理形式,其中前一个三段论的结论又作为后一个三段论的前提。复合式的三段论可使思维环环相扣、步步逼近、层层深入,最后导出结论。这实际上反映着客观事物之间的联系。所以,当我们要连续不断地进行推论时,就可以运用这种形式。

如果将上述复合式再加以简化,将复合的部分省略,只推出最后一个总的结论来,就成了连锁式的三段论。也就是说,复合式还比较啰唆,在日常思维过程中,常把其中前一个三段论的结论(即后一个三段论的前提之一)再加以省略,由一连串互相联系的前提

推出一个结论,这就是连锁式的三段论。连锁式是复合式的省略形式。如上例可省略为:

上层建筑是有阶级性的,

意识形态是上层建筑,

<u>文学属于意识形态,</u>

所以,文学是有阶级性的。

连锁式的三段论,思想连贯、层层深入、简明有力,因而,在实际思维中经常运用。能帮我们严密地表达思想,具有无可辩驳的逻辑力量。

如毛泽东同志在《星星之火,可以燎原》一文中关于集中兵力的理由的阐述就运用了连锁三段论。整理如下:

兵力集中的积极的理由是:

集中了(S)才能消灭大一点的敌人,才能占领城镇。(M₁)消灭了大一点的敌人,占领了城镇(M₁),才能发动大范围的群众,建立几个县联在一块的政权(M₂),这样(M₂),才能耸动远近的视听(所谓扩大政治影响),才能促进革命高潮发生实际的效力(P)。〔所以,兵力集中(S),才能耸动远近的视听,才能促进……的效力(P)〕此推理的结构公式为:

三段论的复杂式还有一种带证式,即在前提中带有一个用来证明前提真实性的理由的三段论。如:

手里有真理就不怕别人驳,因为真理是驳不倒的。

<u>我们手里有真理,</u>

所以,我们不怕别人驳。

带有证明的前提实际上是一个省略三段论的结论。如上例的

大前提是省略了大前提的三段论的结论,"因为"后面的是一个小
前提引出理由,恢复起来是:

> 驳不倒的就当然不怕别人驳,
>
> <u>真理是驳不倒的,</u>
>
> 所以,手里有真理就不怕别人驳。(大前提)
>
> <u>我们手里有真理(小前提)</u>
>
> 所以,我们不怕别人驳。(结论)

带证式可用公式表示为:

$$M \text{——} P,因为 M \text{——} A(而 A \text{——} P)$$
$$\underline{S \text{——} M,因为 S \text{——} B(而 B \text{——} M)}$$
$$\therefore S \text{——} P$$

可以是一个前提带证,也可以是两个前提带证。总之,带证式
就是大前提或小前提附带理由,以证明前提的真实可靠性,所以运
用带证式可使推论具有逻辑性,结论更有说服力。在论证过程中,
当有必要论证前提的真实性时,便可运用带证式。当前提的真实
性、可靠性不甚明显的时候,就有必要用带证式加以论证。如果前
提的真实性是显而易见的,就无须用带证式,否则会变得烦琐累
赘,影响论证的逻辑力量。

以上我们讲了三段论典型、纯粹的形式和省略、复杂的形式,
这两种用法各有优点。运用典型纯粹式,简明、有力;而运用省略
复杂式则使行文灵活,更易于表现出文章的风格。

第四节　关系判断及其推理

一、什么是关系判断

关系判断是断定对象之间是否具有某种关系的简单判断。

辩证唯物主义认为,世界上的任何事物都不是孤立存在的,事物与事物之间总是存在着各种各样的联系和关系。因此,为了认识和把握事物,就不仅要认识和把握事物的性质,形成有关对象的性质判断,而且还必须研究和把握一事物与他事物之间的关系,形成有关对象的关系判断。因为任何对象都有一定的属性,而性质和关系正是对象的属性所在。所以运用性质判断和关系判断可以更全面地认识对象。

关系判断不同于性质判断,性质判断断定的是一个对象是否具有某种性质;关系判断断定的则是对象之间是否具有某种关系,而且任何关系总是存在于至少两个对象之间的。因此,性质判断的主项只有一个,谓项是主项的性质,而关系判断的对象至少有两个。存在于两个对象之间的关系可称为两项关系,存在于三个对象之间的关系称为三项关系,其余可依此类推。

关系判断由三部分构成:

1.关系者项。表示一定关系的承担者的概念。两项关系中在前的关系者项称为关系者前项,在后的关系者项称为关系者后项。多项关系可分别称之为第一、第二、第三……关系者项。关系者项分别用 a、b、c、d 等来表示。

2.关系项。表示关系者项之间存在的关系的概念。关系项用"R"来表示。

3.量项。表示关系者项数量的概念。每一个关系者项之间都可以有量项。如果关系者项是单独概念时,就不使用量项。同性质判断的量项一样,关系判断的量项也有单称、全称和特称的区别,特称量项不能省略,单称、全称的量项可以省略。

关系判断的结构公式可以表示为:

aRb 或:R(a、b)

aRbRc…… 或 R(a,b,c……)

多项关系判断,如果关系不同可表示为:

aR_1bR_2c

二、关系判断的推理

关系推理是前提中至少有一个是关系判断的推理,它是根据前提中关系的逻辑性质进行推演的。

关系推理和性质判断的推理不同。性质判断的直接推理有两个不同的概念,三段论有三个不同的概念,而关系推理则可以有四个或四个以上的概念,关系推理的结论不是靠对当关系、判断变形、中项等得出,而是借助于关系项的性质而必然推出的。

下面我们根据关系的性质分别研究纯关系推理和混合关系推理两类。

(一)纯关系推理

纯关系推理根据前提中关系判断的数量的不同,又分为直接的纯关系推理和间接的纯关系推理两种。

1.直接的纯关系推理

直接的纯关系推理是以一个关系判断为前提,根据关系的对称性或反对称性而推出另一个关系判断为结论的推理。它是存在于两个关系者项之间的推论。常见的有以下两种:

(1)对称性关系推理

是根据对称性关系的性质而进行的推理。

客观事物间的关系是复杂多样的,我们不可能把所有的具体关系一一加以考察,但是在各种极不相同的具体关系中,却存在着一些共同的逻辑特性,这种特性就是关系的性质。

所谓对称性关系是指在任意两个对象 a 和 b 之间,如果 a 对 b 有 R 的关系,那么 b 对 a 也一定有 R 的关系。在这种情况下,关系 R 就是对称的。如同学、朋友、等于、矛盾、同乡、邻居、同岁等等关系都是对称性关系。

反映对称性关系的判断就是对称性关系判断。以对称性关判断为前提就可以进行对称性关系推理。

对称性关系推理的一般形式是：

$$\frac{aRb}{\therefore bRa} \quad 或：(aRb)\rightarrow(bRa)$$

对称性关系推理之所以正确的依据是"R"是对称性的。所以它的推理规则是：如果前提中 aRb 真，并且"R"是对称性的，则结论中 bRa 也必然是真的。

(2)反对称性关系推理

是根据反对称性关系的性质而进行的推理。

所谓反对称性关系是指在任意两个对象 a 和 b 之间，如果 a 对 b 有 R 的关系，那么 b 对 a 一定没有 R 的关系。在这种情况下，关系 R 就是反对称性的。如：大于、大两岁、重于、少于、侵略、剥削、之上，在……以南、以北等等关系都是反对称性关系。

反映反对称性关系的判断就是反对称性关系判断。由反对称性关系判断为前提就可以进行反对称性关系推理。

反对称性关系推理的一般形式是：

$$\frac{aRb}{\therefore b\overline{R}a} \quad 或：(aRb)\rightarrow(b\overline{R}a)$$

反对称性关系推理之所以正确的依据是"R"是反对称性的，所以它的推理规则是：如果前提中的 aRb 真，并且"R"是反对称性的，则结论中的 bRa 必假，而 b$\overline{R}$a 必真。

在运用对称性关系和反对称性关系进行直接的关系推理时，还有一种非对称性关系，是不能进行必然性推理的。

所谓非对称性关系是指在任意两个对象 a 和 b 之间，如果 a 对 b 有 R 的关系，那么 b 对 a 不一定有 R 的关系。在这种情况下，关系 R 就是非对称性的。如：信任、尊敬、佩服、喜爱、了解、认识、支援、帮助等等关系都是非对称性关系。

这些作为关系判断是可以的，但不能由此进行推理。

关系推理是一种必然性的推理，是前提蕴涵结论的演绎推理，而非对称性关系是或然的,因此不能以此来进行必然推理。

弄清一种关系是对称的、反对称的、还是非对称的,是非常重要的。它有助于我们进行正确的关系推理。

2.间接的纯关系推理

间接的纯关系推理是以两个或两个以上的关系判断为前提,根据关系的传递性或反传递性的性质而得出另一个关系判断为结论的推理。它是存在于至少三个关系者项之间的推理。常见的有以下两种:

(1)传递性关系推理

是根据传递性关系的性质而进行的推理。

所谓传递性关系是指在任意三个或三个以上的对象之间,如果 a 对 b 有 R 的关系,并且 b 对 c,甚至 c 对 d 也有 R 的关系,那么 a 对 c 或 a 对 d 也一定会有 R 的关系。在这种情况下,R 就是传递性的。如"重于、年龄大、在前、在后、早于、等于、晚于、平行、在……以北"等等关系都是传递性关系。

根据这种关系就可以进行传递性关系推理。

传递性关系推理的一般形式是:

$$aRb$$
$$\underline{bRc}$$
$$\therefore aRc$$

或:$(aRb) \wedge (bRc) \rightarrow aRc$

在历史考证和数学演算过程中,传递性关系推理是经常要用到的一种推理。这种推理的依据就是"R"的传递性关系。所以它的推理规则是:如果前提中的 aRb 并且 bRc 等都是真的,而且"R"是传递性的,则结论中的 aRc 必是真的。

(2)反传递性关系推理

是根据反传递性关系的性质而进行的推理。

所谓反传递性关系是指在任意三个或三个以上的对象之间,

如果 a 对 b 有 R 的关系,并且 b 对 c,甚至 c 对 d 也有 R 的关系,那么 a 对 c 或 a 对 d 一定没有 R 的关系。在这种情况下,R 就是反传递性的。如父子、矛盾、大两岁等等关系都是反传递性关系。

根据这种关系就可以进行反传递性关系推理。

反传递性关系推理的一般形式是:

$$\frac{\begin{array}{l}aRb\\ bRc\end{array}}{\overline{aRc}}$$

或:$(aRb) \wedge (bRc) \rightarrow \overline{aRc}$

反传递性关系推理的依据就是"R"的反传递性。所以它的推理规则就是:如果前提中的 aRb 并且 bRc 等都是真的,而且"R"是反传递性的,则结论 aRc 必假,而 $\overline{aRc}$ 必真。

值得注意的是,在运用传递性和反传递性关系进行关系推理时,还有一种非传递性关系,是不能进行必然性推理的。

所谓非传递性关系是指在任意三个或三个以上的对象之间,如果 a 和 b 有 R 的关系,并且 b 和 c 甚至 c 和 d 也有 R 的关系,那么 a 和 c 或 a 和 d 不一定会有 R 的关系。在这种情况下,关系 R 就是非传递性的。如"认识、喜欢、佩服、相邻、支援、朋友、同学"等等关系都是非传递性关系。

由这种关系做出传递性关系判断是可以的,但不能由此而进行推理。因为非传递性关系是或然的,而间接的纯关系推理却是一种必然的推理,是前提蕴涵结论的演绎推理,所以非传递性关系不能推出必然的结论。

显然,弄清一种关系是传递的、非传递的还是反传递的,也是很重要的,它可以帮助我们进行正确的关系推理。在这里,我们要特别注意不能把实质上的非传递性或反传递性的关系,当做传递性关系,否则就谈不上什么推论的逻辑性。

(二)混合关系推理

混合关系推理是由一个关系判断和一个性质判断组成两个前提,而得出另一个关系判断为结论的一种推理。

混合关系推理的一般形式是:

所有的 a 与 b 有 R 的关系,　　　　　　　aRb

c 是 a　　　　　　　　　或　　　　　cAa

所以,c 与 b 有 R 的关系。　　　　　　∴cRb

可以看出,混合关系推理类似于三段论,它也包括三个段(两个前提和一个结论),除了关系项外,它也只有三个关系者项 a、b、c,其中 a 在前提中出现两次,起媒介作用,所以通常称做媒概念。混合关系推理也叫做混合关系三段论。运用混合关系推理要遵守以下几条规则:

(1)媒概念 a 在前提中至少周延一次。

(2)在前提中不周延的概念在结论中也不得周延。

(3)前提中的性质判断必须是肯定的。

(4)如果前提中的关系判断是肯定的,则结论中的关系判断也应是肯定的;如果前提中的关系判断是否定的,则结论中的关系判断也应是否定的。

(5)如果关系不是对称性的,则在前提中作为关系者前项(或后项)的那个概念在结论中也应作为关系者前项(或后项)。

第五节　模态判断及其推理

一、什么是模态判断

模态判断是断定事物情况的必然性或可能性的判断。它是在基本类型的判断中加入“必然”、“可能”等模态词而形成的判断。

因此,模态判断也可以说是包含有模态词的判断。

　　模态判断有简单的模态判断,也有复合的模态判断。既然复合判断是在简单判断的基础上形成的,那么复合的模态判断也就是在简单的模态判断的基础上形成的,所以,这里主要研究简单的模态判断及其推理。

　　根据模态判断的定义,可以将其分为以下几类:

模态判断 { 必然模态判断 { 肯定必然模态判断 / 否定必然模态判断 / 或然模态判断 { 肯定或然模态判断 / 否定或然模态判断

(一)必然模态判断

　　必然模态判断是断定事物必然具有或必然不具有某种属性的判断。反映了人们对事物的本质及其规律性的认识。表示必然判断的模态词有:必然、一定、势必、肯定等等。必然判断可分为肯定必然判断和否定必然判断两种。

　　1.肯定必然判断是断定对象情况必然存在的判断。

　　肯定必然判断的逻辑形式是:必然 P。

　　也可表示为:S 必然是 P。

　　或:S 是 P 是必然的。

　　现代逻辑一般用"□"表示"必然",这样"必然 P"又可写做:□P。读做"必然 P"。

　　2.否定必然判断是断定对象情况必然不存在的判断

　　否定必然判断的逻辑形式是:必然非 P,

　　也可表示为:S 必然不是 P。

　　或:S 不是 P 是必然的。

　　现代逻辑将其表示为:□P̄ 或□→P。读做"必然非 P"。

(二)或然模态判断

或然模态判断是断定事物可能具有或可能不具有某种属性的判断。反映了人们对客观事物的认识不够明确时的一种推测性的判断。又称为"可能判断"、"盖然判断"。表示或然判断的模态词有:大概、可能、也许、或许等等。或然判断也可分为肯定或然判断和否定或然判断两种。

1.肯定或然判断是断定对象情况可能存在的判断

肯定或然判断的逻辑形式是:可能 P。

也可表示为:S 可能是 P。

或:S 是 P 是可能的。

现代逻辑一般用"◇"符号表示"可能",这样,"可能 P"又可写做:◇P。读做"可能 P"。

2.否定或然判断是断定对象情况可能不存在的判断

否定或然判断的逻辑形式是:可能非 P。

也可以表示为:S 可能不是 P。

或:S 不是 P 是可能的。

现代逻辑将其表示为:◇P̄ 或◇→P。读作"可能非 P"。

由于判断的模态是事物模态的反映,所以要正确地运用模态判断就必须善于根据客观事物的模态,形成相应的判断的模态。即:客观的情况是必然的,就要运用必然判断,客观的情况是可能的,就要运用或然判断。同时还必须注意选用恰当的模态词来表示。否则模态判断就不恰当。

二、模态判断的推理

模态判断的推理简称为模态推理,它是以模态判断为前提或结论,并且根据模态判断的特征而进行推演的推理。模态推理有许多类型,这里仅介绍其中比较简单的几种。

(一)直接的模态推理

以一个模态判断或性质判断为前提,而推出另一个性质判断或模态判断为结论的推理,叫直接的模态推理。

1.对当关系法模态推理

对当关系法模态推理是根据模态逻辑方阵所表示的真假对应关系而进行的模态推理。

与 A、E、I、O 四种性质判断之间的真假关系类似,具有同一素材的"必然 P"、"必然 P̄"、"可能 P"及"可能 P̄"之间,也具有一种对当关系,也可以用模态逻辑方阵来表示:

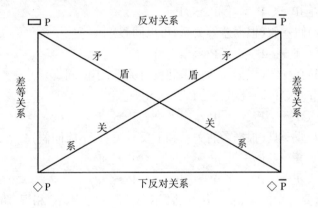

由此可见:

(1)□P 与□P̄ 是反对关系,二者可以同假,但不可同真;

(2)◇P 与◇P̄ 是下反对关系,二者可以同真但不可同假;

(3)□P 与◇P̄,□P̄ 与◇P 都是矛盾关系,二者都是既不同真,又不同假的关系;

(4)□P 与◇P,□P̄ 与◇P̄ 都是差等关系,二者分别是可以同真,也可以同假的关系:当□P 真,则◇P 必真(□P̄ 真则◇P̄ 必真);当◇P 假,则□P 必假(◇P̄ 假则□P̄ 必假);反之则真假不定。

此方阵图所示的真假关系可以概括如下表:

+　↘	□P	□P̄	◇P	◇P̄	↙　-
□P	+	-	+	-	◇P̄
□P̄	-	+	-	+	◇P
◇P	± ?	-	+	± ?	□P̄
◇P̄	-	± ?	± ?	+	□P

据此表就可以进行模态推理:

(1)真→真(根据差等关系,可以同真)

　　□P→◇P　　　□P̄→◇P̄

(2)假→假(根据差等关系,可以同假)

　　◇̄P→□̄P　　　◇̄P̄→□̄P̄

(3)真→假(根据矛盾关系和反对关系,不能同真)

□P→◇̄P　　　□P̄→◇̄P̄　　　◇P→□̄P̄

◇P̄→□̄P　　　□P→□̄P̄　　　□P̄→□̄P

(4)假→真(根据矛盾关系和下反对关系,不能同假)

□̄P→◇P̄　　　□̄P̄→◇P　　　◇̄P→□P̄

◇̄P̄→□P　　　◇̄P→◇P̄　　　◇̄P̄→◇P

需要注意的是,有人往往将"不必然"和"必然不"相混,将"不可能"和"可能不"相混,实际上前者表达的是负的模态判断,而后者才是模态判断中的否定判断。

　　　　不必然↔可能不　　　　不可能↔必然不

　　　　不必然不↔可能　　　　不可能不↔必然

关于对当关系法模态推理,可以参照性质判断的对当关系法直接推理来进行,它也有16个有效式,也是一种演绎推理,所以对当关系中真假不定的情况不能据此进行推理。

2.根据性质判断和模态判断之间的关系而进行的模态推理

性质判断是反映对象实际情况的判断,我们可以称之为"实然"判断,因为实然判断中没有模态词出现,所以是非模态判断。但它和模态判断之间也存在着一定的关系。

实然判断是介于必然判断和可能判断之间的一种判断。必然判断是规律性认识的反映,实然判断是客观性认识的反映,或然判断是推测性认识的反映,所以三者一个比一个断定得少。必然判断真,实然判断必真,实然判断真,或然判断必真。三者的关系相当于差等关系,倒过来,则真假不定。

据此,可进行如下推理:

(1)□P→P(必然 P 蕴涵着 P)

(2)P→◇P(P 蕴涵着可能 P)

(3)□P̄→P̄(必然非 P 蕴涵着非 P)

(4)P̄→◇P̄(非 P 蕴涵着可能非 P)

以上是由真推真的形式,反之也可以由假推假:

(5)◇̄P→P̄

(6)P̄→□̄P

(7)◇̄P→P̿(= P)

(8)P̿(= P)→□̄P

由此可知:"必然"比"实然"断定得多,"实然"较"或然"断定得多,因此可以进行如上推理。反之,则不能推断,即不能由"可能"推出"实然",也不能由"实然"推出"必然"。如:由"他可能今天看电影"真,就不能推断"他今天看电影"真,更不能推断"他必然今天看电影"的真。这种推理实际上是在"必然"和"可能"的差等关系之中插入实然判断(即性质判断)所进行的直接推理。

(二)间接的模态推理

间接的模态推理主要是指模态三段论,它是由两个前提推出结论的。模态三段论是在三段论系统中引入模态词所构成的三段论。下面介绍几种常见的形式:

1.必然模态三段论

指在三段论中引入"必然"这一模态词所构成的三段论,以第一格的 AAA 式为例,必然模态三段论式是:

所有 M 必然是 P,

所有 S 必然是 M,

所以,所有 S 必然是 P

2.可能模态三段论

指在三段论中引入"可能"这一模态词所构成的三段论。其形式是:

所有 M 可能是 P,

所有 S 可能是 M,

所以,所有 S 可能是 P

3.必然和可能相结合的模态三段论

其形式是:

M 必然是 P,

S 可能是 M,

所以,S 可能是 P。

4.必然和实然、可能和实然相结合的混合模态三段论

其形式是:

M 必然是 P,	M 可能是 P,
S 是 M,	S 是 M,
所以,S 必然是 P。	所以,S 可能是 P。

这是模态判断和性质判断作前提而形成的模态推理。

上面我们主要讲了以性质判断为主的简单判断的模态推理,另外,关系判断也可以根据关系的性质进行模态推理。至于复合判理的模态推理,既可以根据复合判断的特征结合模态词进行推理,也可以根据包含复合判断的模态判断之间的等值关系进行推理。如:

(1)如果 p,则必然 q,

　　<u>　p　</u>

所以必然 q

(2)<u>必然(p 并且 q)</u>,

　　所以,必然 p 并且必然 q

(3)<u>可能(p 或者 q)</u>,

　　所以,可能 p 或者可能 q

(4)<u>不可能(p 并且非 q)</u>,

　　所以必然(如果 p,则 q)

这些推理在我们学习复合判断及其推理后就可以理解得更清楚一些。

本章小结

本章学习的重点是:判断和推理的特征、种类、性质判断间的对当关系以及由此而进行的直接推理,性质判断主、谓项的周延性以及性质判断的换质换位法推理和三段论。另外,还有关系判断和模态判断的推理。

判断是对思维对象有所断定的思维形式。它有两个基本特征:有所肯定或有所否定;有真有假。

推理是依据已知判断得到新判断的思维形式。推理获得真实性结论的条件是:前提真实,推理形式有效。

性质判断是断定对象是否具有某种性质的判断,它由主项、谓项、联项和量项构成。根据其质和量的不同可以分为 A、E、I、O 四种基本类型。

全称判断的主项周延,特称判断的主项不周延;肯定判断的谓项不周延,否定判断的谓项周延。

主谓项分别相同(同一素材)的四种性质判断之间存在着真假对当关系,对当关系可用逻辑方阵图加以表示。

AE 是反对关系,二者不能同真,可以同假;

IO 是下反对关系,二者不能同假,可以同真;

AO、EI 都是矛盾关系,二者既不同真,又不同假;

AI、EO 都是差等关系,二者既可同真,又可同假;全称真,特称必真;特称假,全称必假;反之则真假不定。

根据对当关系可以进行直接推理,其中有 16 种有效形式,8 种无效式。

性质判断变形法的直接推理有换质法、换位法和换质位法、换位质法几种形式。

性质判断的间接推理即三段论。它由三个段(大前提、小前提和结论)和三个项(大项、小项和中项)组成。三个段都是性质判断。

三段论有两条公理。

三段论的一般规则有七条:前三条是关于三个项的,后四条是关于前提和结论的。其中第一、二条是关于中项的,第三条是关于大、小项的,第四、五条是关于否定前提和结论的。第六、七条是关于特称前提和结论的。前五条是说明的规则,后两条是证明的规则。遵守一般规则是三段论形式有效的充分必要条件。

根据中项在前提中的不同位置,三段论有四个不同的格。第一格是典型常用格;第二格是区别格,用来反驳肯定判断;第三格是例证格,用来反驳特称判断;第四格不常用,作用也不大。

三段论的各格有其特殊的规则,可以用一般规则结合各格的特点加以证明。遵守各格的特殊规则是做出一个正确的三段论的必要条件。

根据前提和结论中四种判断的组合形式的不同,三段论可能有 256 个式,其中只有 24 个是正确有效的式(包括 5 个弱式),其余都是无效式。

　　在日常语言表达中,三段论常以省略式、倒装式、复杂式的形式出现,这只是语言表达上的省略。

　　关系判断是断定对象之间关系的判断。它由关系者项、关系项和量项三部分构成。

　　关系有对称性和传递性两小类。根据对称性、反对称性关系可以进行直接的纯关系推理;根据传递性、反传递性关系可以进行间接的纯关系推理。

　　关系判断和性质判断结合起来还可以进行混合关系推理即关系三段论。

　　模态判断是断定事物情况的必然性或可能性的判断。它分为肯定必然、否定必然、肯定可能和否定可能四种基本类型。它们之间也具有与 A、E、I、O 类似的对当关系,也可用逻辑方阵表示其真假制约关系。

　　模态推理可以根据对当关系进行直接推理,也可以根据必然、实然、可能的关系来进行直接推理,另外还可以进行模态三段论推理和复合判断的模态推理。

　　总之,学习本章要牢牢抓住判断中"项的周延性"和"对当关系"这两条基本线索;性质判断要恰当、换位法直接推理、三段论中的二、三条规则以及关系三段论中都涉及到项的周延性问题;S 和 P 的外延关系与四种判断的真假对应情况、对当关系的直接推理、模态判断对当关系的直接推理等都离不开对当关系。所以只要抓住这两条主要线索,其他问题就可以迎刃而解了。

思考题

1. 什么是判断？它有哪些基本特征？
2. 判断与语句有何联系和区别？
3. 什么是推理？它由哪几部分构成？推理结论真实的条件是什么？
4. 什么是性质判断？它由哪几部分构成？有哪几种基本类型？
5. 性质判断主谓项的周延情况如何？
6. 什么是同素材的性质判断的对当关系？对当关系直接推理有几种形式？
7. 什么是判断变形直接推理？它有几种形式？运用判断变形推理时要遵守哪些规则？
8. 什么是三段论？它是如何构成的？
9. 三段论的一般规则有哪些？
10. 什么是三段论的格和式？各格的特殊规则是什么？它与三段论一般规则的关系如何？
11. 什么是关系判断和关系推理？各有哪些主要形式？
12. 什么是模态判断和模态推理？各有哪些基本类型？

第四章　复合判断和演绎推理(下)

复合判断是自身包含了其他判断的判断,它是在简单判断的基础上构成的一种较为复杂的判断。

从逻辑结构上讲,复合判断都是由肢判断和联结项两部分构成的。复合判断中自身包含的简单判断叫肢判断,肢判断的基本单位(变项)是简单判断。构成复合判断的肢判断可以是一个,也可以是两个或多个。肢判断分别用 p、q、r、s……字母来表示。肢判断的真假直接影响着复合判断的真假的确定。

把肢判断组合在一起的能起关联作用的词语叫做联结项。如"既……又……","或者……或者……","如果……就……","并非……"等都是联结项。联结项的不同,显示出各种不同类型的复合判断的逻辑特性的差异。

根据联结项的不同,可以将复合判断分为联言判断、选言判断、假言判断和负判断几种不同的类型。

复合判断的语言表达形式是语句,其中有复句的形式,也有单句的形式。

复合判断的推理是以复合判断作为前提或结论,并根据各种类型复合判断的逻辑特征而进行推论的一种演绎推理。故而本章称复合判断的推理为演绎推理(下)。

复合判断的推理,根据前提或结论中复合判断的不同,可以分为联言推理、选言推理、假言推理和二难推理以及负判断与其等值判断的推理等。

第一节　联言判断及其推理

一、联言判断
(一)什么是联言判断
联言判断是断定几种事物情况同时存在的判断。

联言判断由两部分构成:一是联言判断的肢判断,简称联言肢;一是联言判断的联结项,简称为联言联结项。

联言肢可以是两个,也可以是两个以上的若干个,如果用 p、q、r、s 等表示联言肢,以"并且"作为联言联结项的代表,则联言判断的结构形式为:p 并且 q

在现代逻辑中,用符号 ∧(读做"合取")表示"并且"(同时存在)这样,上述结构形式又可表示为:p∧q(p 并且 q)。

在日常用语中,表达联言判断联结项的语言形式是多种多样的。如:"而且","不但……而且……","既是……又是……","虽然……但是……","不仅……还"等都具有"同时存在"的逻辑含义,所以都能作联言联结项。

汉语中的并列复句、递进复句和转折复句等都可以用来表达联言判断。

由于联言判断可以把事物的几种情况同时反映出来,所以它能全面地或多方面地把握事物的各种特征,使人们获得比较全面的认识。

在实践中,人们经常用具有两个联言肢的联言判断来表示事物的正反两个方面的对立与统一,这种用法非常生动有力。

联言判断在自然语言的表达中,常以省略的形式出现,或者省略其联结项,或者省去联言肢的一部分。如:"王强和李华都是山西人",就是一个省略式的联言判断。

(二)联言判断的几种表达式

1.复合主项的联言判断

复合主项的联言判断又叫"多主一谓"结构,是由几个不同的主项和一个共同的谓项所构成的联言判断,它反映的是几个对象同时具有某一属性(或某一关系)的判断。

$s_1 \wedge s_2 \wedge s_3$……是(等于)p

这种形式的联言判断同关系判断在外形上十分相似,要注意区别。如:

①小刘和小王是同学。

②小刘和小王是老师。

其中的①是关系判断,②则是联言判断。

如何区分这两类不同的判断呢? 我们知道:关系判断反映几个对象之间存在着某种关系,是简单判断;而联言判断(复合主项的)则是分别反映着不同对象同时具有某一属性,它是复合判断,是本身包含了其他判断的判断。这就是说:联言判断可以分解为几个简单判断,而关系判断则不能再加以分解。如上述②可以分解为:"小刘是老师并且小王也是老师。"而①则不能分解为:"小刘是同学"和"小王是同学"。

2.复合谓项的联言判断

复合谓项的联言判断又叫"一主多谓"结构,是由一个共同的主项和几个不同的谓项所构成的联言判断,它反映的是一个对象同时具有几个不同属性的判断。如:

中国人民是非常勤劳、聪明和勇敢的。

复合谓项的联言判断,用公式表示为:

S 是 $p_1 \wedge p_2 \wedge p_3 \cdots\cdots$

这种形式的联言判断和简单的性质判断是不同的,它是几个性质判断的复合,所以也可以分解为几个性质判断。

3.复合主、谓项的联言判断

复合主、谓项的联言判断又叫"多主多谓"结构,是由几个不同的主项和几个不同的谓项所构成的联言判断。如:

那有节奏的乐曲声和歌声是雄壮而优美的。

复合主、谓项的联言判断,用公式可表示为:

$s_1 \wedge s_2 \wedge s_3 \cdots$是 $p_1 \wedge p_2 \wedge p_3 \cdots$

(三)联言判断的真值表

一个联言判断的真假取决于它的几个肢判断所反映的情况是否同时都是真的(即同时存在),如果同真则整个判断就是真的,如果有一个假或同假,则整个判断就是假的。如:

他是个学生党员。

其中的"学生"和"党员"都是真的,整个判断才真,如果他只是党员而不是学生,或只是学生而不是党员,或既不是党员也不是学生,则整个判断都不符合实际,都是假的。以两肢的联言判断形式为例,联言判断的真假情况可以用下列真值表来表示(其中的"＋"表示真,"－"表示假):

p	q	p∧q
＋	＋	＋
＋	－	－
－	＋	－
－	－	

二、联言推理

(一)什么是联言推理

联言推理就是前提或者结论是联言判断,并且根据联言判断的逻辑特性而进行推演的推理。

联言推理尽管很简单,但它在实际思维过程中却是经常要用到的。

(二)联言推理的种类

联言推理有两种形式:分解式和组合式。

1.分解式

联言推理的分解式是前提为联言判断的推理。它是根据联言判断的逻辑特征,由一个联言判断的真,推出其任一肢判断为真的联言推理。分解式的一般逻辑形式是:

$$\frac{p\text{并且}q}{\text{所以},p} \quad \text{或} \quad \frac{p\text{并且}q}{\text{所以},q}$$

也可以用符号式表示为:

$$(p \land q) \to p \qquad (p \land q) \to q$$

联言推理分解式的逻辑依据是作为大前提的联言判断的真实性。如果作为其前提的联言判断是真的,则它的所有联言肢就必然是真的,据此就可推出任一联言肢为真的结论。如果前提中的联言判断不是真的,则结论就不必然是真的。

联言推理的分解式在实际思维过程中,有不可忽视的实践意义。当我们要从对事物的整体的认识过渡到对事物的部分的认识时,当我们依据一个总的原则来说明某一具体问题时,当我们由前提肯定多方面的属性到结论的突出某一方面的属性时,就很自然地要用到联言推理的分解式。

2.组合式

联言推理的组合式是结论为联言判断的推理。它是由每一个肢判断的真,而推出整个联言判断为真的联言推理。它的前提分别是结论中联言判断的每一个肢判断。

组合式的一般逻辑形式是：

$$P$$

$$\frac{q}{\text{所以},p\text{并且}q} \qquad \text{即}: \qquad p,q \rightarrow (p \wedge q)$$

联言推理组合式的逻辑依据是前提中各个判断的真实性,如果每一个前提都是真的,则整个联言判断的结论就是真的。如果前提中有一个不是真的,则联言结论就是不可靠的。这种推理形式的正确性是显而易见的,因为其前提判断分别断定了各个联言肢的真实性,故其结论就能断定由这些联言肢所构成的联言判断是真的。

联言推理的组合式在实践中也是经常用到的。当我们要把事物的各个方面或局部的认识综合为对事物的全面的、整体的认识时,就可以运用组合式。

三、联言判断及其推理的正确运用

要正确地运用联言判断及其推理,最基本也是最首要的问题是要抓住联言判断"同时并存"即"同时为真"的逻辑特征。这样才能保证联言判断的恰当性和联言推理有逻辑性。

其次还要注意以下两个问题：

1.如果联言肢所断定的情况是先后发生的,就必须注意它的排列次序。

2.联言联结项的使用必须准确、贴切、恰当地反映肢判断间的联系,否则判断就会含混不清,甚至会导致推理没有逻辑性。

第二节　选言判断及其推理

一、什么是选言判断和选言推理

(一)什么是选言判断

选言判断是断定事物的若干可能情况中有情况存在的判断。

组成选言判断的肢判断称为选言肢,选言肢可以是两个,也可以是两个以上;选言肢之间可以是同时存在的相容关系,也可以是相互排斥的不相容的关系。区分一个选言判断中各个肢判断是否可以并存,对于识别选言判断的种类和进行正确的选言推理是十分重要的。

选言判断在语言中是由选择复句来表达的。

(二)什么是选言推理

选言推理是前提中有一个是选言判断,并根据选言判断的逻辑特征而进行推演的推理。

根据选言判断类型的不同,选言推理的类型也不同。不同的选言推理所运用的推理形式是不一样的。

(三)选言判断和选言推理的种类及作用

选言判断根据其肢判断间是否可以并存,选言推理根据其前提中选言判断的肢判断是否可以同真,都可以分为两种不同的类型。就判断来说,可分为相容选言判断和不相容选言判断;就推理来说,可分为相容选言推理和不相容选言推理。

选言判断是一种重要的判断形式,它可以列出事物可能具有的各种属性、情况,供人们选择思考,并且指出解决问题的范围或途径。选言推理在此前提下,选择一种已知为真的情况,或者排除一种或几种已知为假的情况,然后推出必然是或不是某种情况的结果。这种判断和推理在侦破案件、历史考证和日常思维过程中经常会用到。在论证过程中,运用选言推理还可以通过淘汰或排除一些不可能的情况,从而间接论证论题的真实性。因此,选言推理也是一种很好的论证方法。

下面分别介绍相容和不相容的选言判断及其推理的逻辑特征。

二、选言判断及其推理的种类
(一)相容的选言判断及其推理

相容的选言判断是断定几个选言肢中至少有一个选言肢为真的选言判断。也可以说,相容的选言判断就是包含着几个相容并列关系的选言肢的判断。相容选言判断的逻辑特征是:各选言肢之间的关系不相排斥,彼此相容,其中至少有一真(即不能同假),也可以同真。

如果用 p、q 等表示选言肢,用"或者"表示典型的相容选言联结项,相容的选言判断可用公式表示为:

p 或者 q

在现代逻辑中,用符号"∨"(读做"析取")来表示"或者",这样,上述公式也可写成:

p∨q

相容选言判断的肢判断至少是两个,也可以是两个以上的若干个,多肢的相容选言判断都以两肢为基础,因此,我们可以用两肢的逻辑形式(p∨q)为代表。

相容选言判断的逻辑联结项,在自然语言中还可以表达为:"也许……也许……"、"可能……也可能……"等。

相容的选言判断的真假是由其选言肢的真假来确定的。一个真的相容选言判断,至少有一个肢所断定的事物情况是存在的,因此,如果全部选言肢没有一个为真,则该选言判断一定是假的,如果有一肢或几肢为真,则该选言判断都是真的。

相容选言判断的真假情况可用下列真值表来表示:

p	q	p∨q(p或者q)
+	+	+
+	−	+
−	+	+
−	−	−

了解了相容选言判断的真假同其肢判断真假的制约关系,有助于正确地进行相容选言推理。

相容的选言推理是以一个相容的选言判断为大前提并且根据相容的选言判断的逻辑特征而进行推演的推理。由于相容选言判断的肢判断不互相排斥,至少有一真,而且可以同真,因此,做出一个相容的选言推理,要遵守以下两条规则:

1.否定一部分选言肢,就要肯定另一部分选言肢;

2.肯定一部分选言肢,不能否定另一部分选言肢。

根据规则,相容的选言推理只有一种正确的形式,即否定肯定式。

用公式表示为:

p 或者 q　　　　　　　p∨q　　　　　　　　p∨q
非 p(或非 q)　即:　$\overline{p}$　　　　或:　$\overline{q}$
所以 q(或 p)　　　∴　q　　　　　　∴　p
　　　　　　(p∨q)∧→p→q　　(p∨q)∧→q→p

上述形式是:前提中有两个判断,一个是两肢的相容选言判断,另一个是对其中一肢的否定,结论是对相容选言判断的另一肢的肯定。

如果是多肢的形式,也可以进行否定肯定式推理。如:

$$p \lor q \lor r$$
$$\underline{\bar{p} \land \bar{q}}$$
$$\therefore \quad r$$

$$p \lor q \lor r$$
$$\underline{\bar{p}}$$
$$\therefore q \lor r$$

$$p \lor q \lor r \lor s$$
$$\underline{\bar{p} \land \bar{q}}$$
$$\therefore r \lor s$$

$$p \lor q \lor r \lor s$$
$$\underline{\bar{p} \land \bar{q} \land \bar{r}}$$
$$\therefore \quad s$$

$$p \lor q \lor r \lor s$$
$$\underline{\bar{p} \lor \bar{q}}$$
$$\therefore \quad r \lor s$$

多肢选言推理的前提和结论可以是多种形式的判断,其小前提可以是性质判断(对一肢加以否定),也可以是联言判断(同时对两肢加以否定),还可以是选言判断(对其中几肢做出可能的否定),结论可以是性质判断(肯定一肢),也可以是选言判断(选择肯定几肢)。结论是选言判断的情况相对于大前提多肢情况来说,正好是缩小了范围的断定。有助于进一步找出真正的情况。多项选择题的答案往往需用这种形式求得。

应当注意,相容的选言推理根据规则2,不能有肯定否定式。因为其选言肢可以同真,所以当你在前提中肯定一部分时,那么未被肯定的另一部分未必不是真的,故而不能必然否定它。

(二)不相容的选言判断及其推理

不相容的选言判断是断定几个选言肢中有且只有一个选言肢为真的选言判断。也可以说不相容的选言判断就是包含着几个不相容并列关系的选言肢的判断。其逻辑特征就在于各选言肢之间的关系互相排斥,彼此不相容,其中必有一真,不能同假,而且只能有一真,不能几真。

如果用"要么……要么……"表示典型的不相容的选言联结项,不相容的选言判断可用公式表示为:要么 p,要么 q

在现代逻辑中,用符号 $\dot{\lor}$(读做"不相容析取")来表示"要么……要么……",这样,上述公式也可写成:$p \dot{\lor} q$

不相容选言判断的肢判断至少是两个,也可以是多个。多肢的不相容选言判断是以两肢为基础的,因此,以上用两肢的逻辑形式(p$\dot\vee$q)为代表。

不相容选言判断的逻辑联结项,在自然语言中还可以表达为:

"不是……就是……"

"或者……或者……二者必居其一"

"或……或……二者不可兼得"等。

不相容选言判断的真假也是由选言肢的真假来确定的。一个真的不相容的选言判断,有且只有一个肢所断定的事物情况是真正存在的,因此,不相容的选言判断当必有一肢真,且只有一肢为真时,它才是真的,如果全部选言肢连一个都不真(同假)或有几个都真时,则该选言判断都是假的。

不相容选言判断的真假情况可用下列真值表来表示:

p	q	p$\dot\vee$q(要么 p,要么 q)
+	+	-
+	-	+
-	+	+
-	-	-

不相容的选言推理是以一个不相容的选言判断为大前提,并且根据不相容的选言判断的逻辑特征而进行推演的推理。由于不相容选言判断的肢判断必有一真且只有一真,肢判断间是不能并存的关系,因此,不相容选言推理有如下两条规则:

1.否定一部分选言肢,就要肯定其余的一个选言肢;

2.肯定一个选言肢,就要否定其余所有的选言肢。

根据规则,不相容的选言推理可有两种正确的形式,即否定肯定式和肯定否定式。

①否定肯定式

否定肯定式是:大前提为不相容的选言判断,小前提否定了大前提中的一肢或几肢,结论肯定了另一肢。

如:究竟是党指挥枪,还是枪指挥党?

<u>我们决不容许枪指挥党,</u>

所以,我们的原则是党指挥枪。

此推理用公式表示为:

要么 p,要么 q,

<u>非 p(或非 q)</u>

所以,q(或 p)

即:$(p \dot{\vee} q) \wedge \neg p \rightarrow q$　　　或　　$(p \dot{\vee} q) \wedge \neg q \rightarrow p$

如果是多肢的形式,也可以用否定肯定式进行推理。如:

$$\frac{p \dot{\vee} q \dot{\vee} r}{\overline{p} \wedge \overline{q}}$$

$$\therefore \quad r$$

$$\frac{p \dot{\vee} q \dot{\vee} r}{\overline{p}}$$

$$\therefore \quad q \dot{\vee} r$$

其中多肢选言判断的小前提可以是否定的性质判断,也可以是联言判断;结论可以是肯定的性质判断,也可以是不相容选言判断。选言结论相对于大前提的多种情况来讲,正好是缩小了范围。也有助于进一步找出那个真的选言肢。

②肯定否定式

肯定否定式是:前提中有一个是不相容的选言判断,另一个是对其中的一肢加以肯定,而结论是对其余的肢判断加以否定。

用公式表示为:

要么 p,要么 q　　　　要么 p,要么 q,要么 r

<u>　　p　　</u>　　　　　　<u>　　p　　</u>

所以,非 q　　　　　　所以, 非 q 并且非 r

即：$(p\dot{\vee}q)\wedge p\rightarrow\bar{q}$　　$(p\dot{\vee}q\dot{\vee}r)\wedge p\rightarrow(\bar{q}\wedge\bar{r})$

这种推理形式的小前提还可以是选言判断。

如　　　$p\dot{\vee}q\dot{\vee}r\dot{\vee}s$

$$\underline{\quad\quad p\dot{\vee}q\quad\quad}$$

∴　$\bar{r}\wedge\bar{s}$

三、选言判断及其推理的正确运用

选言判断要恰当,选言推理要正确,必须注意两个问题:

(一)要正确使用选言判断的逻辑联结项

选言判断的联结项标志着选言肢间是否相容的关系,联结项不同,其逻辑意义就不同,判断类型就不同,以此判断进行推理的形式也就不同。所以必须弄清选言肢间是否是相容的关系,进而选择恰当的联结项,否则就会影响判断的真实性和推理的逻辑性。

(二)不要漏掉惟一真实的选言肢

一个真实的选言判断,不管相容与否,必须至少有一个选言肢是真的,如果所有肢判断都是假的,整个判断就是假的,由此而进行的选言推理也就必然是假的。

如果选言肢穷尽了事物的一切可能性,那么这个选言判断中必然包含那个真的选言肢,此选言判断就是真实的。反之,如果选言肢没有穷尽一切可能情况,就有可能恰好把那个惟一真实的可能情况遗漏掉,这样,就无法保证该选言判断的真实性。

不论一个选言判断的选言肢穷尽与否,只要有至少一个选言肢是真的,这个判断就可以是真的,如果其选言肢同假,那么这个判断就是假的。所以选言肢不穷尽的判断,未必是一个假判断,而选言肢穷尽的判断,则必定是个真的选言判断,从这个意义上来讲,在一定的语言环境中,要确实保证那个真的肢判断不被漏掉,就要穷尽特定范围里的所有可能肢判断。

　　除了上述两点之外,还要注意不要硬凑选言肢。选言肢不管相容与否,都是一个对象的几种并列的可能情况,如果不是对象的并列可能性,硬排列在一起,就叫硬凑选言肢,这也会导致判断不恰当。

　　选言判断和推理在日常思维中被广泛地运用着。运用选言推理有助于人们提出研究的范围和线索,进行逐个分析,最后做出结论。如生物学家常常借助它来鉴别某一种生物的类属,考证学家常常借助它来确定某一文献的时代和作者,理论工作者常常借助它来证明某一正确的论题或反驳某一错误的论断,公安人员可以通过它来分析某一案情的真相,在日常生活中,也常常运用它来寻找某一事故发生的原因。如房子失火了,可能是主人不小心而失火,也可能是坏人破坏而故意放火,还可能是天然失火或电线走电所引起的。根据现场考察,已知不是由于不小心失火,也没有坏人放火,电线也没有走电,就可以断定天然火灾引起房子失火。选言推理的否定肯定式着重说明对象是什么,而肯定否定式则着重说明对象不是什么,两种形式在认识中都有很大价值,一定要熟练地掌握。

第三节　假言判断及其推理

一、什么是假言判断和假言推理

(一)什么是假言判断

　　假言判断是断定某一事物情况的存在是另一事物情况存在的条件的判断,因此,假言判断又称条件判断。

　　任何判断都有真假问题。假言判断的真假取决于前后件所反映的事物之间是否存在着条件关系。如果一个假言判断能正确反映事物间条件与结果的联系,它就是真的,否则它就是假的。一个假言判断是真的,并不要求构成这个判断的两个肢判断都真,有的假言判断,尽管前后件都是假的,但整个判断仍然是真的。如"如果人死后会变成鬼,那么这个世界上早就被鬼挤满了",这个判断的前后件显然都是假判断,但由于它们存在着某种必然的逻辑联系,所以整个假言判断却是真的。而如果前后件间没有条件关系,即使两个肢判断都真,整个判断也可能是假的。如"如果祈求观音送子,就会生个宝贝儿子"。此判断因为前后件没有必然的条件关系,所以两肢都真,整个判断也是假的。

根据假言判断对条件与结果关系的断定情况的不同,假言判断可以分为充分条件、必要条件和充分必要条件三种类型,熟练掌握三种不同类型的条件判断,是正确进行假言推理的先决条件。

(二)什么是假言推理

假言推理是前提中有一个假言判断并且根据假言判断前后件之间的关系而推出结论的推理。

根据假言判断的不同,假言推理也可以分为充分条件、必要条件和充要条件三种不同的类型。

二、假言判断及推理的逻辑形式

(一)充分条件假言判断及其推理

1.充分条件假言判断

充分条件假言判断是断定前件和后件之间具有充分条件关系的假言判断。

所谓充分条件是能产生某种结果的条件。此条件存在,就足以产生某种结果;但此条件不存在,却不一定不产生某种结果。如"摩擦"和"发热"就是这种条件关系,只要"摩擦"就必然会"发热",而不"摩擦",未必就不"发热"。比如通过火烤、太阳晒和通电也能导致"发热"。所以充分条件又叫充足条件,它所反映的是事物情

况之间的多因关系,即有多种原因分别能产生某种共同的结果,其中每一原因都是这一结果的充分条件。如上例条件关系可以表述为:

充分条件的逻辑特点是有前件必有后件,没有前件却不一定没有后件。即"有之必然,无之未必不然"。

充分条件假言判断的逻辑形式是:

　　如果 p,那么 q

其中 p 是前件,q 是后件,p 是 q 的充分条件,"如果……那么……"是逻辑联结项。在现代逻辑中,用符号"→"(读做"蕴涵")来表示充分条件关系,这样上述形式也可写做:

$$p \rightarrow q$$

充分条件假言判断的逻辑联结项在自然语言中除了用"如果……那么……"表示外,还可以用下列关联词语表示:

如果……则(就)……	只要……就……
有……就……	一旦……就……
倘若……则……	要是……便(就)……
当……便(就)……	假若……就……

这些联结项有时也可以省略一部分甚至全部省略,一般不会影响判断的逻辑特征。

充分条件假言判断典型的逻辑联结项用"如果……那么……"来表示,但要注意不能把一切使用"如果……那么……"的语句都看做是充分条件假言判断。

充分条件假言判断的真假取决于其前件是否为后件的充分条件,如果是,该充分条件假言判断就是真的,如果不是,就是假的。

由此可知,一个充分条件假言判断,只有当其前件真(刮风)而后件假(树枝不摇动)时,它才是假的,在其余三种情况下,则都是真的。一个真实的充分条件假言判断,当其前件真时,后件必真(即"有之必然"),而当其前件假时,后件可真可假(即"无之未必不然"),所以充分条件假言判断是前件蕴涵后件(有 p 必有 q)的判断。其逻辑值可用下列真值表表示:

p	q	p→q(如果 p,那么 q)
+	+	+
+	-	-
-	+	+
-	-	+

另外还需要说明的是:形式逻辑中的蕴涵式的真假同数理逻辑中的蕴涵式的真假是不同的。数理逻辑只讲形式上的真假,而不管有无条件关系,形式逻辑则必须在符合此条件的基础上,用真值表来对判断的真假加以判定。如:

如果 2 加 2 等于 4,那么北京是个大城市。

这句话中尽管用了"如果……那么……",前后肢判断也都是真的,但二者之间没有必然的条件关系,所以整个判断仍是没有意义的假判断。

2.充分条件假言推理

充分条件假言推理是以一个充分条件假言判断为大前提,并且根据充分条件假言判断前后件之间的逻辑关系而进行推演的推理。充分条件假言判断前后件的关系是:p 是 q 的充分条件,q 是 p 的必要条件,即有 p 必有 q,无 q 必无 p,无 p 有无 q 不能确定,有 q 有无 p 也不能确定。因此,充分条件假言推理有两条规则:

第一,肯定前件就要肯定后件,否定后件就要否定前件;

第二,否定前件不能否定后件,肯定后件不能肯定前件。

根据规则一,充分条件假言推理有两个正确的形式:肯定前件式和否定后件式。

(1)肯定前件式

在小前提中肯定充分条件假言判断的前件,结论随之肯定假言判断的后件。其结构公式是:

如果 p,那么 q

$\underline{\qquad p \qquad}$

　所以,q

也可以表示为:　　　$(p{\to}q){\wedge}p{\to}q$

(2)否定后件式

在小前提中否定充分条件假言判断的后件,结论随之否定假言判断的前件。其结构公式是:

如果 p,那么 q

$\underline{\qquad 非 q \qquad}$

　所以非 p

也可以表示为:　　　$(p{\to}q){\wedge}\bar{q}{\to}\bar{p}$

充分条件假言推理的否定后件式在论证过程中经常要运用到。它可以反证一个论题的真实性,也可以将一个错误的论题引向荒谬,进行归谬法间接反驳。

规则二所指出的是两个充分条件假言推理的无效式,所以不能据此进行必然的演绎推理。

(二)必要条件假言判断及其推理

1.必要条件假言判断

必要条件假言判断是断定前件和后件之间具有必要条件关系的假言判断。

所谓必要条件即产生某一结果所不可缺少的条件。缺乏此条件,就一定不能产生某种结果;但只有这一条件,却未必就能产生某种结果。它是产生某种结果的若干复合条件中的一个必不可少的条件。例如："年满18岁"和"有选举权"就是这种条件关系。年龄"不满18岁"，就"不会具有选举权"，而满了"18岁"，却不一定就有"选举权"(既可能有，也可能没有)，如一个精神失常的人，一个被剥夺政治权利的人，尽管他已年满18岁，甚至超过了18岁，却不能有选举权。它反映的是事物情况之间的复因关系，有几种原因复合起来可以产生某种结果，其中每一原因都是这一结果的必要条件。如上例条件关系可以表述为：

P$_1$(年满18岁)

P$_2$(精神正常) ⎫—q(有选举权)

P$_3$(没有被剥夺政治权利) ⎭

必要条件可以简述为：无 p 必无 q，有 p 未必有 q，即"无之必不然，有之未必然"。

必要条件假言判断的逻辑形式是：

只有 p，才 q

其中 p、q 分别为前件和后件，p 是 q 的必要条件，"只有……才……"是逻辑联结项。用符号"←"(读做反蕴涵)来表示必要条件关系，这样上述形式也可以写做：

$$p←q$$

必要条件假言判断的逻辑联结项在自然语言中除了用"只有……才……"表示外，还可以用下列关联词表示：

除非……不……　　　　　除非……才……

必须……才……　　　　　不……不……

没有……没有……

必要条件假言判断的真假，取决于前件是否为后件的必要条件，如果是，该必要条件假言判断就是真的，否则就是假的。所以必要条件假言判断是后件蕴涵前件(有 q 必有 p)的判断，其逻辑值可用下列真值表表示：

p	q	p←q(只有 p,才 q)
+	+	+
+	－	+
－	+	
－	－	+

学习必要条件假言判断时,也应注意:不能把所有的"只有……才……"形式的语言表达式都看做必要条件假言判断。

2.必要条件假言推理

必要条件假言推理是以一个必要条件假言判断为大前提,并且根据必要条件假言判断前、后件之间的逻辑关系而进行推演的推理。必要条件假言判断前后件的关系是:p 是 q 的必要条件,q 是 p 的充分条件,即无 p 必无 q,有 q 必有 p。但有 p 不能确定有无 q,无 q 也不能确定有无 p。由此,必要条件假言推理也有两条规则:

第一,否定前件就要否定后件,肯定后件就要肯定前件;

第二,肯定前件不能肯定后件,否定后件不能否定前件。

根据规则一,必要条件假言推理也有两个正确的形式:否定前件式和肯定后件式。

(1)否定前件式

在小前提中否定必要条件假言判断的前件,结论随之否定假言判断的后件。其结构公式是:

只有 p,才 q,

　非 p,

所以,非 q

也可以表示为:$(p \leftarrow q) \wedge \bar{p} \rightarrow \bar{q}$

(2)肯定后件式

在小前提中肯定必要条件假言判断的后件,结论随之肯定假言判断的前件。其结构公式是:

只有 p,才 q,

_____q,

所以,p

也可以表示为:$(p \leftarrow q) \wedge q \rightarrow p$

这一正确式仍是由"无之必不然"的特征而决定的。无 p 必无 q,那么有 q,就一定是由于有了必不可少的条件 p 而引起的。

必要条件假言推理只有上述两个正确式。规则二是必要条件假言推理的两个无效式,不能据此进行必然的演绎推理。

必要条件假言推理的两个正确式正好是充分条件假言推理的两个错误式,而它的两个错误式恰好又是充分条件假言推理的两个正确式,由此可以看出这两种不同条件关系的差异。运用时一定要注意根据不同的条件关系,选用正确有效的形式,使推理有逻辑性。

(三)充分必要条件假言判断及其推理

1.充分必要条件假言判断

充分必要条件假言判断可简称为充要条件假言判断,它是断定前件和后件之间具有充分必要条件关系的假言判断。

所谓充分必要条件即产生某一结果的惟一条件。有此条件,就有某种结果,无此条件,就没有某种结果,前件是后件的既充分而又必要的条件。如:"一个数能被 2 整除"和"是偶数"就是这种条件关系。一个数能被 2 整除就是偶数,不能被 2 整除,就不是偶数。它反映的是事物情况之间的一因关系,有且只有这一原因能产生某种结果。

充要条件假言判断的逻辑形式是:

当且仅当 p,则 q。

其中 p、q 分别为前件和后件, p 既是 q 的充分条件, 又是其必要条件。其逻辑特征是: 有 p 必有 q, 无 p 必无 q。在汉语里没有一个确切联结词来表示充要条件假言判断的逻辑联结项, 就借用数理逻辑中的"当且仅当……则……"来作为充要条件假言判断的联结项。在现代逻辑中, 用符号"↔"(读做等值)来表示蕴涵并且反蕴涵的关系, 这样, 上述形式也可写做:

$$p \leftrightarrow q$$

充要条件假言判断的逻辑联结项在自然语言中可用下列形式来表示:

"如果……那么……并且只有……才……"

"只要而且只有……才……"

"如果……则……而且只有……才……"等。

有时不含有"当且仅当"和上述等联结词的语句也可表达充要条件。

需要说明的是, 有些具有充要条件关系的前后件, 在自然语言中只用"如果……那么……"或"只有……才……"等形式来表达。对这种情况要注重形式分析。我们知道普通逻辑重在对思维形式的研究, 不能从具体条件关系的内容来分析决定假言判断的种类。"如果……那么……"只是充分条件假言判断的表达式, 如果要表达充分必要条件, 必须将两种条件关系联合起来, 才能反映它的逻辑特征。

充要条件假言判断的真假, 取决于前件是否为后件的充分必要条件。如果确实具有, 则前件真, 后件必真; 前件假, 则后件必假。如果前后件真假不一致时, 整个充要条件假言判断就是假的。如:"当且仅当一个数能被 2 整除时, 则是偶数"、"当其能被 2 整除并且也是偶数"或"不能被 2 整除, 也不是偶数"时, 整个判断都为真, 只有当"能被 2 整除而不是偶数"或"不能被 2 整除却成为偶数"时, 整个判断才是假的。

充要条件假言判断的真假可用下列真值表来表示。

p	q	p↔q((当且仅当 p,则 q)
+	+	+
+	−	−
−	+	−
−	−	+

由上表可知,"p↔q"为真时,"p"与"q"要么同真,要么同假,二者的真假值必须相同,所以在逻辑上称充要条件的前后件为等值关系。

2.充分必要条件假言推理

充分必要条件假言推理又可简称为充要条件假言推理,它是以一个充要条件的假言判断为大前提,并且根据充要条件假言判断前后件之间的逻辑关系而进行推演的推理。充要条件假言判断前后件的关系是:p 是 q 的既充分又必要的条件,q 也是 p 的既必要又充分的条件。即有 p 必有 q,无 p 必无 q;有 q 必有 p,无 q 必无 p。由此,充要条件假言推理也有两条规则:

第一,肯定前件就要肯定后件,否定后件就要否定前件;

第二,否定前件就要否定后件,肯定后件就要肯定前件。

根据规则,充要条件假言推理有四个正确的形式:肯定前件式、否定后件式和否定前件式、肯定后件式。

(1)肯定前件式

在小前提中肯定充要条件假言判断的前件,结论随之肯定假言判断的后件。其结构公式是:

当且仅当 p,则 q

$$\frac{p,}{所以,q}$$

也可以表示为：　　　$(p \leftrightarrow q) \wedge p \rightarrow q$

（2）否定后件式

在小前提中否定充要条件假言判断的后件,结论随之否定其前件。其结构公式是：

当且仅当 p,则 q,

$$\frac{非\ q,}{所以,非\ p}$$

也可以表示为：　　　$(p \leftrightarrow q) \wedge \rightarrow q \rightarrow \rightarrow p$

（3）否定前件式

在小前提中否定充要条件假言判断的前件,结论随之否定其后件。其结构公式是：

当且仅当 p,则 q,

$$\frac{非\ p,}{所以,非\ q}$$

也可以表示为：　　　$(p \leftrightarrow q) \wedge \rightarrow p \rightarrow \rightarrow q$

（4）肯定后件式

在小前提中肯定充要条件假言判断的后件,结论随之肯定其前件。其结构公式是：

当且仅当 p,则 q,

$$\frac{q,}{所以,p}$$

也可以表示为：　　　$(p \leftrightarrow q) \wedge q \rightarrow p$

以上所讲的 3 种不同条件的假言判断及其推理,是根据不同的条件关系,做出不同条件的假言判断为大前提,然后按照假言判断的逻辑性质,选用一个相应的性质判断为其小前提,再推出另一个性质判断为结论的推理形式。它实际上是假言判断和性质判断混合构成的假言推理,所以又叫混合假言推理。

假言推理还可以全由假言判断构成,这叫做纯假言推理。

(四)纯假言推理

纯假言推理是前提和结论都是假言判断的假言推理。

纯假言推理的前提可以只有一个假言判断,也可以连用几个假言判断。因此,纯假言推理又可以分为直接的纯假言推理和间接的纯假言推理两种。

1.直接的纯假言推理

直接的纯假言推理是由一个假言判断为前提推出另一个假言判断为结论的推理。它可以通过改变前提中假言判断的前后件的位置而得出结论,也可以根据假言判断之间条件关系的转换而得出结论。

(1)假言易位推理

假言易位推理是通过变换前提中假言判断前后件的位置而推出另一个假言判断为结论的推理。这种推理的根据是前提中假言判断的逻辑性质。常见的假言易位推理,有如下三种:

①充分条件假言易位推理

是以充分条件假言判断为前提的假言易位推理。其推理形式如下:

$$\frac{如果\ p,则\ q,}{所以,如果非\ q,则非\ p}$$

这种推理形式实际上运用的是充分条件假言推理的否定后件式。

②必要条件假言易位推理

是以必要条件假言判断为前提的假言易位推理。其推理形式如下:

$$\frac{只有\ p,才\ q,}{所以,如果\ q,则\ p}$$

这种推理形式实际上运用的是必要条件假言推理的肯定后件

式。

③充分必要条件假言易位推理

是以充分必要条件假言判断为前提的假言易位推理。其推理形式如下：

　　当且仅当 p,则 q,
所以,当且仅当 q,则 p

还可以运用充要条件假言推理的否定前件式或否定后件式得出充分条件假言判断为结论。

(2)假言转换推理

假言转换推理是通过假言判断之间不同条件关系的相互转换,而得出结论的假言推理。这种推理的前提和结论也都是假言判断,其根据是不同条件假言判断间逻辑意义的等同关系,这种推理的前提和结论中的两个假言判断的逻辑值是相等的。常见的有如下几种：

①充分条件转换为必要条件的推理

在假言判断中,p 是 q 的充分条件,q 就是 p 的必要条件。由此可进行推理：

　　如果 p,则 q,
所以,只有 q,才 p

这就是说,有 p 必有 q,无 q 就没有 p,断定 p 是 q 的充分条件同判定 q 是 p 的必要条件,二者的逻辑意义是等同的。

以上两种推理所涉及的三个判断用真值表就可看出其真值是相等的：

p	q	$\bar{p}$	$\bar{q}$	$p \rightarrow q$	$\bar{p} \leftarrow \bar{q}$	$q \rightarrow p$
+	+	−	−	+	+	+
+	−	−	+	−	−	−
−	+	+	−			+
−	−	+	+	+	+	+

②必要条件转换为充分条件的推理

在假言判断中,p 是 q 的必要条件,q 就是 p 的充分条件。由此可进行推理:

$$\frac{只有\ p,才\ q,}{所以,如果\ q,则\ p}$$

这种形式在假言易位推理中曾作过介绍,它实际上也是必要条件假言推理肯定后件式的具体运用。

这就是说,无 p 必无 q,有 q 就有 p,断定 p 是 q 的必要条件同断定 q 是 p 的充分条件,二者的逻辑意义是等同的。

同样,还可以进行如下推理:

$$\frac{只有\ p,才\ q,}{所以,如果非\ p,则非\ q}$$

人们通常所说的"不入虎穴,焉得虎子"就是这种推理形式的运用。$p \overset{\leftarrow}{\ } q = \bar{p} \overset{\rightarrow}{\ } \bar{q}$

这就是说,无 p 必无 q,有 $\bar{p}$ 就有 $\bar{q}$,断定 p 是 q 的必要条件同断定 $\bar{p}$ 是 $\bar{q}$ 的充分条件,二者的逻辑意义是等同的。

以上两种推理所涉及的三个判断用真值表就可看出其真值是相等的:

p q $\bar{p}$ $\bar{q}$	$p \overset{\leftarrow}{\ } q$	$\bar{p} \overset{\rightarrow}{\ } \bar{q}$	$q \overset{\rightarrow}{\ } p$
+ + − −	+	+	+
+ − − +	+	+	+
− + + −	−	−	−
− − + +	+	+	+

如果把假言易位推理和假言转换推理结合起来综合运用,就可以得到如下公式:

①p→q = q←p = q̄→p̄ = p̄←q̄ = p̄→q̄ = p→q

②p←q = p̄→q̄ = q←p̄ = q̄→p̄ = q̄→p = p←q

2.间接的纯假言推理

间接的纯假言推理是由两个(或两个以上)假言判断作前提,推出另一个假言判断作结论的推理。其特点是:在前提中,前一个假言判断的后件和后一个假言判断的前件相同,它是由几个假言判断的联结而推出结论的。因此又称做假言联锁推理。

这种推理可分为以下几种:

(1)充分条件假言联锁推理

充分条件假言联锁推理是以充分条件假言判断作前提和结论的假言联锁推理。这种推理有两种形式:

①肯定式:即肯定第一个前提里的前件,从而肯定后一个前提的后件的形式。其推理形式如下:

如果 p,则 q

如果 q,则 r

如果 r,则 s

所以,如果 p,则 s

②否定式:即否定后一个前提的后件,从而否定前面一个前提的前件的形式。其推理形式如下:

如果 p,则 q

如果 q,则 r

如果 r,则 s

所以,如果非 s,则非 p

充分条件假言联锁推理的前提都是充分条件假言判断,这种推理的性质和充分条件假言推理的性质相同,所以上述两种形式实际上是充分条件假言推理肯定前件式和否定后件式的具体运用。

(2)必要条件假言联锁推理

必要条件假言联锁推理是以必要条件假言判断作前提的假言联锁推理。这种推理也有两种形式:

①否定式:即否定第一个前提的前件,从而否定最后一个前提的后件的形式。其推理形式如下:

只有 p,才 q

只有 q,才 r

所以,如果非 p,则非 r

②肯定式:即肯定最后一个前提的后件,从而肯定第一个前提的前件的形式。其推理形式如下:

只有 p,才 q

只有 q,才 r

所以,如果 r,则 p

必要条件假言联锁推理和必要条件假言推理的性质相同,上述两种形式实际上是必要条件假言推理否定前件式和肯定后件式的具体运用。

(3)混合条件假言联锁推理

混合条件假言联锁推理是以几种不同条件的假言判断作前提的假言联锁推理。

其形式可用符号表示为:

$$\{(p\leftrightarrow q)\wedge(q\rightarrow r)\}\rightarrow(p\rightarrow r)$$

$$\{(p\leftrightarrow q)\wedge(q\leftarrow r)\}\rightarrow(\overline{p}\rightarrow\overline{r})$$

假言联锁推理常用来论述各种情况之间的相互制约的关系和推论某种情况可以引起某种结果。这种推理在政论文中经常运用。

(五)假言联言推理

假言联言推理是由两个或两个以上的假言判断为大前提,由一个至少两肢的联言判断为小前提,推出一个联言判断作结论的推理。这种推理的根据是假言判断和联言判断的逻辑性质,大前提有几个假言判断,小前提和结论就是相应的几个肢判断的联言判断,它的大前提往往是几个充分条件的假言判断,所以在推论过程中要用充分条件假言推理的正确式。

假言联言推理主要有两种形式:

1.肯定式:这种形式是在联言前提中分别肯定几个假言前提的前件,从而在结论中分别肯定几个假言前提的后件。它实际上是几个充分条件假言推理肯定前件式的连用。其推理形式是:

如果 p,那么 q;如果 r,那么 s……

p 并且 r……

所以,q 并且 s……

$$p \rightarrow q \quad r \rightarrow s \quad k \rightarrow m \qquad\qquad p \rightarrow q \quad r \rightarrow s \quad k \rightarrow m$$
$$\underline{\quad p \qquad\quad r \qquad\quad k\quad} \longrightarrow \underline{\qquad p \wedge r \wedge k \qquad}$$
$$\therefore q \quad \therefore s \quad \therefore m \qquad\qquad\qquad \therefore q \wedge s \wedge m$$

2.否定式:这种形式是在联言前提中分别否定几个假言前提的后件,从而在结论中分别否定几个假言前提的前件。它实际上是几个充分条件假言推理否定后件式的连用。其推理形式是:

如果 p,那么 q;如果 r,那么 s……

非 q,并且非 s……

所以,非 p 并且非 r

$$p \rightarrow q \quad r \rightarrow s \quad k \rightarrow m$$
$$\underline{\qquad \bar{q} \wedge \bar{s} \wedge \bar{m} \qquad}$$
$$\therefore \bar{p} \wedge \bar{r} \wedge \bar{k}$$

例如:如果他是一个唯物主义者,那么他就能实事求是地看问题;如果他是一个辩证论者,那么他就能全面地看问题;他不能实事求是地看问题,也不能全面地看问题;所以,他不是唯物主义者,并且不是辩证论者。

假言联言推理是由假言判断和联言判断组成的推理,因此,必须既遵守假言推理的规则,又遵守联言推理的规则。

三、假言判断及其推理的正确运用

要恰当地运用假言判断,使假言推理有逻辑性,就必须注意下面几个问题:

1.不要强加条件关系

假言判断的前件和后件必须确实具有条件关系,如果把并无条件关系的两件事物强拉在一起,作为假言判断,就会犯强加条件关系(也叫强加因果关系)的逻辑错误。

强加条件关系,有的是由于人们认识的错误,或缺乏必要的逻辑常识造成的,有的则是由于立场反动,故意进行诡辩。

2.不可搞错条件关系

假言判断的三种条件关系,是事物间各种条件关系的正确反映,三者有一定的区别和联系,容易混淆,因此要根据它们各自的逻辑特征,仔细辨认其条件关系,从而选用恰当的逻辑联结项来表达,否则就会出现搞错条件关系的错误。

3.要选用正确的推理形式

假言推理要根据前提中假言判断的不同而选用不同条件假言推理的正确式。有人记不准充分条件和必要条件假言推理的正确式,于是就出现了误用推理形式的错误。

正确的假言判断和推理具有认识作用,揭示了事物间的条件关系,有助于指导人们的行动。在论证过程中,能帮助人们论证真理反驳谬误,论证中的反证法和归谬法,都是假言推理的具体运用。

第四节　假言选言推理——二难推理

一、什么是二难推理

二难推理是假言选言推理的一部分。假言选言推理是以假言判断和选言判断为前提所构成的推理。其中由两个充分条件假言判断联合构成一个大前提,由一个二肢的选言判断作为小前提,然后推出一个性质判断或者二肢的选言判断为结论的假言选言推理,就是二难推理。这种推理的特点是:大前提的两个充分条件假言判断并列假设对问题的两种解决办法,是推理的基础,小前提是一个包含两个肢的选言判断,表明只存在两种可能,结论必须在两种可能中选择一种。由于两种可能的任何一种都是对方不愿接受的,从而陷入"进退两难"的境地,所以这种推理习惯上叫做"二难推理"。二难推理的小前提和结论是按充分条件假言推理的肯定前件式或否定后件式的逻辑性质对大前提的前后件分别肯定或否定而构成的。

　　由于二难推理的大前提是两个假言判断,因而小前提也只是两个选言肢。如果大前提是三个或更多个假言判断,那么小前提相应地就具有三个或更多个选言肢,这就成为三难推理或多难推理。不过在日常思维活动中,采用最多的是二难推理罢了,而且多难推理是在二难推理的基础上进行的,所以,这里主要讲二难推理的一些问题。

　　二难推理在论辩中经常运用,论辩者从对方的观点出发提出两种可能,再由这两种可能引申出两种结论,使对方无论选择其中的哪一种,结果都会使自己陷入进退维谷、左右为难的境地。

二、二难推理的种类和形式

　　二难推理根据其结论是性质判断还是选言判断,可以分为"简单式"和"复杂式"两种。如果结论是性质判断(属简单判断),便是"简单式"。如果结论是个选言判断(属复合判断,比较复杂),则是"复杂式"。

　　二难推理根据所运用的假言推理的形式,可以分为"构成式"和"破坏式"两种。如果选言前提肯定了假言前提的前件,结论随之肯定其后件,则称为"构成式"。如果选言前提否定了假言前提的后件,结论随之否定其前件,则称为"破坏式"。

把以上四种类型组合起来,就构成二难推理的四种形式:简单构成式,简单破坏式,复杂构成式和复杂破坏式。

(一)简单构成式

这种形式的特点是:大前提中的两个假言判断的前件不同而后件相同,小前提选言判断的两个选言肢分别肯定两个假言前提的前件,结论是一个性质判断,肯定两个假言前提的相同的后件。其公式是:

如果 p,那么 q,如果 $\bar{p}$,那么 q;　　即:$p \rightarrow q$　　$r \rightarrow q$

或者 p,或者 $\bar{p}$;　　　　　　　　　　$p \vee \bar{p}$

所以(总之),q　　　　　　　　　　　　∴q

例如,毛泽东同志在《论人民民主专政》一文中有这样一段话:"在武松看来,景阳冈上的老虎,刺激它是那样,不刺激它也是那样,总之是要吃人的。"[1] 这段话里就包含着一个简单构成式的二难推理。

简单构成式使用了充分条件假言推理的肯定前件式,其结论是一个简单判断。

应该注意的是:简单构成式大前提假言判断的两个前件是两个不同的判断,二者应具有矛盾关系或反对关系,或者这两个判断的主项或谓项是具有矛盾关系或反对关系的概念,如上例的"刺激"和"不刺激"就具有矛盾关系。

(二)简单破坏式

这种形式的特点是:大前提中的两个假言判断的前件相同而后件不同,小前提选言判断的两个选言肢分别否定两个假言前提的后件,结论是一个性质判断,否定两个假言前提的相同的前件。

---

[1]　见《毛泽东选集》第 1362 页。

其公式是：

如果 p,则 q,如果 p,则 r;　　　　　即 p→q　p→r

　非 q 或者非 r;　　　　　　　　　　$\overline{q}\lor\overline{r}$

所以(总之),非 p　　　　　　　　　　∴$\overline{p}$

简单破坏式使用了充分条件假言推理的否定后件式,其结论也是一个简单判断。

(三)复杂构成式

这种形式的特点是:大前提的两个假言判断的前后件都不相同,小前提选言判断的两个选言肢分别肯定两个假言判断的前件,结论是两个假言前提后件的析取。其公式是：

如果 p,那么 q,如果 r,那么 s;　　　　即:p→q　　r→s

　p 或者 r;　　　　　　　　　　　　　p∨r

所以 q,或者 s　　　　　　　　　　　∴q∨s

复杂构成式使用了充分条件假言推理的肯定前件式,其结论是一个选言判断。这种形式最能体现二难推理进退两难的特点,所以在日常思维过程中经常运用。

(四)复杂破坏式

这种形式的特点是:大前提的两个假言判断的前后件都不相同,小前提选言判断的两个选言肢分别否定两个假言判断的后件,结论是两个假言前提前件否定的析取。其公式是：

如果 p,那么 q,如果 r,那么 s;　　　　即 p→q　　r→s

　非 q 或非 s　　　　　　　　　　　　$\overline{q}\lor\overline{s}$

所以,非 p 或者非 r　　　　　　　　　∴$\overline{p}\lor\overline{r}$

例如:如果一个人的觉悟高,他就能认识他的错误;如果一个人的态度好,他就能承认他的错误;

某人或不认识他的错误,或不承认他的错误;

所以,某人或是觉悟不高,或是态度不好。

复杂破坏式使用了充分条件假言推理的否定后件式,其结论是一个选言判断。

复杂式的二难推理的结论或是否定两个不同的前件,或是肯定两个不同的后件,尽管其前件或后件是不同的,但在结论中必须包含一个共同的意思,这个共同的含义是概括两个不同的前件或后件得出的共性,而表现在结论中(可以写出来,也可以不写出来)。如果没有这个共同的含义,也就失去了二难推理的意义。如:

如果他的意见正确,你就应该赞成;如果他的意见不正确,你就应该反对;

<u>他的意见或是正确的,或是不正确的;</u>

因此,你或应该赞成,或应该反对。

结论中的"应该赞成"和"应该反对"包含着一个共同因素,就是"应当有所表示,而不该置之不理",这样,其结论才有意义。

三、二难推理的运用

正确地运用二难推理,必须注意遵守以下3条要求:

(1)前提中的假言判断,其前件应是后件的充分条件;

(2)前提中的选言判断,其选言肢应是穷尽的;

(3)推理过程要符合充分条件假言推理的规则。

在这3条要求中,第一、二条是关于前提真实的要求,第三条是关于形式正确的要求。

违反了这些规则要求的,就是错误的二难推理。对于错误的二难推理,就要进行破斥,破斥的方法是:或揭露其前提虚假,或揭露其违反推理规则。此外,还可以用一个相应的二难推理来反驳错误的二难推理。这种方法可以简称为"以二难破二难"。

构成相反的二难推理所使用的方法是:

(1)保留原二难推理的假言前件和选言前提。因为两个二难推理是相互联系的;

(2)假言后件与原二难推理相反。因为不同的后件便可推出

相反的结论;

(3)为使对方信服假言前提,可以列举全面的、必然的理由,以破斥原二难推理中片面的、站不住脚的理由。

二难推理虽然比较复杂,但它的应用比较广泛。不仅在辩论、驳论时,它是一个有力的战斗武器,就是日常工作、生活中也经常要用到它。有时我们遇到"进退两难"的处境,或进或退都有困难,都会导致不良的结果,但无论如何必须选择一种,除此别无他法。这种情况反映在思维过程中,就构成了二难推理的形式。

"二难"是就其主要特征而说的,是一种通俗的形象化的说法,并不等于说这种推理的结论总是使人进退维谷的。

我们有时候确实遇到只有两种选择,而其中任何一种都不是乐意选择的情况,这时我们可以掂量轻重、得失,选择其中损失最小的一种可能,也可以给我们指出正确的解决问题的办法。

总之,二难推理是一个强有力的认识、揭露和表达的战斗武器,它兼具了假言推理和选言推理的双重特点,因此,它可以更加全面地认识事物,使论证更具有说服力。我们一定要更好地掌握它。

第五节　负判断及其等值判断

一、什么是负判断

负判断是否定某个判断的判断。例如:

①并非所有人都是科学家。

②并不是只有经常吃滋补药品,才能保证身体健康。

这两例都是负判断。例①否定了"所有人都是科学家"这一性质判断;例②否定了"只有吃滋补药品,才能保证身体健康"这一假言判断。

　　负判断是一种比较特殊的复合判断。它也由肢判断和联结项组成，但是一则其肢判断只有一个；再则，这个肢判断可以是简单判断(如上例①)也可以是复合判断(如上例②)，还可能是更加复杂的复合判断。

　　如果用 P 表示负判断的肢判断，用"并非"表示负判断典型的逻辑联结项，则负判断的公式为：并非 P。

　　在逻辑学中，常用符号"－"或"→"表示"并非"，则上述公式也可以表述为：$\bar{p}$(或→p)。

　　在日常用语中，负判断的联结项还可以表述为"没有"、"不"、"并不是"、"并无……的事"、"并没有……这种情况"、"……是假的"、"……是绝不可能的"等。

　　负判断不同于性质判断中的否定判断，性质判断中的否定判断是断定事物不具有某种性质，即否定事物具有某种性质的判断，因而它是简单判断。而负判断则是对整个原判断的否定，因而是复合判断。如：

　　①他们都不是大学毕业生。

　　②并非他们都是大学毕业生。

　　例①否定了"他们"具有"大学毕业生"的性质，属于性质判断中的否定判断；例②则是对"他们都是大学毕业生"整个判断的否定，属于负判断，因而二者所断定的意义是不相同的。

　　由于负判断是对其整个肢判断的否定，因而负判断的逻辑值与其肢判断的逻辑值正好相反：肢判断真，则其负判断必假；肢判断假，则其负判断必真。二者之间的关系可用如下真值表来表示：

　　可见，一个负判断的真假，是由其肢判断的真假来确定的。一个真的负判断，其肢判断所断定的情况应该是假的，不存在的，只有在其肢判断所断定的情况真的存在时，整个负判断才是假的。

p	$\overline{p}(\neg p)$
真	假
假	真

　　判断有简单判断和复合判断之分,相应地,负判断也可分为简单判断的负判断(简称为负简单判断)和复合判断的负判断(简称为负复合判断)。

二、负判断及其等值判断
(一)负简单判断及其等值判断
　　否定一个简单判断就构成简单判断的负判断。前面简单判断中我们讲过性质判断和关系判断两种,所以负的简单判断也可以分为负的性质判断和负的关系判断两种。

　　6种性质判断的负判断分别是:

(1)并非所有 S 是 P　　　　$\overline{SAP}(\overline{A})$

(2)并非所有 S 不是 P　　　$\overline{SEP}(\overline{E})$

(3)并非有些 S 是 P　　　　$\overline{SIP}(\overline{I})$

(4)并非有些 S 不是 P　　　$\overline{SOP}(\overline{O})$

(5)并非某个 S 是 P　　　　$\overline{S_1AP}$

(6)并非某个 S 不是 P　　　$\overline{S_1EP}$

　　一个负判断是真的,则其肢判断必定是假的,一个负判断是假的,则其肢判断必定是真的,负判断与其肢判断具有矛盾关系,所以其肢判断的矛盾判断的真假就同负判断的真假相同,二者具有等值关系。也就是说,一个负判断的等值判断是这个负判断的肢判断的矛盾判断。

　　上述6种负判断都有与其具有等值关系的判断。现分述如下：

(1)"并非所有 S 是 P"等值于"有些 S 不是 P";即:$\bar{A} \equiv O$

真值表如:

A	O	$\bar{A}$
真	假	假
假	真	真

如:"并非人人都自私"等值于"有些人不是自私的"。

(2)"并非所有 S 不是 P"等值于"有些 S 是 P";即:$\bar{E} \equiv I$

真值表如:

E	I	$\bar{E}$
真	假	假
假	真	真

如:"并非所有科学家都不是自学成才的"等值于"有些科学家是自学成才的"。

(3)"并非有些 S 是 P"等值于"所有 S 不是 P";即:$\bar{I} \equiv E$

真值表如:

I	E	$\bar{I}$
真	假	假
假	真	真

如:"并非有些事物是静止的"等值于"所有的事物都不是静止的"。

(4)"并非有些 S 不是 P"等值于"所有 S 是 P";即:$\bar{O} \equiv A$

真值表如：

O	A	$\overline{O}$
真	假	假
假	真	真

如："并非有些昆虫不是 6 只脚的"等值于"所有昆虫都是 6 只脚的"。

(5)"并非某个 S 是 P"等值于"某个 S 不是 P"。真值表如：

S_1AP	S_1EP	$\overline{S_1AP}$
真	假	假
假	真	真

如："并非老张是党员"等值于"老张不是党员"。由于单称肯定判断和单称否定判断之间,具有矛盾关系,因此,负的单称肯定判断就等值于单称否定判断;负的单称否定判断就等值于单称肯定判断。

(6)"并非某个 S 不是 P"等值于"某个 S 是 P"。真值表如：

S_1EP	S_1AP	$\overline{S_1EP}$
真	假	假
假	真	真

如："并非雷锋不是中国人"等值于"雷锋是中国人"。

(二)负复合判断及其等值判断

否定一个复合判断就构成复合判断的负判断。前面讲了 7 种

复合判断,所以负复合判断也有相应的七种类型:

(1)并非(p 并且 q)　　　　　$\overline{p \wedge q}$(负联言判断)

(2)并非(p 或者 q)　　　　　$\overline{p \vee q}$(负相容选言判断)

(3)并非(要么 p,要么 q)　　　$p \dot{\vee} q$(负不相容选言判断)

(4)并非(如果 p,那么 q)　　　$\overline{p \rightarrow q}$(负充分条件假言判断)

(5)并非(只有 p,才 q)　　　　$\overline{p \leftarrow q}$(负必要条件假言判断)

(6)并非(当且仅当 p,则 q)　　$\overline{p \leftrightarrow q}$(负充要条件假言判断)

(7)并非(并非 p)　　　　　　$\overline{\overline{p}}$(负负判断)

一个负复合判断与其肢判断的矛盾判断的真假值是相等的,所以,能找到一个判断的真或假证明其肢判断的假或真,便能证明这个负判断的真或假。那么找到的这个判断便与负判断具有等值关系。

上述七种负判断也都有与其具有等值关系的判断,它们分别是:

(1)"并非(p 并且 q)"等值于"非 p 或者非 q"

即:$\neg(p \wedge q) \equiv (\neg p \vee \neg q)$

一个联言判断的负判断是真的,则其肢判断联言判断必是假的。而当联言肢至少有一个是假的时,则联言判断必假,所以负的联言判断等值于一个相应的相容选言判断,其选言肢是联言肢的否定。

真值表如下:

p q $\overline{p}$ $\overline{q}$	$p \wedge q$	$\overline{p} \vee \overline{q}$	$\overline{p \wedge q}$
+ + - -	+	-	-
+ - - +	-	+	+
- + + -	-	+	+
- - + +	-	+	+

如"并非他既是党员又是干部"等值于"他或者不是党员或者不是干部"。

(2)"并非(p 或者 q)"等值于"非 p 并且非 q"

即→(p∨q)≡(→p∧→q)

一个相容选言判断的负判断是真的,则其肢判断相容选言判断必是假的。而当其选言肢全部为假时,则相容选言判断必假,所以负的相容选言判断等值于一个相应的联言判断,其联言肢是选言肢的否定。

真值表如下:

p	q	$\bar{p}$	$\bar{q}$	p∨q	$\overline{p∧\bar{q}}$	$\overline{p∨q}$
+	+	-	-	+	-	-
+	-	-	+	+	-	-
-	+	+	-	+	-	-
-	-	+	+	-	+	+

如"并非某人或者是党员,或者是干部"等值于"某人既不是党员,也不是干部"。

(3)"并非(要么 p,要么 q)"等值于"(p 并且 q)或者(非 p 并且非 q)"。

即→(p∨q)≡(p∧q)∨(→p∧→q)

一个不相容选言判断的负判断是真的,则其肢判断不相容选言判断必是假的。而当其选言肢或者同时为真,或者同时为假时,不相容选言判断必是假的,所以,负不相容选言判断等值于一个选言型的多重复合判断,其选言肢一个是原不相容选言肢的合取,另一个是原不相容选言肢否定的合取。

真值表如下：

p q p̄ q̄	p V̇ q	p∧q	p̄∧q̄	(p∧q)∨(p̄∧q̄)	‾p V̇ q
+ + − −	−	+	−	+	+
+ − − +	+	−	−	−	−
− + + −	+	−	−	−	−
− − + +	−	−	+	+	+

如"并非这封信要么寄往北京，要么寄往广州"等值于"这封信或者既寄往北京，又寄往广州；或者既不寄往北京，又不寄往广州"。

(4)"并非(如果 p，那么 q)"等值于"p 并且非 q"。

即$\rightarrow(p\rightarrow q)\equiv p\wedge\rightarrow q$

一个充分条件假言判断的负判断是真的，其肢判断充分条件假言判断必是假的。而只有当其假言肢前件真而后件假时，充分条件假言判断才是假的，所以负充分条件假言判断等值于一个联言判断，其联言肢一个是原充分条件假言判断的前件，另一个是原后件的否定。

真值表如下：

p q p̄ q̄	p→q	p∧q̄	‾p→q
+ + − −	+	−	−
+ − − +	−	+	+
− + + −	+	−	−
− − + +	+	−	−

如"并非如果成绩优秀就可评为三好学生"等值于"成绩优秀但并没有评为三好学生。

(5)"并非(只有 p,才 q)"等值于"非 p 并且 q"。

即 $\neg(p \leftarrow q) \equiv \neg p \wedge q$

一个必要条件假言判断的负判断是真的,其肢判断必要条件假言判断必是假的。而只有当其假言肢前件假而后件真时,必要条件假言判断才是假的。所以负必要条件假言判断等值于一个联言判断,其联言肢一个是原必要条件假言判断前件的否定,另一个是原必要条件假言判断的后件。

真值表如下:

p	q	$\bar{p}$	$\bar{q}$	$p \leftarrow q$	$\bar{p} \wedge q$	$\overline{p \leftarrow q}$
+	+	-	-	+	-	-
+	-	-	+	+	-	-
-	+	+	-	-	+	+
-	-	+	+	+	-	-

如"并非只有贪污才是罪犯"等值于"某人没有贪污但也犯了罪"。

(6)"并非(当且仅当 p,则 q)"等值于"(p 并且非 q)或者(非 p 并且 q)"。

即 $\neg(p \leftrightarrow q) \equiv (p \wedge \neg q) \vee (\neg p \wedge q)$

一个充要条件假言判断的负判断是真的,则其肢判断充要条件假言判断必是假的。而当其假言判断或者其充分条件不成立或者其必要条件不成立时,充要条件必不成立,所以,负充要条件假言判断等值于一个选言型的多重复合判断,其选言肢一个是负充分条件假言判断的等值判断,一个是负必要条件假言判断的等值判断。

真值表如下:

p	q	p̄	q̄	p↔q	(p∧q̄)∨(p̄∧q)			$\overline{p↔q}$
+	+	−	−	+	−			−
+	−	−	+	−	+	+	+	+
−	+	+	−	−	−			+
−	−	+	+	+	−			−

如"并非当且仅当得了肺炎则发高烧"等值于"或者得了肺炎而不发高烧或者没有得肺炎而发高烧"。

(7)"并非(并非 p)"等值于"p"。

即 →(→p)≡p

一个负的负判断是真的,则其肢判断负判断是假的,而负判断的真假与其肢判断的真假正好相反(二者互为矛盾判断),所以一个负的负判断等值于其负判断的肢判断,这就是所谓"双重否定"、"负负为正"原理的应用。

真值表如下:

p̄	p	p̿
+	−	−
−	+	+

如"并非(并非山西是能源重化工基地)"等值于"山西是能源重化工基地"。

了解了以上各种负判断及其等值判断,就可以据此进行负判断与其等值判断间的推理。负判断与其等值判断在自然表达中尽管其逻辑形式不一样,但其真值是相等的。在语言表达中交替运用等值判断或由一判断推出其等值判断,可以使行文灵活,说理透彻,不会违反同一律。

三、负判断和各种复合判断间的转换关系

由于各种复合判断的真假取决于其肢判断的真假,因而,按照各种复合判断逻辑联结项的含义,各种复合判断之间就可能存在着真假值相等的等值关系或真假值完全不同的矛盾关系,利用这些关系,就可以把一种复合判断转换为另一种复合判断,也可以把一种复合判断转换为另一种复合判断的负判断。比如,由于"p 并且 q"只有在 p 和 q 同时为真时,它才是真的,而只要 p 或 q 中有一个是假的,它就是假的。因此,当"p 并且 q"成立(即为真)时,自然也就意味着 p 或 q 任一为假都是假的,即"p 并且 q"等值于"并非(非 p 或者非 q)",前后两式就可以互相转换。与此类似,"并非(p 并且 q)"自然也就等值于"非 p 或者非 q",两者也可互转。

为了使大家更好地进行复合判断与其负判断之间的转换,下面介绍一种复合判断转换方阵图,熟练运用这个方阵图,可以迅速而准确地判定判断间是否等值和能否转换。

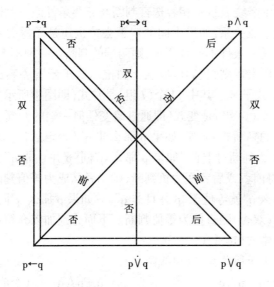

使用说明：

1.图中单线两端的判断是矛盾关系的判断。

2.图中双线两端的判断是等值关系的判断。

3.本图皆以两肢的复合判断为前提,因此,"否前"指否定前一肢判断(即 $\bar{p}$),"否后"指否定后一肢判断(即 $\bar{q}$),"双否"指分别否定前后两个肢判断(即 $\bar{p}$、$\bar{q}$)。

4.所谓"否前"、"否后"、"双否"均指否定单线(或双线)的一端,而不是两端同时否定。如充分条件假言判断与必要条件假言判断通过"双否"达到等值,据图可表示为 $\bar{p}{\rightarrow}\bar{q}{\equiv}p{\leftarrow}q$(上端双否)或者是 $p{\rightarrow}q{\equiv}\bar{p}{\leftarrow}\bar{q}$(下端双否)

5.图右下角的选言判断只适用于相容的选言判断,如果是不相容的,则与其他三种判断不能构成如图等值或矛盾的关系,只是一种不等值的关系。

6.图中竖线表示不相容选言判断与充要条件假言判断经过双否可构成矛盾关系,如果中间的双否去掉也还是矛盾关系。其他线段上的任一条件不符合要求,则两端的判断是一种不等值关系。

根据以上规则,我们可以从上图推出属于矛盾关系或等值关系的 42 个式子来。其中 14 个(7 组)是常式(即图中所示的各种判断式),28 个(14 组)是变式(即通过改变任何一端的判断为负判断转换出来的判断式)。如"如果 p 那么非 q"(否定后件)就同"p 并且 q"是矛盾判断;同理,"如果 p 那么 q"同"p 并且非 q"也是矛盾判断,再将前者或后者变为负判断,则二者又成为等值判断,"并非如果 p 那么 q"就等值于"p 并且非 q"。"如果 p 那么 q"同"只有非 p 才非 q"(双否)则直接为等值判断。下面分别加以介绍:

(一)常式(14 个)

1.属于矛盾关系的(单线两端):

① $\bar{p} \leftarrow q — p \wedge \bar{q}$　　　　　　　　$p \leftarrow \bar{q} — \bar{p} \wedge q$　　（否前）

② $p \rightarrow \bar{q} — p \wedge q$　　　　　　　　$p \rightarrow q — p \wedge \bar{q}$　　（否后）

③ $\bar{p} \wedge \bar{q} — p \vee q$　　　　　　　　$p \wedge \bar{q} — \bar{p} \vee \bar{q}$　　（双否）

④ $\bar{p} \leftrightarrow \bar{q} — p \vee q$　　　　　　　　$p \leftrightarrow \bar{q} — \bar{p} \vee \bar{q}$　　（双否）

2.属于等值关系的(双线两端):

① $\bar{p} \rightarrow q = p \vee q$　　　　　　　　$p \rightarrow q = \bar{p} \vee q$　　（否前）

② $p \rightarrow \bar{q} = p \vee q$　　　　　　　　$p \leftarrow q = p \vee \bar{q}$　　（否后）

③ $\bar{p} \leftrightarrow q = p \leftarrow q$　　　　　　　　$p \rightarrow q = \bar{p} \leftarrow \bar{q}$　　（双否）

(二)变式(28 个)

1.属于矛盾关系的(等值变矛盾,用单线联系):

① $\bar{p} \rightarrow q — \overline{p \vee q}$　　　　　　　　$\overline{\bar{p} \rightarrow q} — \bar{p} \vee q$

② $\overline{p \rightarrow q} — p \vee \bar{q}$　　　　　　　　$p \rightarrow q — \overline{p \vee \bar{q}}$

③ $p \rightarrow \bar{q} — \overline{p \vee q}$　　　　　　　　$\overline{p \rightarrow \bar{q}} — p \vee q$

④ $p \leftarrow q — p \vee \bar{q}$　　　　　　　　$\overline{p \leftarrow q} — p \vee \bar{q}$

⑤ $\overline{p \to \bar{q}}$ — $\overline{p \leftarrow q}$　　　　　　$\bar{p} \to \bar{q}$ — $\overline{\bar{p} \leftarrow q}$

⑥ $\overline{p \to \bar{q}}$ — $\overline{p \leftarrow \bar{q}}$　　　　　　$\bar{p} \to q$ — $\overline{p \leftarrow \bar{q}}$

2.属于等值关系的(矛盾变等值,用双线联系):

① $\overline{p \leftarrow q} = p \wedge \bar{q}$　　　　　　$\bar{p} \leftarrow q = \overline{p \wedge q}$

② $\overline{p \leftarrow q} = \bar{p} \wedge q$　　　　　　$p \leftarrow \bar{q} = \overline{\bar{p} \wedge q}$

③ $\overline{p \to q} = p \wedge \bar{q}$　　　　　　$p \to \bar{q} = \overline{\bar{p} \wedge q}$

④ $\overline{p \to \bar{q}} = p \wedge q$　　　　　　$p \to q = \overline{p \wedge \bar{q}}$

⑤ $\overline{\bar{p} \wedge \bar{q}} = p \vee q$　　　　　　$\bar{p} \wedge \bar{q} = \overline{p \vee q}$

⑥ $\overline{p \wedge q} = \bar{p} \vee \bar{q}$　　　　　　$p \wedge q = \overline{\bar{p} \vee \bar{q}}$

⑦ $\overline{\bar{p} \mathbin{\dot\vee} \bar{q}} = p \leftrightarrow q$　　　　　　$\bar{p} \mathbin{\dot\vee} \bar{q} = \overline{p \leftrightarrow q}$

⑧ $p \mathbin{\dot\vee} q = \bar{p} \leftrightarrow \bar{q}$　　　　　　$p \mathbin{\dot\vee} q = \overline{p \leftrightarrow q}$

上述各式经过真值表的验证,都符合各种复合判断以及负判断的真值关系。

如矛盾关系的常式:$p \vee q$ — $\bar{p} \wedge \bar{q}$

　等值关系的常式:$p \to q = \bar{p} \vee q$

用真值表验证如下:

p　q　$\bar{p}$　$\bar{q}$	$p \vee q$	$\bar{p} \wedge \bar{q}$	$p \to q$	$\bar{p} \vee q$
＋　＋　－　－	＋	－	＋	＋
＋　－　－　＋	＋	－	－	－
－　＋　＋　－	＋	－	＋	＋
－　－　＋　＋	－	＋	＋	＋

　　　　　　　　　　　　　矛盾关系　　　　等值关系

再如矛盾关系的变式：$p \rightarrow q = \overline{\overline{p} \vee q}$

　　等值关系的变式：$\overline{p \leftarrow q} = p \wedge q$

用真值表验证如下：

p q $\overline{p}$	$p \rightarrow q$	$\overline{\overline{p} \vee q}$	$\overline{p \leftarrow q}$	$p \wedge q$
＋ ＋ －	＋	－	＋	＋
＋ － －	－	＋	－	－
－ ＋ ＋	＋	－	－	－
－ － ＋	＋	－	－	－

　　　　　　　　矛盾关系　　　　　　等值关系

四、真值表的判定作用

　　真值表是用来确定判断(或命题)的真假值(或逻辑值)的一种图表。

　　一个简单判断的真假值可以用直观的方法来判定。但对于一个复合判断，特别是负复合判断和多重复合判断的真假值，如果用直观法就不容易判别，这就需要借助真值表这个逻辑工具来进行判定。在前面几节中，我们已经介绍了各种复合判断自身的真值表，下面介绍在此基础上所进行的各种复合判断及负判断之间的真值情况的判定作用。

　　利用真值表对各种复合判断及负判断的真假值进行判定，要遵照以下几个步骤进行。

　　第一步：将复合判断用符号化为一个真值形式的命题表达式。即在复合判断中先用判断变项来表示复合判断的肢判断，不同的判断代之以不同的判断变项，相同的判断代之以相同的判断变项。

再用与各种逻辑联结项相应的逻辑常项把各种变项连接起来,就构成了一个真值形式的命题表达式。

第二步:画出相应的真值表。先列出 p、q 的真假情况,如有 $\bar{p}$、$\bar{q}$ 出现,则据 p、q 的真假可推出 $\bar{p}$、$\bar{q}$ 的真假情况,然后根据各种复合判断的逻辑特征来写出各判断形式的真值情况。

第三步:将真值表中的不同复合判断的真假情况加以对照,就可判定其是否等值、是否矛盾。如果在各种情况下,两个或几个判断的真假值都相同(同真也同假),则判断间为等值关系;如果在各种情况下,两个判断的真假值都相反(不同真也不同假),则判断间为矛盾关系;如果有一种或几种情况不完全相同(不同真但同假,不同假但同真),也并不完全相反,就是不等值的判断。矛盾判断也属于一种不等值的判断,但若将其中之一变为负判断以后,则可转换为等值判断,而一般的不等值判断则不能转换。

真值表可以用来判定复合判断之间是否具有等值关系,也可以用来判定复合判断之间是否具有矛盾关系,还可以用来验证一个多重复合判断是否为永真式。前面所讲的六种复合判断转换方阵图中反映的 42 个式都可以用此真值表加以鉴定。所以学习复合判断,就必须学会使用真值表方法。

学习真值表,要注意弄清各种复合判断的逻辑联结词的含义和肢判断的真假对整个判断的真假制约关系。要把自然语言表达中的各种复合判断用逻辑符号、公式对应起来,习惯于运用公式做出真值表进行验算,从而去掌握各种判断的真值关系——包括等值关系的转换关系。

第六节　多重复合判断

一、什么是多重复合判断

前面讲的复合判断,其肢判断一般是简单判断。在自然语言中,人们还经常用多重复合判断来表达比较复杂的思想。

多重复合判断是指复合判断中的肢判断(一部分或全部)为复合判断的判断。

如"只有经过长期的艰苦奋斗,才能使我们的教育科学文化得到全面发展,使全民族的科学文化素质得到显著提高,并为民主建设提供良好的精神条件"。这个判断从总体上看是一个必要条件假言判断,其后件是一个三肢的联言判断。这就是一个多重复合判断。

在自然语言中,多重复句可以用来表示多重复合判断,多重复句中分句间的层次关系就是多重复合判断肢判断间层次和逻辑关系的具体反映。

多重复合判断的真假,取决于作为其肢判断的复合判断的真假。而其肢判断复合判断的真假,又是由复合判断中肢判断的真假所决定的。所以要使一个多重复合判断是真的,就必须使其肢判断和肢判断中的肢判断的联系符合各种类型复合判断的逻辑特征,可以用真值表检验其是否为永真式或可真式。如果在各种情况下,其逻辑值都是假的,则整个多重复合判断便是假的。

二、多重复合判断的几种类型

多重复合判断的形式是多种多样的,在实际思维过程中,联言判断、选言判断、假言判断和负判断经常结合在一起,形成各种类型的多重复合判断。根据其第一重复合判断形式的不同,可以分为以下三种基本类型。

(一)联言型的多重复合判断

联言型的多重复合判断,是指判断的第一重基本形式为联言判断,但是它的联言肢的一部分或全部又为复合判断。常见的形式如:

如果你去参加会议,我就负责全面工作;如果你不去参加会议,那么你还是要全面负责起所有工作。

这是一个二肢的联言判断,其中的两个联言肢又都是充分条件假言判断。其逻辑形式为:

$$(p \rightarrow q) \wedge (\bar{p} \rightarrow r)$$

(二)选言型的多重复合判断

选言型的多重复合判断,是指判断的第一重基本形式为选言判断,但选言肢的一部分或全部又为复合判断。

如这场球赛或者甲和乙都上场,或者甲上场而乙不上场,或者甲不上场而乙上场,或者甲和乙都不上场。

这是一个四肢的选言判断,其选言肢又都是联言判断。其逻辑形式为:

$$(p \wedge q) \vee (p \wedge \bar{q}) \vee (\bar{p} \wedge q) \vee (\bar{p} \wedge \bar{q})$$

(三)假言型的多重复合判断

假言型的多重复合判断是指判断的第一重基本形式是假言判断,而其前件或后件又为复合判断的形式。例如:

如果并非小张和小李都去开会,那么或者小张不去开会,或者小李不去开会。

这个判断的基本形式是充分条件假言判断,但其前件是个负的联言判断,后件是个选言判断。其逻辑形式为:

$$\rightarrow (p \wedge q) \rightarrow (\bar{p} \vee \bar{q})$$

多重复合判断的形式是多种多样的,这里不一一列举。

本章小结

在这一章里,我们介绍了联言、选言、假言判断及其推理,负判断及其等值判断以及多重复合判断的一些基本原理。学习本章应重点抓住两个方面的内容。

第一,要准确地把握各种类型的复合判断的逻辑特征,进而判定其真假值。

第二,要根据判断的特征去理解和运用各种复合判断推理的正确形式,进而识别错误的推理形式。

具体来讲,就是要掌握如下内容:

联言判断的逻辑特征是"同时存在",所以只有当所有肢判断都是真的,整个判断才是真的,其余情况都是假的。由此,联言推理可以有分解式和组合式两种正确式。

选言判断和推理都可以分为相容和不相容的两种。相容选言判断是断定几种可能情况中"至少有一个存在",所以只有当所有肢判断都是假的时,整个判断才是假的,其余情况都是真的。由此,相容选言推理只有否定肯定式一种正确式。不相容选言判断是断定几种可能情况中"有且只有一个存在",所以当选言肢中有并且只有一个为真时,整个判断才是真的,否则即假,由此,不相容的选言推理可以有肯定否定式和否定肯定式两种。

假言判断和推理有三种不同类型。充分条件假言判断的逻辑特征是"有 p 必有 q,无 p 未必无 q",所以只有当 p 真而 q 假时,整个判断为假,在其他情况下,都是真的。据此,充分条件假言推理有肯定前件式和否定后件式两个正确式,而否定前件式和肯定后件式则都是错误式。必要条件假言判断的逻辑特征是"无 p 必无

q,有 p 未必有 q",所以只有当 p 假而 q 真时,整个判断为假。而其他情况下都是真的。据此,必要条件假言推理有否定前件式和肯定后件式两个正确式,而肯定前件式和否定后件式则是错误式。充分必要条件简称为充要条件,其逻辑特征是"有 p 必有 q,无 p 必无 q",所以当 p 和 q 同真或同假时,整个判断为真,一真一假时,整个判断为假。据此,充要条件假言推理有肯定前件式、否定后件式和否定前件式、肯定后件式四种正确式。

假言判断和联言判断为前提,可以进行假言联言推理。在推理过程中,要遵守假言推理的规则,才能得出相应的联言判断为正确结论。

假言判断和选言判断为前提可以构成假言选言推理,以两个假言前提和一个二肢的选言前提结合,可以构成二难推理。二难推理根据其结论的不同和推理过程中所用的推理形式的不同,可以分为简单构成式、简单破坏式、复杂构成式和复杂破坏式四种。在论辩过程中,二难推理是一个强有力的武器,所以运用二难推理一定要注意遵守其规则,以正确的二难推理破斥错误的二难推理。

负判断是否定某个判断的判断,它不同于性质判断中的否定判断,而是一种特殊的复合判断。负判断可以分为负简单判断和负复合判断。各种负判断都有与其等值的相应判断,要特别注意掌握与各种负判断具有等值关系的那些判断。判定负判断与复合判断之间是否等值、是否矛盾、能否转换,要运用真值表加以验证,还可以通过复合判断转换方阵图进行判定。

复合判断组合在一起可以构成多重复合判断,多重复合判断有联言、选言型和假言型几种基本类型,其真假需取决于组成它的复合判断本身的真假情况。

思考题

1. 什么是复合判断及其推理？各有哪些类型？

2. 什么是联言判断和联言推理？

3. 什么是选言判断和选言推理？相容的选言判断和不相容的选言判断有何区别？为什么相容的选言推理只有一种正确式？

4. 什么是假言判断？几种不同条件的假言判断有什么不同？

5. 什么是假言推理？不同条件假言推理的正确式各有哪几种？为什么？

6. 什么是二难推理？二难推理有几种形式？

7. 什么是负判断？各种负判断的等值判断是什么？

8. 如何利用真值表判定复合判断的真值以及复合判断之间是否等值？

9. 什么是多重复合判断？

第五章　归纳推理和类比推理

第一节　归纳推理

一、归纳推理的概述

（一）什么是归纳推理

归纳推理又称归纳法。是以个别性的知识为前提推出一般性的知识为结论的推理。

归纳推理是人们日常生活工作,尤其是科学研究中经常运用的一种思维形式。我们要认识世界,就必须经常注意从个别具体或片断的经验中去总结出规律性的认识。这就是归纳推理的运用。

（二）归纳推理与演绎推理的关系

从二者联系看,它们都是在实践的基础上由已知推出未知的逻辑形式,它们是对立统一、相辅相成的,其具体表现有三点:

①归纳推理是演绎推理的基础,演绎推理依赖归纳推理为其提供普遍性的大前提。演绎推理的大前提是由归纳推理提供的,即在考察了一系列个别性事物的属性之后概括出来的。

②归纳推理结论的验证需要依赖演绎推理。如"凡金属都是能导电的",这一归纳推理的结论是否正确,要进行验证:"锰钢是金属,所以锰钢能导电"。通电检验,看其结论真实与否。

③归纳推理结论的进一步深化也离不开演绎推理。如归纳推理得出结论"物体摩擦可以发热"。但不知摩擦为什么会发热,可作一个演绎推理:"如果分子运动加剧,物体就会发热,摩擦可使分子运动加剧,所以摩擦可使物体发热"。由此可知物体为什么会发热。

在实际思维过程中,演绎法和归纳法是互相依赖、互相补充的。演绎法是一种分析的方法,归纳法是一种综合的方法,分析和综合是辩证的关系。如果片面强调其中的一种方法而牺牲另一种方法,那就会犯形而上学的错误。

从二者的差别看,有以下三点:

①二者思维进程的方向不同。演绎推理是由一般(普遍)推出个别(特殊),而归纳推理则是由个别(特殊)推出一般(普遍)。

②前提的数量不同。演绎推理的前提数量是确定的:直接推理是一个前提,间接推理是两个前提。而归纳推理的前提数量是不确定的,根据实际的需要一般是两个或两个以上。

③结论的性质不同。前提和结论的关系也不同。演绎推理的结论没有超出前提的范围,前提蕴涵结论,因此结论和前提的联系是必然性的,只要前提真实,形式有效,就可以推出必然为真的结论。而归纳推理(除完全归纳法),其结论都超出了前提的范围,前提不蕴涵结论,所以归纳推理是或然性的推理。

(三)归纳推理的种类

归纳推理根据其前提是否考察了一类事物的全部对象,可分为完全归纳推理和不完全归纳推理两大类。

在不完全归纳推理中,根据前提是否揭示了对象与属性之间的必然因果联系,可分为简单枚举归纳推理和科学归纳推理两类。

归纳推理的种类如下表:

$$归纳推理\begin{cases}完全归纳推理\\不完全归纳推理\begin{cases}简单枚举归纳推理\\科学归纳推理\end{cases}\end{cases}$$

二、完全归纳推理
(一)什么是完全归纳推理

完全归纳推理是根据某类事物中的每一个对象都具有(或不具有)某种属性,从而推出该类事物的全部对象都具有(或不具有)某种属性的一种归纳推理。它的前提分别断定某类事物的个别对象具有(或不具有)某种属性,而且被断定的这些个别事物穷尽了该类的全部对象,从而推出关于该类事物的一般性知识的结论。所以,完全归纳推理的前提是关于个别的论断,而结论则是关于一般的论断。

完全归纳推理的结构,可用公式表示如下:

S_1 是(或不是)P

S_2 是(或不是)P

S_3 是(或不是)P

……

S_n 是(或不是)P

$(S_1S_2S_3……S_n$ 是 S 类的全部对象)

所以,所有 S 都是(或不是)P

(二)完全归纳推理的特点和作用

完全归纳推理具有以下特点:

1.前提与结论之间具有必然性联系,推出的结论是确实可靠的。

2.前提中考察了某类事物的每一个对象,无一遗漏。正确进行完全归纳推理的要求是:(1)前提中所断定的个别对象必须穷尽某类的全部,即公式中的"$S_1S_2S_3$……S_n"是 S 类的全部对象。这是完全归纳推理的主要特征,也是基本要求。否则就不是完全归纳推理。为此,进行完全归纳推理前,必须确切地了解某类对象的具体数量,倘不确知某类对象的实际数量,就不可能正确地运用这种推理方法得出完全正确的结论。(2)前提中的每一个判断必须都是确实为真的判断。只有在所有前提都真实的情况下,才能够必然地得出一个真实的结论。如果其中有一个判断是虚假的,则整个完全归纳推理就不能成立,其结论必假。

完全归纳推理的结论必然真实可靠,这正是它的一个优点。而有人认为完全归纳推理的结论没有超出前提所考察的范围,不能提供新知识,因而怀疑完全归纳推理的作用,这种看法是不对的。

完全归纳推理在实际思维过程中有不容置疑的认识意义。首先,它能提供一个概括的知识。这个概括的知识虽然没有超出前提所考察的范围,但它是一种概括。这种概括对于前提的个别知识来说,是一种质变。

其次,关于某类对象的非本质的知识,完全归纳推理能提供有效的概括。某类对象的非本质的属性,是某类对象可以具有,也可以不具有的属性。在这种情况下,不考察全部对象,就不能必然地概括出关于全类的知识。而完全归纳推理考察了全部对象,所以它能概括出关于某类对象的非本质属性的知识。如考察某班学生某门课程的考试成绩,必须一一考察,甲同学合格,乙同学合格……一直到第 50 个同学合格,而全班只有 50 名同学,然后方可作结论:"本班某门课程的考试,全部合格。"不考察完全,就不能作此结论,因合格成绩和不合格成绩对每一个学生来说是非本质的,不是注定的。努力才能取得好成绩。因此,只有运用完全归纳推理才能必然地做出概括性的结论。

完全归纳推理是一种发现的方法,同时又是一种论证的方法,它可以通过结论的概括,发现一种新的认识。人们在议论中,经常运用完全归纳推理去作论证。为了论证某个一般性的论断,可以列举与此有关的一切对象,然后对其中的每一个别对象一一加以考察,最后通过完全归纳推理,就可以证明这个一般性论断是真实的。例如,前面证明三段论规则中"两个特称前提不能得出必然结论",就是列举出两个特称前提的一切情况,运用完全归纳推理进行论证的。

完全归纳推理有不容置疑的实践意义,但也有局限性。这就是在运用这种推理时,必先确知全部对象的准确数量,同时还必须对之一一进行考察。而在现实生活中,所遇到的某类对象有时多到无限(如自然数、原子等),不易确知其准确数量,有时限于时间、空间又难以对之一一进行考察,因此,就不可能也不必要运用完全归纳推理的方法,而必须借助于不完全归纳推理了。

三、不完全归纳推理

(一)什么是不完全归纳推理

不完全归纳推理是根据一类事物中的部分对象具有(或不具有)某种属性,从而得出该类对象的全部都具有(或不具有)某种属性的一种归纳推理。

(二)不完全归纳推理的特点

不完全归纳推理的特点有二:

1.其结论所断定的范围超出了前提所断定的范围。结论的知识往往不只是前提知识的简单推广,而且还揭示出存在于无数现象之间的普遍性的规律。因而这种推理可以扩大认识的范围,提供给人们一个全新的知识。人们要认识周围的现实,首先必须对事物的现象进行大量的观察和实验,然后根据观察和实验所确认的一系列个别事实,应用不完全归纳推理,由个别的知识概括成为一般的知识,从而达到对普遍性规律的认识。所以,不完全归纳推理在探求新知识的过程中具有极为重要的意义,在认识客观世界的实践活动中,人们经常要用到这种推理形式。

2.其结论带有或然性。人们应用不完全归纳推理,虽然可以从为数不多的事例中摸索出普遍的规律性来,然而这毕竟还是个"猜想"。这种"猜想"对不对,还必须进一步加以验证,因为结论所断定的范围超出了前提所断定的范围,结论就不一定具有必然性,也就是说它可能真,也可能假。总之,不完全归纳推理的结论,一方面可能提供全新的知识,另一方面却未必真实可靠。

(三)不完全归纳推理的种类

不完全归纳推理又因进行推理的根据不同,可以分为两种:一种是简单枚举归纳推理,另一种是科学归纳推理。

1.简单枚举归纳推理

简单枚举归纳推理,又称简单枚举法,是不完全归纳推理的基本类型。它是以经验的认识为主要依据,根据某类事物的部分对象具有(或不具有)某种属性,并且这种情况不断反复出现而又没有遇到相反的情况,从而推出该类的全部对象都具有(或不具有)这种属性的一般性结论的一种归纳推理。

这种推理的结构,可用公式表示如下:

S_1 是(或不是)P

S_2 是(或不是)P

S_3 是(或不是)P

……

S_n 是(或不是)P

(S_1,S_2,S_3,……S_n 是 S 类的部分对象,且在枚举中没有遇到相

反的情况）

所以,所有 S 都是(或不是)P

人类认识世界往往是从简单枚举归纳推理开始的。人们总是根据经验的认识,从某种事例的多次重复而并未发现反面事例而做出了关于该类对象的一般性的结论来。如在大面积的小麦黄熟以后,要测定它的颗粒饱满程度以预估亩产量,就不能运用完全归纳推理一株株、一亩亩地进行考察,只能用简单枚举法来测算。这就要在不同的田块里,通过抽样测定小麦的千粒重(即一千粒麦子的重量),来推算大面积小麦的颗粒饱满程度。这种方法在工业生产管理工作中也是经常运用的。例如当工厂的每批产品的数量都比较大,不可能逐一进行质量检查时,也总是采用随机抽样法(即简单枚举法)来检查的。

农村流行的观察气象、指导生产的许多生动的谚语,如"日晕三更雨,月晕午时风"、"天上鲤鱼斑,明天晒谷不用翻"、"惊蛰点瓜,不开空花",还有"鸡飞狗跳、虫蛇出洞、六畜不宁等现象是地震的前兆"等等,都是劳动人民在生产实践中,根据多次重复的事例而概括出来的。

人们之所以能做出这样的概括,是因为这些事例一而再、再而三地重复,又没有发现反面事例。然而,未曾发现反面事例,并不等于不存在反面事例,更不等于今后不会出现反面事例。所以,简单枚举法的结论是或然的,不很可靠。例如,人们曾经在较长的一段时间里认为"鸟都是会飞的"、"天鹅都是白色的"、"鱼都是用鳃呼吸的",这些一般性的结论都是通过简单枚举法得来的。但是后来在非洲发现了黑色的天鹅,在南美洲发现了不会飞的鸟——鸵鸟,在澳洲发现了黑色的天鹅,在南美洲发现了用肺呼吸的鱼。这样,由于出现了相反的情况,就将原来归纳出来的一般性的结论推翻了。

尽管简单枚举法结论的可靠性不很大,但是人们可以通过简单枚举提出初步的假定。特别是对那些新发现的事物,人们的认识还处于初步研究的阶段,应用简单枚举法提出初步的假定是完全必要的,它可以激励人们开展进一步的工作,或者充实初步的假定,或者推翻初步的假定。

应用简单枚举法时,要注意提高结论的可靠性,减少其结论的或然性。如何才能提高其结论的可靠性呢?

第一,尽量扩大我们考察的某类对象的数量范围,不要只拘泥于一时一地的考察,考察的对象数量越多,范围越广,结论的可靠性就越大。假如你所考察的事例并不多,便贸然地做出结论,就会犯"轻率概括"的错误。

第二,尽量注意搜集反面事例,如果经过很大努力仍未找到反例,则做出的结论可靠性就大些。一旦遇到了相反情况,就要立即把原来的结论推翻。如果在客观条件允许的情况下,不去扩大考察对象,而只是根据少数对象的共同属性进行概括;或是在发现了具有相反属性的对象的迹象时,又不去深究,而坚持原有结论,这就是"轻率概括"或"以偏概全"。例如,民间流行的一些谚语,就犯了"以偏概全"的逻辑错误:"喜鹊报喜不报忧"、"喜鹊早报喜,晚报财,午间报道有人来"、"出门遇见乌鸦叫,事情一定办不好","左眼跳财右眼跳灾"等等谚语,都是根据少数事例进行归纳,并在发现反例以后又不去纠正原来的结论,仍然坚持以往的看法,这都是错误的。所以,我们对待民间迷信的谚语以及一切由简单枚举法得来的结论,都要仔细分析,不能盲目轻从,应当吸取其精华,扬弃其糟粕,这样才能总结经验,丰富知识。

简单枚举法的结论虽然是或然的,但因它简便易行,所以在实际思维活动中有着很重要的作用。它作为一种具有初始意义的归纳方法,在人们的日常活动中,在工农业生产上,甚至在科学研究的领域,也被人们广泛地应用着。科学家贝弗里奇曾说:这种归纳推理"归纳过程虽然可靠程度不够,却较富于创造性,其富于创造性是由于归纳过程是得出新理论的一种方法"。

2.科学归纳推理

科学归纳推理也称科学归纳法,是不完全归纳推理的一种高级形式。它是以科学的理论分析作为指导,对某类事物的部分对象与某种属性之间的内在联系进行本质的分析,探索出事物与属性之间的必然的因果关系,从而概括出关于该类对象的全部具有(或不具有)某种属性的一般性结论的一种归纳推理。

科学归纳推理的结构,可用公式表示如下:

S_1 是(或不是)P

S_2 是(或不是)P

S_3 是(或不是)P

……

S_n 是(或不是)P

($S_1S_2S_3$……S_n 是 S 类的部分对象,且 S 与 P 具有必然联系)

所以,所有 S 都是(或不是)P

科学归纳推理的主要特点是找出现象间的因果联系,因此,有时它所根据的事例虽不多,但只要找出了现象间的因果联系,它的结论仍然是可靠的。正如恩格斯所说:"蒸汽机已经最令人信服地证明,我们可以加热而获得机械运动。十万部蒸汽机并不比一部蒸汽机更多地证明这一点。"

在科学归纳推理中有一种特殊形式,就是典型事例分析法,也叫做典型事例归纳法。这种方法就是根据少数事例,分析其因果必然联系,然后做出一般性结论。由于典型事例分析法所选用来进行分析的事例具有典型性、代表性,"麻雀虽小,五脏俱全",事例虽少,规律相同,所以,典型事例分析法所得出的一般性结论同样是可靠的。

典型事例归纳法的前提甚至可以少到一个,只要根据一般和特殊的辩证统一原理进行推演并分析出因果联系的,其结论就是可靠的。如,根据一只蝙蝠能在黑暗中飞行,分析其原因,发现蝙蝠是用超声波定位的,蝙蝠在喉内发生超声波,通过口鼻发射出去,由耳接收,这样来测定距离和目标,于是做出结论:所有的蝙蝠都是能在黑暗中飞行而不碰壁的。

进行科学归纳推理是一个比较复杂的过程,因为分析因果联系是一个复杂的过程。如分析蝙蝠能够在黑暗中飞行,须经多次观察,采取各种方式实验,然后才能知道蝙蝠能够在黑暗中飞行是依靠它的声纳系统,接收它自己发出的超声波,以此探路、定位,而不是依靠它的眼睛。

科学归纳法和简单枚举法同属于不完全归纳推理,二者都是根据某类的一部分对象情况而做出关于该类的所有对象情况的一般性结论的推理。但科学归纳法和简单枚举法也有着很大的区别:(1)二者的根据不同。简单枚举法的根据是某种事例的不断重复出现,而没有遇到相矛盾的情况;科学归纳法则是根据事物与其属性之间的必然联系。简单枚举法只知其然,而不知其所以然;科学归纳法不但知其然,而且要知其所以然,这是二者的根本区别;(2)简单枚举法由于其推理根据不充分,所以其结论是或然的,而科学归纳法只要对因果联系的分析是正确的,则其结论就是可靠的。(3)提高简单枚举法结论的可靠程度的方法是多找事实根据,前提中考察的事例数量越多,则结论的可靠性越大。而科学归纳法结论的真实性不依靠前提的数量,前提数量的多少对其结论真实程度不起作用,科学归纳法要求的是对事实情况做出科学分析,找出因果联系,只要根据的事例具有典型性、代表性,哪怕只有一件事例也能推出真实的结论。

科学归纳推理的实践意义非常重大,我们要探求事物的本质,发现事物的规律,要把感性认识提高到理性认识,就必须运用这种科学归纳推理。

在运用科学归纳推理的过程中,要探寻事物的因果联系。下面将介绍探寻因果联系的几种逻辑方法。

四、探求因果联系的逻辑方法

探求现象间因果联系的方法,包括求同法(又称"契合法")、求异法(又称"差异法")、求同求异并用法(又称"契合差异并用法")、共变法和剩余法,是19世纪英国哲学家穆勒在他的《逻辑体系·归纳和演绎》一书中提出来的。求因果五法是归纳逻辑的重要组成部分,对于人们寻求新知识和发现真理有不可忽视的作用。

无论是自然界还是社会界,各种现象之间都是互相联系和互相制约的。任何现象都有它的原因,如果某个现象的存在会引起另一个现象的发生,那么这两种现象之间便具有因果联系。比如铁加热后体积会膨胀,那么,加热就是铁膨胀的原因,而膨胀则是加热的结果。

现象间的因果联系有几个特点,这些特点也正是求因果五法的客观依据。它们是:

①原因和结果在时间上是先后相继的,因先于果,果后于因。据此,我们在探求因果联系时,就必须在某种现象出现之前所存在的多种情况中去寻找它的原因,也必须在它出现之后的情况中去寻找它的结果。但要注意,时间上的先后相继并不是因果联系的惟一特征。许多现象都总是先于另一些现象出现,但它们并无因果联系,如闪电总在雷声之前看到,但闪电并不是响雷的原因,而响雷也不是闪电的结果。它们都是天空中同时发出的放电传声现象,只是由于光速比声速快得多,所以我们先见到光然后才听见雷声。如果把所有先后发生的现象都看做是因果联系,则要犯"以先后为因果"的逻辑错误。

②因果联系是相对的,在一定条件下,两者可以转化。以发烧对感冒而言,感冒是发烧的原因,而就感冒对病毒感染而言,感冒

又是病毒感染的结果;发烧对神志不清来说,发烧又成了原因。

　　③因果联系是复杂的。导致某个现象出现的原因有时是比较单一的,有时则相当复杂。因此,因果联系并不是简单的一对一的关系。这是客观事物或现象的复杂性和多样性所造成的。因果联系大致有以下几种情况:

　　a.一因一果,如当温度下降至摄氏零度时,水可出现结冰现象。

　　b.一因多果。如干部的以权谋私、不廉洁就可以导致国家利益受损害,群众利益受损失,群众产生不满情绪,影响工作积极性等后果。

　　c.多因一果。如一个学校之所以办不好,可能是由于班子不团结、领导不以身作则干工作、教学管理混乱、教学设备陈旧、教学方法不当、师资力量薄弱等各种原因造成的。

　　d.多因多果。如环境污染的原因可以是由于化工厂的净化设备不好,钢铁厂烟尘太大,屠宰厂脏水乱流,汽车、拖拉机、摩托车等噪声引起的,而其结果则可以使饮水变质,大气含毒元素增加,使人中毒等等。

　　寻求现象间的因果联系是一个复杂的过程。在不同的具体科学中,有各自不同的寻求因果联系的具体方法。求因果五法仅仅是传统逻辑里比较简单的逻辑方法,不过它们对于各个领域的科学研究来说,还是有其重要价值的。

　　(一)求同法(契合法)

　　求同法的特点是"异中求同",是根据现象间的共同点去寻找因果联系的逻辑方法。

　　求同法的内容是:如果在被研究现象出现的若干个场合中,只有一个情况是相同的,那么,这个惟一的共同情况就与被研究现象之间有因果联系,求同法可用下列图式表示:

观察的场合	出现的情况	被研究现象
①	ABC—————	a
②	ADE—————	a
③	AFG—————	a
……	A……	a

所以,A 与 a 之间的因果联系

应用求同法应注意以下两点:

1.看各场合有无其他比较隐蔽的共同情况,以便确定真正的原因。

2.至少得选择两个以上的场合进行比较,如果仅有一个事例,就无法运用求同法求原因,进行比较的场合愈多,结论的可靠性程度就愈高。

求同法的结论是或然的,它不能保证其结论必然正确,因为它不能保证先行情况中的共同现象不是不相干的现象。所以运用求同法要配合一些其他逻辑方法一起运用,才能求出真正的原因。

(二)求异法(差异法)

求异法的特点是"同中求异",即从现象间的差异点去寻求原因的方法。

求异法的内容是:如果某种被研究现象在这个场合中出现而在另一场合中不出现,而且在这两个场合中只有一个情况不同,那么这个惟一不同的情况就与被研究现象有因果联系,求异法可用下列图式表示:

观察的场合	出现的情况	被研究的现象
①	ABC —————————	a
②	-BC —————————	-

所以,A 与 a 之间有因果联系

应用求异法要注意两个问题:

1.要求只有一个情况不同,而其他情况必须完全相同;

2.两个场合惟一不同的这个情况必须是被研究现象的整个原因,而不只是部分原因。

(三)求同求异并用法(契合差异并用法)

求同求异并用法的内容是:如果在被研究现象出现的若干场合(正事例组)中,只有一个共同的情况,而在被研究现象不出现的若干场合(负事例组)中,都没有这个情况,那么,这个情况就与被研究现象之间有因果联系。

求同求异并用法可用下列图式表示:

观察的场合	出现的情况	被研究现象	
(1)	ABC —————— a		
(2)	ADE —————— a		正事例组
(3)	AFG —————— a		
(1′)	– BH —————— –		
(2′)	– DV —————— –		负事例组
(3′)	– FE —————— –		

所以,A 与 a 之间有因果联系

求同求异并用法的结论是通过两次求同、一次求异得出来的。即:第一步,运用求同法,把研究现象出现的那些场合加以比较,找出共同存在的那个条件;第二步,再应用求同法,把被研究现象不出现的场合加以比较,找出共同不存在的那个条件;第三步,应用求异法,把前两次比较所得的结果加以比较,从而做出结论。

求同求异并用法是至少有两个场合的正负事例组的对照,而不是两个场合的对照,在正事例组和负事例组之间,除了有 A 与无 A 的情况不同外,其他相关因素不完全相同。这一点同求同求异相继使用法不一样。后者要求除了有 A 与无 A 的情况不同外,其他相关因素必须是相同的。

运用求同求异法要注意两点:

1.正事例组与负事例组的组成场合越多,结论的可靠性越大。因此,在运用并用法时,最好多寻找可以比较的场合。

2.对于负事例组的各个场合,应选择与正事例组场合较为相近的来进行比较,这样才能提高结论的可靠程度。比如实验一种新药的疗效,用与人相近的高等动物做实验,要比用低等动物做实验可靠程度更高。

(四)共变法

共变法的含义是:如果在被研究现象发生变化的各个场合中,只有一个情况是变化着的,那么这个惟一变化着的情况就与被研究现象之间有因果联系。共变法可用下列图式表示:

观察的场合	出现的情况	被研究现象
①	A_1BC————————	a_1
②	A_2BC————————	a_2
③	A_3BC————————	a_3

所以,A 与 a 之间有因果关系

共变法是以因果联系的量的确定性作为客观依据的。正确运用共变法有助于人们揭示事物间量的变化规律,从而更深刻地认识事物。

应用共变法要注意两点:

1.与被研究现象发生共变的情况只能有一个,其他相关情况保持不变,否则,就可能出错。

2.共变法有一定的限度,要是超过了这个限度,其共变关系会消失。日常生活中我们常说:"多吃点儿就饱了。"说明吃得越多,与肚子越饱有共变关系,但是如果超过肠胃接受能力"吃撑了",就会弄出病来。

(五)剩余法

剩余法的含义是:如果已知某一复合现象是另一复合现象的

原因,同时又知前一复合现象的某一部分是后一复合现象中的某一部分的原因,那么,前一现象的其余部分就与后一现象的其余部分有因果联系。剩余法可用下列图式表示:

观察的场合	出现的情况	被研究现象
①	ABCD—————————	abcd
②	B—————————	b
③	C—————————	c
④	D—————————	d

所以,A 与 a 有因果联系

例如,太阳系里第 8 颗行星——海王星的发现与化学新元素镭的发现,就是运用剩余法的结果。

剩余法主要运用于研究比较复杂的事物现象之间的因果联系。

运用剩余法要注意两点:

1.必须确认复杂现象的一部分(b、c、d)是某些情况(B、C、D)引起的,而且剩余部分(a)不可能是这些情况(B、C、D)引起的。

2.复杂现象剩余部分的原因(A)不一定是单一情况,还可能是个复杂情况。就是说,剩余部分(a)可能是由复合原因引起的。

以上我们介绍了探求客观事物中因果联系的五种逻辑方法,这些方法在实际思维过程中常常是综合起来使用的,因为这样可以减少错误,提高结论的可靠性。例如当我们寻求某个城市地面下沉的原因时,我们可以先观察它的各区抽取地下水的现象,这是求同法的运用;再看看不抽取地下水的区,地面是否下沉,这是运用求异法,再研究抽取地下水的多少和地面下沉多少的联系,这运用的是共变法;再把能使地面下沉的其他各种可能原因找到,然后一一排除,最后只剩下抽取地下水这个原因,这又是剩余法的运用。可见,如果我们能够根据实际情况综合运用各种方法,就能更可靠地确定事物间的因果联系。

第二节　类比推理

一、什么是类比推理

类比推理是根据两个(或两类)对象在某些属性上相同或相似而推出它们在另一个属性上也相同或相似的一种推理形式。

例如荷兰物理学家赫尔斯坦·惠更斯曾对光和声这两类现象进行比较,发现它们具有一系列相同的属性,如直线传播,有反射和干扰等。而声是由一种周期运动所引起的,呈波动的状态,由此,惠更斯进一步推论,光也可能有呈波动状态的属性,从而提出了"光波"这一新的科学概念。惠更斯在这里所运用的推理就是类比推理。

类比推理可用下列公式表示:

A 对象具有属性 a、b、c、d;

B 对象具有属性 a、b、c;

所以,B 对象也具有属性 d。

类比推理所得的结论是或然性的,就是说,它可能为真,也可能为假。说它可能为真,是因为客观事物的属性之间是互相联系的,既然 A 对象与 B 对象都有相同或相似的属性 a、b、c,而 A 对象的 a、b、c 能与 d 联系,那么 B 对象的 a、b、c 也可能与 d 有联系,这是事物同一性的反映;说它可能为假,是因为客观事物的属性之间的联系是极其复杂的,在 A 对象里,属性 a、b、c 能同属性 d 联系,而在 B 对象里,属性 a、b、c 却表现为不与 d 联系,这是事物间差异性的反映,正因为事物的属性间有这种复杂关系,所以通过类推所得的结论就不必然是真和完全可靠的。例如,关于"地球上有氦元素"和"火星上可能有生物"这两个结论,都是通过类比推理得出来的,前者是根据地球和太阳有一系列元素相同,而太阳上有氦,从而推出地球上也可能有氦。这个结论经实践证明是真的,现在人类已能制造氦气。而后者是根据火星同地球有一系列属性相同,而地球上有生物,从而推出火星上可能也有生物。然而,这个结论现在已被降落在火星上的宇宙探测器证明是假的。这就说明,由类比推理推出来的结论是或然的,它必须通过实践去检验。

二、类比推理的种类和特点

(一)类比推理的种类

类比推理有两种主要的形式,一是同类类比推理,二是异类类比推理。

所谓同类类比推理,是指对同一类的两个个别对象或同一大类的两个小类进行类推。

所谓异类类比推理,是指对两个不同类的对象或对两类不同的对象进行类推。例如,人们受到风筝和飞鸟的启示,而试制和改进了飞机;受到鱼类的启示,而试制了船只。这就是异类类比推理。

同类类比推理是根据两个或两类对象在性质上有许多共同点或相似点所做出的类推,所以它比较简单,结论可靠性大,但是对人们认识事物的作用却比较小;异类类比推理是对两个或两类不同对象的思考,它不仅要求有一系列属性相同或相似,而且要分析出属性间的必然联系,因此异类类比推理比较复杂,结论的可靠性低,但对人们的认识作用却比较大。

(二)类比推理的特点

类比推理同演绎推理、归纳推理一样,都是从已知推出未知的推理方法。但是,如果从思维进程的方向性和前提与结论的关系看,则是有很大区别的。演绎推理是从一般性、普遍性的知识,推出个别性、特殊性的知识,因为在演绎推理中,前提蕴涵了结论,即结论没有超出前提的范围,所以演绎推理的结论是必然性的;归纳推理是从个别性、特殊性的知识推出一般性、普遍性的知识,其中除完全归纳法属于必然性推理外,不完全归纳法属于或然性推理。演绎法和归纳法一般都是在同一类事物中进行的,而类比推理的思维进程却是多维的,它综合运用了演绎和归纳两种推理形式,既有一般到特殊,又有特殊到一般,还有从一般过渡到一般,个别过渡到个别。因此,类比推理既可以在两类事物中进行,也可以在两个事物中进行,还可以在一个事物和一类事物中进行。如在医学科学中,人们经常以对白鼠的试验来同人类进行类比(这种类比,也可以视为不同类的比较),可见,类比推理的思维进程是灵活多样的,它对拓宽人类的思路,启迪人们的创造性起着不可忽视的作用。

三、怎样提高类比推理的可靠性

类比推理是或然性的推理,就是说,通过类比推理所得出来的结论不是必然的。为了提高类比推理结论的可靠程度,在运用类比推理时,一定要注意以下几点:

1.前提中所提供的类比对象间共有的属性愈多,结论的可靠程度就愈高。因为类比对象之间的共同属性愈多,就愈能表明它们在客观世界中的地位和关系愈接近,这样,它所推出的属性就有可能是两个对象所共有的。比如在调整某县领导班子时,有位领导这样说:"你们县同 S 县都是我们地区的两个老革命根据地,从自然环境、地理条件看,都是黄土高原上土地贫瘠、山多石多的县份,人口素质和农牧业生产情况过去也是不相上下的,为什么 S 县这些年工农业生产总值逐年上升,而你们却还停在原地不动呢?关键还是领导班子思想保守,改革开放步子迈得不快,如果你们能调整出一个好的县委班子,你们照样可以迎头赶上,甚至超过人家。"这段话就是一个类比推理，从甲县的历史情况、自然环境、人文地理和人口素质等一系列属性与乙县都相同相似，推出工农业生产总值也应该相似，这是令人信服的，具有较高的可靠性。

2.前提中所提供的类比对象的共有属性愈是本质的，类比对象的共有属性与推出属性之间的关系就愈密切，结论的可靠性就愈高。比如，为了确定毒物对人的致死量，常以高等动物做实验，这是因为高等动物比起其他动物在生理机能等本质属性上同人更为相似。

3.注意观察在类比对象中，是否存在着与推出属性不相容的属性。

4.防止"机械类比"。所谓"机械类比"，又称"类比不伦"，是指仅仅根据两个或两类事物之间表面的、非本质的某些相同的情况而推出另外一个情况也相同的逻辑错误。它是在进行类比推理时最常见的一种逻辑错误。"机械类比"是一种诡辩术，在论证中是应该避免的。但是，在特定的环境中，有人故意制造这种逻辑错误，却能给人一种幽默的享受。这时，诡辩就成了"巧辩"了。例如：

1945年，漫画家廖冰兄在重庆展出漫画《猫国春秋》，《人物杂志》的田海燕请郭沫若、宋云彬、王琦、廖冰兄吃饭。席间，郭老问廖冰兄："你的名字为什么这么古怪，自称为兄？"版画家王琦代为解释说："他妹名冰，故用此名。"郭老听后，笑着说："啊！这样我明白了，郁达夫的妻子一定名郁达，邵力子的父亲一定叫邵力。"说得大家都笑起来。

郁达夫、邵力子的名字跟廖冰兄的名字本来没有什么联系，只是表面上有相似之处而已，郭老抓住这一点，将三个人的名字作"机械类比"，虽然是有悖"类比推理"的规律的，但此时此地，却构成了一个十分风趣的玩笑，融洽了彼此间的关系，使气氛显得轻松、活泼。

第三节　归纳推理和类比推理的作用

在本章一、二节中,我们已经介绍了归纳推理和类比推理的逻辑特性、分类和推理方法。本节着重谈谈这两种推理的作用。

归纳推理和类比推理虽然思维进程的方向不同,但有两点是共同的。第一,这两种推理都是建立在经验材料基础上的推理,也就是说它们离不开对客观事物及其属性的关系的观察、调查、比较和综合。第二,这两种推理所得出的结论都是或然性的。就是说,主观的认识同客观的实际可能一致也可能不一致,然而也正因为它们的结论具有或然性,它们才不是空空无物的。归纳推理依据个别推出一般,依据过去推出未来,这反映了人类思维的概括功能,即由微观到宏观的演化。类比推理由个别推出个别,由一般推出一般,则反映了两个或两类客观事物的属性之间存在着同一性和差异性。由于归纳法和类比法有这样一些特点,所以,它们成了人类创造性思维的重要方法——一种反映预言性知识内容的重要逻辑方法。这两种推理在生产实践和科学研究中,在日常思维的表达和工作的预测、决策中都得到了广泛的运用。

一、归纳推理和类比推理是说明问题、论证思想和获取新知识的逻辑方法

二、归纳推理和类比推理是科学假说的重要手段

在假说的提出阶段里,归纳推理和类比推理起着十分重要的作用。建立一个假说,要通过对大量的事实材料的研究去寻找一般性的规律,这就需要用归纳推理。如著名的"哥德巴赫猜想"的提出,就运用了归纳推理。哥德巴赫在研究偶数时,提出这样的假说:"每个不小于 6 的偶数(不包括本身为质数的),都是两个素数之和。"这个假说就是以许许多多的个别事实为依据概括出来的。如 $6 = 3 + 3, 10 = 5 + 5, 48 = 17 + 31, 102 = 31 + 71……$ 在科学发展史上,运用归纳推理提出假说的例子很多很多,如达尔文关于"物种是由选择而进化"的假说,居里夫人关于"新放射性元素镭"的假说以及 19 世纪后期"关于天王星附近还有一颗新行星"的假说都运用了归纳法。

类比推理在假说的形成阶段所起的作用更为突出。例如我们在前面讲过的关于地球上有氦元素的假说,就是通过类比推理得出来的。又如魏格涅尔受到冰山从北极向南极漂动的启发而提出了著名的"大陆漂移说";牛顿受到树上苹果掉落到地上的启发而提出了万有引力的定律等等,都应归功于类比推理的运用。

类比推理是一种创造性的思维,在人类科学史上,许多重要的发明创造都是运用类比推理的结果。例如,船的发明是受到了游鱼的启示,房子的建筑是受到了鸟巢的启示,飞机的制造是受到了风筝的启示,鲁班发明锯子是受到一种带有齿形小刺的丝芽草的启示,美国摩天大楼的建筑也是模仿了桥梁的建筑——先在平地上搭好构架,然后再竖立起来。

类比推理在现代科学技术的发展中也发挥了重要的作用。仿生学、模型实验法、实验模拟方法等,其基本的思维方式就是类比推理。如无轮机车"跳跃机"是仿照沙漠地区袋鼠跳跃前进的运动方式研制出来的,而电子眼跟踪飞机则是仿照能跟踪蚊蝇的蛙眼制造出来的。由上述种种可以看出,归纳推理和类比推理无论在科学假说,还是在发明创造中,均有着十分重要的意义。

三、归纳推理和类比推理在调查研究和预测决策中的作用

调查研究是做好任何工作的必不可少的手段,毛泽东同志说:

"没有调查就没有发言权。"调查研究是根据一定的目的,有计划地搜集材料,并用科学的方法对材料加以整理分析以求出结论的思维过程。调查研究有多种多样的方式,如全面调查、抽样调查、典型调查等,但无论哪一种调查研究方式都离不开归纳推理的运用。比如生产企业用抽样调查法来检查产品的合格率,就是简单枚举归纳法的运用;又如对先进人物先进单位进行典型调查,则需要运用科学归纳法。通过深入的综合分析,找出有必然因果联系的结论来。

在调查研究中,除了运用归纳推理外,还常常用到类比推理。如调查中经常要对两个单位或两类事物的情况进行比较,如果在对先进单位的调查中发现有 abcd 属性,而与之比较的单位有 abc 属性,那就可以推出后者可能也有 d 属性。

归纳法和类比法在领导工作的预测和决策中,也有极其重要的意义。

所谓预测,是对事物的未来发展变化趋势的推测与判断。它是根据已了解和掌握的客观事实、实践经验、主观认识程度、历史与现状的演变逻辑等等,来探求事物未来发展变化的规律性的一种思维过程。

决策是在预测的基础上形成的。所谓决策就是针对某一特定问题,从可供选择的一些未来事件的解决方案中所做出的抉择,它是各级各部门领导确定方针、策略的大计活动。从军事指挥、经济计划到政治斗争、外交谈判,从工程设计、技术改造到企业管理、物资调度、城市的布局、人力资源的利用、教学和科研的宏观计划等等,都离不开决策。

预测和决策活动,从形成到终结都要经过一系列环节,发现问题、搜集材料、研究和分析材料、提出估计和设想、验证设想,一直到最后形成决策,每一步都离不开思维活动。而从思维的主要特征来说,就是归纳法和类比法的运用。

　　归纳法是由个别性前提推出一般性结论的推理方法,类比法是由个别性(或一般性)前提推出个别性(或一般性)结论的推理方法,虽然这两种思维方法所推出的结论均有或然性,但是,它们能够开拓思维,提供科学的假设。因此,在预测和决策过程中,尤其是预测和决策的初始阶段,起着很大的作用。

　　预测和决策的作用是很明显的,从历史经验看,无论是一个国家,还是一个企业,其重大的失误或重大的成功,总是同能否做出正确的预测和决策紧密相关的。

本章小结

　　归纳推理是从个别推出一般的推理。归纳推理与演绎推理既有密切的关系,又有本质的区别。在传统逻辑中,把归纳推理分为完全归纳推理和不完全归纳推理两类。

　　完全归纳推理是根据某类事物中的每一个对象都具有(或不具有)某种属性,从而推出该类事物的全部对象都具有(或不具有)某种属性的一种归纳推理。完全归纳推理的前提与结论之间具有必然性的关系,只要考察了某类事物的每一个对象,就能推出确实可靠的结论。

　　不完全归纳推理是根据一类事物中的部分对象具有(或不具有)某种属性,从而得出该类对象的全部都具有(或不具有)某种属性的一种归纳推理。不完全归纳推理结论的知识超出了前提所断定的范围,因而是或然性的。不完全归纳推理有两种:简单枚举法和科学归纳法。

　　简单枚举法是以经验的认识作为主要依据,根据某类事物的部分对象具有(或不具有)某种属性,并且没有遇到反例,从而推出该类的全部都具有(或不具有)某种属性的一般性结论的推理。运用简单枚举法要尽量扩大所考察的某类对象的数量范围,要尽量注意搜集反面事例,避免出现"轻率概括"或"以偏概全"的错误。

科学归纳法是以科学的理论分析作为指导,对某类事物的部分对象与某种属性之间的内在联系进行本质的分析,探索出事物与属性之间的因果必然性,从而推出一般性结论的推理。科学归纳法的结论比简单枚举法的结论要可靠。运用科学归纳法探求事物因果联系的逻辑方法有求同法、求异法、求同求异并用法、共变法和剩余法五种。

求同法是异中求同,求异法是同中求异;并用法是通过两次求同、一次求异而得出结论的,共变法是通过由一个现象量的变化而引起结果的量的变化来寻求因果联系的,剩余法是由剩余的一个现象来推断剩余结果的原因的。求因果五法在实际思维过程中常常是综合起来使用的。这一部分是本章学习的重点。

类比推理是根据两个或两类对象在某些属性上相同而推出它们在另一个属性上也相同的一种推理形式。

类比推理有同类类比和异类类比两种。

类比推理思维进程的方向是多维的,它综合运用了演绎法和归纳法两种形式。

类比推理的结论是或然的,要提高其结论的可靠程度,必须增多类比对象的共有属性,必须根据类比对象间的本质属性去类推,防止出现"机械类比"或"类比不伦"的错误。

归纳推理和类比推理都是建立在经验材料基础上的推理,结论都是或然性的。因此,它们都是人类创造性思维的重要方法。二者都是说明问题、论证思想和获得新知识的逻辑方法,二者都是科学假说的逻辑基础(假说是以已有的事实材料和科学原理为依据,对未知的事物或规律性所作的假定解释),二者在预测和决策中都有很重要的作用。

思考题

1. 什么是归纳推理？归纳推理与演绎推理有何联系与区别？

2. 什么是完全归纳推理？什么是不完全归纳推理？二者有何区别？

3. 什么是简单枚举法？什么是科学归纳法？二者有何区别？

4. 什么是求同法？运用求同法应注意什么？

5. 什么是求异法？运用求异法应注意什么？

6. 什么是求同求异并用法？运用并用法应注意什么？

7. 什么是共变法？运用共变法应注意什么？

8. 什么是剩余法？运用剩余应法注意什么？

9. 什么是类比推理？它与演绎法、归纳法有何区别？

10. 归纳法和类比法有哪些主要作用？

第六章 逻辑思维的基本规律

第一节 逻辑思维的基本规律概述

普通逻辑是研究思维的逻辑形式及其基本规律的一门科学。在人类进行正确的思维和论证的过程中,都要运用概念、判断和推理等逻辑形式,而思维的逻辑形式是要受规律制约的。普通逻辑最基本和最一般的规律有四条,即同一律、矛盾律、排中律和充足理由律。遵守这四条规律,是使人们的思维具有确定性、一贯性、明确性和论证性的必要条件。也就是说,如果在人们进行思维和论证过程中违反这几条规律,思维就会混乱,自相矛盾,模棱两可;论证就没有说服力,从而也就不可能达到思维的正确表达。

因为这些规律概括了思维的特征,反映了思维的内在和本质的联系,是人类正确思维的基本要求,是有效交流思想的前提。如果违反了这些要求和前提,就不能保证思维活动的正确进行。其次,这几条规律也是运用各种逻辑形式的总原则。每一种具体的逻辑规则都是基本规律在各种逻辑形式中的具体表现,它只在特定的思维形式中起作用,一旦超出特定的范围,它们就无能为力了。但逻辑基本规律则是对所有思维形式都产生影响的。有关概念、判断和推理的具体规律都要接受逻辑基本规律的指导和规范,因此,逻辑基本规律对一切思维形式都具有普遍的有效性。从这个意义上看,普通逻辑的基本规律可以说是整个普通逻辑内容的纲,是理解各种逻辑问题的钥匙。

逻辑思维的规律不是人们的意识里固有的、先验的、先天的原则,它同自然规律、社会规律一样,都是客观事物规律性的反映,是人类在长期的思维实践中对思维规律性的概括和总结。诚如列宁所说:"逻辑规律就是客观事物在人的主观意识中的反映。"

掌握逻辑规律的客观性,有助于我们更有效地运用各种逻辑规律以提高我们的思维表达能力。

第二节　同一律

一、同一律的基本内容和逻辑要求

同一律是关于思维确定性的规律。其内容是在同一思维过程中,每一个思想与其自身具有同一性。

同一律的公式是:A 是 A

若用符号表示则是:A→A

公式中的"A"表示任何一个思想(概念或判断)。"A 是 A"是指在同一思维过程中,任何一个概念或判断,其含义应始终如一。一个概念反映哪类或哪个对象,就反映哪类或哪个对象,一个判断断定对象是什么或怎么样,就断定是什么或怎么样。

同一律的逻辑要求是：

第一，就概念而言，在同一思维过程中，我们所使用的每一个概念，都必须保持其内涵和外延的自身确定性，也就是说，不能一会儿反映这个对象，一会儿又反映另一个对象。

第二，就判断而言，在同一思维过程中，对每一个判断必须保持前后一致，而不允许在中途用别的判断去替代。

根据这个要求，我们在做出判断时，就要使判断的质和量保持确定，判断的真和假也要保持确定，是什么判断就是什么判断，是真的就是真的，是假的就是假的，不能中途变来变去。

二、违反同一律要求所犯的逻辑错误

在思维和论辩过程中，违反同一律是常见的，其逻辑错误的主要表现形式有二：

1.有意无意地赋予一个概念以不同的含义或把两个不同含义的概念混为一谈。这种错误逻辑上称为混淆概念和偷换概念。

混淆概念是"合二为一"的错误，即把两个不同的概念混为一谈，如把本本和本本主义混为一谈，把经验和经验主义混为一谈，导致思想不确定。

偷换概念是"分一为二"的错误，即一个概念在使用的过程中改变了含义，变为另一个概念。比如在"他是个老运动员了，每次运动都离不开他"这句话里，前后两个"运动"含义是完全不同的，前者指体育运动，后者指政治运动。

2.有意无意地用同一个论题(判断)来替换另一个论题。这种错误在逻辑上叫做转移论题或偷换论题。

转换论题指跑题，多数是无意的，而偷换论题则是有意的，它是一切别有用心的人和诡辩家惯用的手法。

同一律是人们在思维过程中使概念和判断保持确定性的规律，但它并不是世界观和方法论，因此，不能根据同一律来要求客

观事物永远不变。同一律仅仅是要求人们在思维过程中不能随意更换概念和判断而已,如果不这样看,就会陷入否定事物是运动发展变化的形而上学的泥坑。

同一律作为思维规律,要求思想的确定性,但是,在文学作品中,我们也常常看到一些用"看似离题却不离题"的手段来达到某种修辞效果的做法。

第三节　矛盾律

一、矛盾律的基本内容和逻辑要求

矛盾律是关于思维一贯性的规律。其内容是在同一思维过程中,两个互相矛盾或互相反对的思想不能同真,必有一假。

矛盾律的公式是:A 不是非 A

用符号表示则是:$A \wedge \overline{A}$

公式中的"A"表示任何一个思想,"非 A"表示与 A 相矛盾或相反对的思想。A 不是非 A 是指,在同一思维过程中——即在同一对象、同一时间、同一关系下,不能既肯定 A 真,又肯定非 A 真,二者至少有一个是假的。如在"鲸是鱼"、"鲸非鱼"中,不能同时为真,必有一个是假的。

矛盾律实际上是"不矛盾律",因为它的真正含义是使思维不产生矛盾。称"矛盾律"是根据传统的叫法。

矛盾律的逻辑要求是:

第一,就概念而言,在同一思维过程中,不能用两个互相矛盾或互相反对的概念去指称同一个对象。

第二,就判断而言,在同一思维过程中,不能同时肯定两个相互矛盾或相互反对的判断都是真的,必须指出其中必有一个是假的。

矛盾律的适用范围反映在下面两种情况中。

1.在对当关系中,具有矛盾关系和反对关系的判断不能同真:

①SAP 与 SOP 不能同真。

②SEP 与 SIP 不能同真。

③单称肯定判断(S_1AP)与单称否定判断(S_1EP)不能同真。

④SAP 与 SEP 不能同真。

2.具有矛盾关系和反对关系的复合判断不能同真:

①$p{\rightarrow}q$ 与 $p \wedge \bar{q}$ 不能同真。

②$p{\leftarrow}q$ 与 $\bar{p} \wedge q$ 不能同真。

③$p \vee q$ 与 $\bar{p} \wedge \bar{q}$ 不能同真。

二、违反矛盾律要求所犯的逻辑错误

在人们日常思维和表达中,如果有意无意违反矛盾律,就要犯"自相矛盾"或"模棱两可"的逻辑错误,这两种错误都是由于对一组互相矛盾或互相反对的概念或判断都加以肯定所造成的。

三、正确理解矛盾律

矛盾律的主要作用是排除思维中的逻辑矛盾,以保证思维的前后一致性。所以一个思想如果违反了矛盾律的要求,便不可能正确认识客观事物。而从另一方面看,我们又可以利用矛盾律的法则来驳斥论敌的谬误,揭露论敌自相矛盾的诡辩手法。

在使用矛盾律时,要注意两个问题:

第一,要把逻辑矛盾和客观事物的矛盾区别开来。矛盾律是一种思维规律,它仅仅是排除思维中的逻辑矛盾,这同客观世界万事万物都普遍存在的辩证矛盾不是一回事。事物的矛盾是事物发展的动力和源泉,它是客观存在的,人们只能去认识它,利用它,却

不能排除它;而逻辑矛盾则是人的思维对客观世界歪曲的反映,它妨碍人们正确的思维,所以要加以排除。

第二,矛盾律是在三同一(同一时间、同一对象、同一关系)的条件下,不能做出互相矛盾或反对的思想,而如果在不同时间、不同关系下同时肯定两个相互矛盾或反对的思想则不能认为是违反矛盾律,如"虽死犹生"。

第四节　排中律

一、排中律的基本内容和逻辑要求

排中律是关于思维明确性的规律。排中律的内容是在同一思维过程中,两个相互矛盾的思想不能同假,必有一真。

排中律的公式是:A 或者非 A

用符号表示是:$A \vee \overline{A}$

公式中的"A"表示任何一个思想,"非 A"表示与"A"相矛盾的思想。A 或者非 A 是指:在同一思维过程中,对 A 和非 A 不能同时都加以否定,而必须肯定其中的一个,即指出 A 与非 A 不能同假,必有一真。如或者"科学技术是生产力"(A),或者"科学技术不是生产力"($\overline{A}$),二者不可能都是假的,其中必有一真。

排中律的逻辑要求是:

第一,就概念而言,在同一思维过程中,即在同一时间、同一关系下对同一对象而言,它或者是 A,或者是非 A,二者必居其一,而不能同时都加以否定。

排中律只适用于矛盾关系的概念。对于两个互相反对的概念,同时判定为假,并不违反排中律,因为它还有中间的可能性。

第二,就判断而言,在同一思维过程中,对于同一对象所作的一组相互矛盾的判断,不能同时都加以否定,而必须肯定其中必有一个是真的。

SAP 与 SOP 不能同假。

$p \rightarrow q$ 与 $p \wedge \bar{q}$ 不能同假。

$p \leftarrow q$ 与 $\bar{p} \wedge q$ 不能同假。

以上各例反映了排中律的特点就是要在或者 A 或者非 A 的两个矛盾思想中排除中间的可能性,使思维具有明确性。

二、违反排中律所犯的逻辑错误

一个思想,要正确反映客观世界,不仅要具有确定性、一贯性,而且要求具有明确性,要在同一思维过程中,对相互矛盾的两个概念或论断做出明确的选择,明确肯定其中的一个为真,否则,就要犯"模棱两不可"、"含糊其辞"的逻辑错误。

三、正确理解排中律

遵守排中律是使思维具有明确性的必要条件,根据排中律的要求,人们在思维和论证时,对两个主谓项相同的矛盾判断不能采取既不承认 A,又不承认非 A 的骑墙居中的态度,而必须在 A 或非 A 中做出选择,即明确表示自己的态度,以防止思想的混乱。在日常生活中,我们常常看到有的人喜欢玩弄含糊其辞的手段,在需要明确表态的场合,总是用"考虑考虑"、"研究研究"、"酌情处理'、"还有商量余地"、"基本上(大概、也许)可以说……"等模糊概念把问题搪塞过去,对这种不负责任的做法,我们可以利用排中律进行揭露和反驳。

在运用排中律时要注意以下几点:

第一,排中律是思维规律,它只是要求对具有矛盾关系的思想做出非此即彼的断定,以保证思维的明确性,而并不否认客观事物本身有可能存在的两种以上的情况或中间形态,因此,我们不能把客观上实际存在的中间过渡形态也看成是违反排中律。

第二,在不同时间、不同关系中,对两个互相矛盾的思想都加以否定,不违反排中律。

第三,在人们的认识过程中,由于对事物情况不了解或尚未能做出明确的断定,也不违反排中律。

第四,不能把"复杂问语"看成是相互矛盾的判断。复杂问语是一种隐含着错误假定的问语,这种假定是对方根本没有承认或根本不接受的。因此对复杂问语不能简单地加以肯定或否定的回答,否则便要上当。

四、排中律和矛盾律的区别

第一,适用范围不同

矛盾律既适用于矛盾关系的思想,也适用于具有反对关系的思想,而排中律则适用于矛盾关系的思想或下反对关系的思想。比如判断 SAP 与 SEP,不能同真,但却可以同假,因此不能从 A 假推出 E 必真,也不能从 E 假推出 A 必真。但却可以由 A 真推出 E 必假,E 真推出 A 必假,如果二者同真,违反矛盾律,但二者同假却不违反排中律。而判断 SIP 与 SOP,不能同假,可以同真,因此可以由 I 假推出 O 真,也可以由 O 假推出 I 真,但却不能由 I 真推出 O 假,也不能由 O 真推出 I 假,如果二者同假,违反排中律,但二者同真并不违反矛盾律。

第二,逻辑要求不同

矛盾律要求在同一思维过程中,对两个互相矛盾或反对的思想不能同时加以肯定(不能同真),至少要否定一个(必有一假),而排中律则要求在同一思维过程中对两个互相矛盾的思想不能同时加以否定(不能同假),必须肯定其中的一个(必有一真)。

第三,逻辑错误不同

违反矛盾律的逻辑错误是"自相矛盾"或"模棱两可",而违反排中律的逻辑错误是"含糊其辞"或"模棱两不可"。

第四,作用不同

矛盾律排除思维的逻辑矛盾,可以由真推假,因此,它是间接反驳的逻辑基础;而排中律排除思想的含糊不清,可以由假推真,因此它是间接论证的逻辑基础。

第五节　充足理由律

一、充足理由律的内容和逻辑要求

充足理由律是关于思维论证性的规律。其基本内容是在同一思维过程中,一个思想被确定为真,总是有充足理由的。

充足理由律的公式是:A 真,因为 B 真且 B 能推出 A。

用符号表示是:$[B \wedge (B \rightarrow A)] \rightarrow A$

公式中的 A 表示其真实性需要加以确定的论断,即判断,B 表示用来确定 A 真的理由或根据。$[B \wedge (B \rightarrow A)] \rightarrow A$ 的意思是:如果 B 真(理由真实)而且 B 与 A 有必然的逻辑联系,那么就可以推出 A(论断)必然为真。

充足理由律是保证思维具有论证性的必要条件。任何一个真实的判断或令人信服的思想,都必须有充足的理由。因此,充足理由律的逻辑要求是:

第一,理由必须是真实的;

第二,理由与推断之间必须有逻辑联系。

理由要真实,这是逻辑学对理由最起码的要求,只有提出的理由是真实的,才有可能为论证提供必要的根据。

　　理由与推断之间有必然的逻辑联系,是指一个论证不仅要有真实的理由,而且这些理由要与论断有必然的逻辑联系,这样的论断才是有说服力的。

　　有人认为,充足理由律不是普通逻辑的基本规律,理由是充足理由律涉及思维内容,而思维内容是有阶级性的,这样就会导致把普通逻辑看做是一门有阶级性的科学,这种认识是片面的。因为作为一种论证规则,充足理由律仅仅要求"理由真实",而理由真实与否却不能由充足理由律本身来确定,而只能靠客观实践和各门具体科学去解决,所以充足理由要求有真实的理由并不会导致普通逻辑成为有阶级性的科学。

二、违反充足理由律的逻辑错误

　　充足理由律与同一律、矛盾律和排中律一样,都具有必然性和客观性,它是客观事物的必然联系,尤其是事物间因果关系的反映。某一事物的存在必然有其存在的条件和原因,这种因果联系的必然性,正是充足理由律的客观基础,因此,如果在论证中违反充足理由律,就表现为理由的虚假和推不出来的错误。

三、正确理解充足理由律

　　充足理由律的主要作用是保证思维的论证性。我们在说话、写文章时,总要阐述自己的某些观点和主张,这些观点和主张如果有真实的理由,而且从这些理由中能必然推出所论断的思想,才能具有说服力,也才能被人们所接受。这样,也就可以达到思维具有论证性的目的了。由于充足理由律主要是论证的规则,而论证是对概念、判断和推理综合运用的一种思维过程,因此,充足理由律对任何一种思维形式都是起作用的。

第六节　四条规律的联系及其
在修辞中的特殊作用

一、四条规律的联系

同一律、矛盾律、排中律和充足理由律是保证思维具有确定性、一贯性、明确性和论证性的必要条件。前三条规律是充足理由律的基础和条件，而充足理由律则是前三条规律的必要补充。

同一律、矛盾律和排中律是对客观事物固有的质的规定性的反映，三者基本内容一致，作用都是为了保证思维的确定性，而思维的确定性正是充足理由律的必要条件，如果思想不确定，自相矛盾，模棱两不可，那就根本谈不上有说服力和论证性了。但是前三条规律仅仅解决了概念和判断要同一、不能自相矛盾的问题，至于为什么"A 是 A"、"A 不是非 A"、"或者 A 或者非 A"，却有待于充足理由去解释，所以充足理由律在以前三条规律为基础的同时，又进一步指出判断间联系的必然性，这样就使一个思想既是确实的，又富有论证的力量。

二、四条规律在修辞上的特殊的作用（略）

逻辑基本规律是人们正确思维的必要条件，就是说，人们为达到思维的准确性、论证性，必须严格遵守逻辑规律，但是，在文艺性作品中，尤其是杂文、讽刺小品中，我们却常常发现作者通过故意违反逻辑规律的手段去创造一种特殊的修辞效果，使人读后哑然失笑，并从中得到某种启迪。这种对逻辑规律的活用可以使我们从另一个角度进一步理解逻辑规律的强大力量。

本章小结

　　本章所讲的四条规律是在运用概念、做出判断、进行推理和论证时都必须遵守的基本思维规律，它普遍适用于各种思维形式。严格遵守这些逻辑规律的要求，是保证思维具有确定性、一贯性、明确性和论证性的必要条件，善于运用这些逻辑规律，就可以揭露各种逻辑谬误和诡辩。

　　逻辑规律是思维的规律，不是客观事物本身的规律，但它是客观事物规律性的反映：同一律的客观基础是事物的质的规定性，矛盾律的客观基础是事物的差异性，排中律的客观基础是事物的质的规定性和差异性的互不相容性，充足理由律的客观基础是事物的因果必然性。可见它不是纯思维的东西，也不是人为的规律。

　　要准确把握这四条规律，就要理解各规律的逻辑内容（表达公式）和具体要求，并且弄清楚违反这些规律要求所出现的各种逻辑错误。

　　同一律是保证思维确定性的规律，其公式是 A 是 A。它是形成肯定判断的逻辑基础。它要求在同一思维过程中所用的概念、判断都必须保持自身的同一。否则就会犯"偷换概念"、"混淆概念"或"偷换论题"、"转移论题"的逻辑错误。

　　矛盾律是保证思维一贯性的规律，其公式是 A 不是非 A。它是形成否定判断的逻辑基础，它从反面补充说明了同一律的内容。它要求在同一思维过程中对两个互相矛盾或反对的思想不能判定同时为真，其中必有一假，否定就会犯"自相矛盾"或"模棱两可"的逻辑错误。

　　排中律是保证思维明确性的规律，其公式是或者 A 或者非 A。

它是形成选言判断的逻辑基础。它要求在同一思维过程中对两个具有矛盾或下反对关系的思想不能断定同时为假,其中必有一真,否则就会犯"含混不清"或"模棱两可"的逻辑错误。

矛盾律和排中律有联系也有区别,二者都从不同侧面排除逻辑矛盾,以保证思维的确定性,但要注意其适用范围、逻辑要求、逻辑错误及作用等方面的不同。

充足理由律是关于思维论证性的规律,其公式是:A 真,因为 B 真且 B 能推出 A。它要求在同一思维过程中,一个思想被确定为真,必须有真实的理由,并且其理由与推断之间必须有逻辑联系。否则就会犯"理由虚假"或"推不出来"的逻辑错误。

这几条规律是密切联系着的,我们在实际思维活动中,必须同时遵守这几条规律的要求,任何一条都不能违反,否则思维就会不正确。再则,有些逻辑错误常常同时违反几条规律的要求,因此必须用几条规律同时分析。

在文艺作品中,巧妙地违反逻辑规律,还可以收到有效的修辞效果。

思考题

1. 什么是普通逻辑的基本规律? 其客观基础是什么?
2. 同一律的内容和要求是什么? 违反同一律的要求会出现哪些逻辑错误? 试举例说明。
3. 矛盾律的内容和要求是什么? 违反矛盾律的要求会出现哪些逻辑错误? 试举例说明。
4. 排中律的内容和要求是什么? 违反排中律的要求会出现什么样的逻辑错误? 试举例说明。

5. 矛盾律和排中律有何联系和区别？

6. 什么是充足理由律？违反充足理由律会出现哪些逻辑错误？

7. 普通逻辑基本规律有何作用？如何在实际思维活动中正确运用逻辑规律？

第七章 假 说

第一节 假说的概述

一、什么是假说

假说是人们根据已有的事实材料和科学原理,对未知的事物或现象及其规律性做出假定性解释的一种思维方法。它是自然科学、社会科学研究乃至人们日常生活工作中广泛应用的一种逻辑方法,是通向真理的先导和桥梁。

人们认识客观世界的真正任务是了解客观事物的规律性并形成科学理论,以便为改造客观世界、进行科学研究提供一定的依据。但是,对客观事物的规律性的认识不是立刻就能实现的,而是一个由不知到知,由知之甚少到知之较多、较深、较细的过程,假说正是这个认识过程中的一个重要环节。

人类在实践中总会遇到自己还不能解释的现象。如地球上的生命究竟是怎样起源的？地震波是如何传播的？正常细胞如何转化为癌细胞？恐龙为什么会从地球上突然消失？"空中飞碟"是什么东西？宇宙是如何运动变化的？……人类面对形形色色的"自然之谜"，不是消极观望，而是积极探索。在探索中，人们提出了一些假定性的解释。例如，哥白尼提出的太阳中心说，古代希腊哲学家提出的原子学说，门捷列夫的元素周期说，天体物理中的宇宙大爆炸的假说，地质学中的"大陆漂移说"、"板块结构说"等等，最初都是作为假说提出的，然后再验证这些假说，从而推动认识的深入发展。在自然科学研究中，假说这一思维方法是经常运用的。

在社会科学方面，有时也要应用假说。

各行各业的人们，平时在工作和生活中，在研究新问题、探索事物发展规律的过程中，也无不运用假说这一思维方法。

为了区别于科学研究中的假说，我们可以把日常运用的假说称为"假设"。

假说的内容涉及各门科学的领域。根据研究者提出假说的不同目的，可以把假说划分为工作假说和科学假说。人们观察到一些事实，遇到新的问题，为了使进一步的研究有目的有计划地进行，人们往往根据已有的材料提出一个假说或同时提出好几个假说，以这些假说来安排新的实验或新的观察。这种暂时性的假说就是工作假说。另一种假说是研究者在已经积累了大量事实材料以后创立的，并且指望它会发展成可靠的理论，这种假说是科学假说。工作假说与科学假说是相对的，有时随着研究工作的深入发展，工作假说会转变为科学假说。

二、假说的一般特征

科学假说不同于科学幻想和一般猜测，也不是胡思乱想，它有以下显著的特点：

(一)假说具有一定的科学性

科学假说是以一定的经验和事实材料为基础,以一定科学理论知识为依据的。它是在真实知识的土壤里生长的,是人类洞察自然的能力和智慧的高度表现,绝不是随意地幻想和碰运气地猜测,更不是无知地胡说。

随意幻想是没有事实根据的、愚昧无知的唯心主义的荒诞臆想和瞎猜,如迷信的说法和宗教的观念。而假说是以事实材料为基础的。

碰运气的猜测只是根据个别事实或经验材料作推测,没有科学理论作指导,它仅仅是一种作为日常推断客观事物的思考方法,虽随时可用,但可靠性极差。而假说是以科学原理为依据的并且需要反复严密的科学论证。如荷兰物理学家惠更斯提出的"光的波动说"依据的是声学中的"波动原理",陈中伟的"断肢再植假说"依据的是植物学中的嫁接原理。

假说只要有一定的事实基础和科学依据,或者能解释一定的现象,说明一定的问题,就表明已反映了客观真理的某些方面,因而有其存在的价值。所以说,假说的一个特点就是它的科学性。

(二)假说具有一定的推测性

科学假说往往是建立在不够充分的事实、经验材料和不够完善的理论基础上的,它没有对研究对象的确切可靠的认识,只是一种假定性的解释,所以它可能完全符合实际(即全真),也可能部分符合实际(却半真半假),还可能完全不符合实际(即全假)。

科学假说和已被实践证明了的科学理论不同,它本身是科学性和推测性的统一。任何假说都是对未知的某种现象或某种规律性的猜想,尚未达到确切可靠的认识,因而有待于验证。

每一种假说,在与其他假说竞争的过程中,会不断修改、完善或被否定。这也正说明假说具有推测性,它并不是对事物的准确的解释。

至于假说的推测性是否能被实际所证实,一个重要的关键在于假说在形成和验证过程中是否正确地运用逻辑推演,而且任何假说都离不开逻辑推理。

(三)假说具有可变性

由于社会在不断地前进,客观事物在发展变化,人们对客观存在的主观认识也在逐步地深化,因此,假说也随之发展变化。从公元前2世纪托勒密的"地球中心说"到16世纪哥白尼的"太阳中心说",是假说的变化;从"圆形轨道说"到"椭圆形轨道说"的修正和补充,则是假说的发展。

(四)假说具有预见性

科学假说以理性的形式出现,在逻辑上,它可以作为推理的前提和根据,由此推出一些逻辑结论。如果假说是正确的,所推出的结论也会是正确的,在科学上会起到预见的作用。

但假说的预见不一定全是准确的,因为它具有假定性成分,抽象性和逻辑性都不成熟,不可能通过严格的逻辑推理途径,使我们从已知领域过渡到未知领域。尽管假说以一定的事实材料为基础,以一定的科学知识为依据,但这也不能保证我们对未知领域预见的准确性。

关于假说的理论问题很多,也很复杂,普通逻辑并不研究假说的具体内容和有关假说的非逻辑问题,重在研究假说在形成和验证过程中,是如何运用各种不同的推理形式的。

第二节　假说的形成

假说有古今中外之分、科学门类之别,其形成的方式也复杂多样,各有特色。不同性质的假说,形成的具体途径差别也很大,但其形成过程自始至终是完全相同的。普通逻辑正是研究如何运用各种逻辑方法去促成假说的形成,在形成过程中要注意哪些问题。假说的形成过程大致要经过以下三个阶段:

一、构成设想阶段

研究者从研究某个问题开始,到提出初步的假定,这是假说形成过程中的初始阶段,即构想阶段。这一阶段主要是解决设想的可能性问题。

研究者围绕特定的问题(研究课题),广泛收集材料。然后根据已经掌握了的事实材料,运用逻辑中的比较和分类、分析和综合、抽象和概括等等逻辑方法,应用一定的推理形式,对各种材料进行加工和整理,去粗取精,去伪存真,通过创造性的思维活动,初步构成科学设想。

在构想假说的初始阶段里,类比推理和归纳推理起着突出的作用。科学史上大量的事例表明,类比推理和归纳推理在科学假说的构想过程中,起着帮助发现的作用。

为什么在形成假说的最初阶段里,类比推理和归纳推理的作用较为突出?因为研究者必须根据已知的材料去设想(推测)未知的图景,由具体现象推出较一般的规律。

初步的假定虽然是从一定的事实、一定的理论分析出发,经过一定的逻辑推论而提出的,但初步的假定却具有尝试性、暂时性。因为初步假定所占有的事实材料还不完全,所依据的理论未必恰当,所进行的推理也不一定严密。有的时候,对于同样的现象、同一个问题,可以从不同的角度设想出不同的理论解释,会提出不同的初步假定,研究者需要经过反复考察,才能在不止一个初步假定中,筛选出一个比较满意的假定。

在假说的构成设想阶段,必须要遵守以下几条规则:

（一）设想必须以一定事实材料为依据

事实材料是形成假说的基础和出发点，假说构想如果离开了客观事实，就会成为无源之水、无本之木。

但是，人们也不必等待事实材料全面系统地积累之后，才去构想假说。因为事实材料的搜集是一个历史过程，且常常会受到某个时代的技术条件和人类实践范围的限制，但人对自然界的认识不应是消极被动的反映过程，而应是积极主动的探索过程。

（二）设想必须与该假说所在领域中的科学原理相一致

科学知识是人类科学活动实践的总结，是经过实践严格检验的。形成假说是为了使原有的认识得到扩大和深化，因此假说不能与这个领域中的普遍性的科学原理相冲突，否则就不能成立。例如，"永动机制造假说"的失败，就是证明。

当然，我们说设想要符合一般性科学原理，并不等于说必须拘泥于某些科学观点。因为人的认识过程是一个辩证发展的过程，原有的理论不可能完美无缺。当所发现的事实与传统观念发生冲突、旧知识体系的局限性暴露出来时，提出新的假说就不应受原有观念的束缚。例如，20世纪普朗克提出的量子假说、爱因斯坦提出的相对论假说，都突破了经典物理学中的旧观念。

（三）假说的设想必须与科学的世界观的基本原理相一致

假说应该以辩证唯物论作指导，不应该与唯物论、辩证法的普遍原理相抵触。如果一种假说从根本上说是唯心的主观猜测，那就称不上真正的假说，应毫不犹豫地加以放弃。辩证唯物主义是科学研究的惟一正确的世界观和方法论，与其相矛盾的设想是根本不可能长期存在的。

二、断定设想阶段

初步构成的设想，可能真，也可能假，还可能半真半假，因此，对设想必须有一个断定过程。这一阶段主要是解决设想的确定性问题。

在形成假说的初始阶段,人们经常从不同的方面进行联想,进行不同的归纳或类比。通过类比,而做出的初步假定往往不是惟一的,甚至是设想出几个仅可供选择的假定。研究者必定首先要从中选择最合理的一种假定。大致说来,对几个设想进行选择,是采取以下的方式:

或 p_1,或 p_2,或 p_3(……)

如果 p_1,那么 q_1,但是非 q_1,

因此 p_1 不能成立;

如果 p_2,那么 q_2,但是非 q_2,

因此,p_2 不能成立;

所以 p_3

这样,研究者就可以从几个设想中选出一个在他看来是能够成立的初步假定。

在假说确定设想的过程中,一定要注意假说的逻辑特征和符合推演的逻辑要求。这一过程必须依靠各种思维形式进行思考,才能完成。如牛顿提出"万有引力"的设想之后,进一步对各个行星进行观察,用归纳推理断定了他的设想,又以此假定的设想为前提,对所有的事物间的运动状态进行分析,进而以演绎推理确定了他的设想是可以成立的。

总之,确定设想或者用演绎推理,或者用归纳推理,或者用类比推理。不论用什么推理,任何假说的断定都必须是符合逻辑的推演,且推理过程即假说断定的过程,往往以演绎为主。

三、完成假说阶段

假说的形成都是由初始设想,经过断定达到完成的一个过程。设想和断定的目的都是为了促使假说的完成。研究者从已确立的初步假定出发,广泛搜集有关事实材料和科学知识,去修正、补充、解释并论证初步的设想,从而使设想理由充足,断定准确,推理合乎逻辑,最后充实成为一个结构稳定的系统,等待验证,这就是假说的完成阶段。在这一阶段里研究者以确立的初始假说为核心，一方面用科学理论对其进行论证，另一方面寻求经验证据予以支持。证据支持采取两种表现形式，一种是运用初始假定，对已知事实做出解释，被解释的事实越多，支持初始假定的证据就越多；另一种是对未知事实进行预测，研究者根据假说的理论内容预言未知的事实，等待验证。寻求经验证据是以假说为前提，逻辑地和必然地引出一系列结论，运用的多是假言回溯推理，即如果 p_3（初始设想），则 q_3；q_3，所以 p_3。q_3 的事实越多，假说成立的可能性就越大。q_3 也可以是预言的未知事实。

假说的形成过程具有高度的创造性和复杂性，没有什么固定的框架、公式。但是根据假说的最根本特点，人们在建立一个科学假说时，除了要遵守假说的一般特征外，还要注意以下两点：

（一）假说不仅要圆满地解释已有的事实，而且还要包含可在实践中检验的新结论

正是由于发现了原有理论无法解释的新事实，人们才建立假说，所以假说应能正确解释有关事实，同时还应能预言未知的事实。这样可以使人的实践进入新的领域，可促进科学和生产的发展。

（二）假说的结构必须简明

研究者在形成假说的过程中，搜集了很多资料，其中有的是与假说相关的东西，但也难免包含许多与假说无关紧要的东西。这就要对这些材料加以选择，并且力求假说简明、系统、严整。

第三节　假说的验证

一、假说的验证

假说的正确性或真理性不依赖于人们的主观信仰或社会公

认,也不依赖于它能否作为某种方便的手段或工具而言之成理,而在于它是否符合客观实际。实践是检验真理的惟一标准,假说是否为真理,也必须通过人类的社会实践予以验证。

假说的检验过程,在某种意义上说,并不是从假说创立之后才开始的,研究者往往在假说的初始阶段,就做实验或收集事实材料,检查自己的设想是否正确。在假说的断定阶段,对几个初步的设想进行比较、选择。实际上也是一种检验。因此,对假说的局部检验往往早在假说的形成过程中就已经开始了。但假说创立以后的检验过程是有决定意义的,只有在完成假说的创立之后,才可能对假说进行全面的、严格的检验。

如何验证一个假说呢? 一般说来,假说的验证可分为两个步骤:一是从假说的内容引申出有关事实的结论,二是验证这些事实的结论。前者是个逻辑推演的过程,后者是个事实验证的过程。

第一步需要应用演绎推理。这个步骤的逻辑推演公式是:如果 p,那么 q。其中的"p"表示假说的基本理论观点,"q"表示关于事实的命题,"q"可以是已知事实的解释,也可以是未知事实的预见。仅由假说 p 不足以引出命题 q,还需要考虑参与推断过程中的必要的背景知识和其他科学理论知识(用 r 代表)。因此假说验证的推演公式实际应是:"如果(p 并且 r),那么 q"。

第二步需要应用事实验证。事实验证的方式,可以是直接的对照,也可以是通过科学实验来证明,还可以用科学原理去解释假说或通过逻辑推演来验证假说。

验证假说是个复杂的过程,必须注意以下几点:

(一)力求做出严格的检验

检验假说,既要对预测的未知事实加以验证,又不可忽视一般检验(即对已知事实解释的验证)。

(二)注意改进辅助性假说为理论辩护,却不可做出特设性假说

有时预测出现反常,面临着失败,但这并不意味着假说已被推翻,研究者可以改进辅助性假说继续为理论做出辩护。如克雷洛应用万有引力定律预测哈雷彗星通过近日点的时间是某年某月某日,可时间已过,哈雷彗星并未处在近日点上,这个反常并不能推翻万有引力定律。人们还可以用某个辅助性解释来辩护,如指出,哈雷彗星是由于受太阳边缘处的一个未知行星的引力而推迟了近日点的日期,这可通过天文观测予以检验。用这种辅助性假设为理论辩护是允许的,但如果把上述反常说成是宇宙人的干扰那就无法检验了。提出这种特设性假说(特意建立而无法检验)是不允许的,在科学研究中必须避免。

(三)应当看到假说检验的相对性,然而也不能否定相对性检验的作用

对假说的任何一次检验都不是绝对精确和绝对严格的,而且有些检验可以对之做出不同的理解。这主要是由于人类的具体实践总是不完备的,并带有历史的局限性。至于个别检验不具有绝对的意义,但这并不是说毫无意义。人类的认识是个发展过程,并且是在认识思维的矛盾运动中发展的,因此这种相对性检验对于人们探求真理也有积极意义。

(四)应当拒斥相互矛盾的假说,但不忽视合理地评价不同的假说

研究者不仅要立自己的"论",还要破与己相矛盾的"论"。驳斥相对立的观点就是间接地为自己的观点辩护。一个假说如果没有能力向与己矛盾的理论挑战,就说明它已面临危险,将被淘汰或暂时被淘汰。拒斥相矛盾的假说并非固执己见。研究者必须对彼此竞争的假说做出合理的评价,但切忌主观性和盲目性。

做到了以上四点,才能成功地验证假说。

二、验证假说的结果

假说经过验证以后,会出现四种结果:

(一)验证证实假说完全正确,成为科学真理

门捷列夫的"元素周期律",牛顿的"万有引力定律",达尔文的"进化论"经验证说明假说是完全正确的。在科学史上,被证实完全正确的假说是不多见的。

(二)事实与假说大同小异

哥白尼的"太阳中心说"提出宇宙中心是太阳的基本理论被证实是正确的,但"地球和其他行星围绕太阳转的轨道是圆形"的说法就被否定了,后来的"椭圆形轨道说"对其给予修正和补充,这种结果在科学史上是较常见的。

(三)事实与假说大异小同

托勒密的"地球是宇宙的中心"的假说(即"地球中心说")是错误的,被推翻后,哥白尼的"太阳中心说"代替了它。但托勒密同时提出的地球呈球形的观点则含有合理的成分,是应该予以肯定的。

(四)验证证实假说完全不正确

永动机的假说违背力学基本原理,因此被淘汰了。"燃素说"和"热素说"也就抛弃了。人们曾经提出"月亮上可能存在生物"的假说、"火星上可能有像人一样的智慧生物存在"的假说,然而,随着宇宙飞船在这些星球上的着陆以及由此带回地球的信息,证明了这些假说是不正确的。

综合以上四种情况,可以做出如下结论:对于某种假说或是加以肯定;或是加以否定;或是在基本点方面予以肯定,局部方面予以否定;或是在局部方面予以肯定,基本点方面予以否定。这将会使假说或者上升为科学理论,或是彻底地被放弃,或是被进行必要的充实与修正等等。总之,经过对假说的验证并得出了相应的结论之后,就会把某门科学推向前进。

由此可见,由假说的提出到验证,实际上是一个运用各种推理的逻辑过程。一般来讲,提出假说阶段,多用类比推理与归纳推理,对假说的推演和验证,多用演绎推理,其中假言推理和三段论尤为常用。

三、假说的作用

假说是科学家或发明家提出新的理论或进行技术革新必须掌握的重要的思维方法。它是探索真理的必经之路,是形成科学理论的纽带。因此,一个善于进行创造性思维的人,他就必须掌握并自觉地应用假说。

假说在科学发展中有很重要的意义,任何科学研究和理论建树都离不开科学假说。假说在各种科学发展中起着带头、突破、创新、开路的作用。如果没有哥白尼的"太阳中心说"和康德与拉普拉的"星云说",就没有今天的天文学;如果没有爱因斯坦的"相对论",就没有现代物理学;如果没有达尔文的"生物进化论",就没有现代的生物学。正如恩格斯所说:"只要自然科学在思维着,它的发展形式就是假说。一个新的事实被观察到了,它使得过去用来说明和它同类的事实的方式不中用了。从这一瞬间起,就需要新的说明方式了——它最初仅仅以有限数量的事实和观察为基础。进一步的观察材料会使这些假设纯化,取消一些,修正一些,直到最后纯粹地构成定律。如果要等待构成定律的材料纯粹化起来,那么这就是在此以前要把运用思维的研究停下来,而定律也就永远不会出现。"因此科学家认为假说是科学发展先遣的侦察兵。

假说不仅是自然科学的形成发展形式之一,而且在社会科学中乃至人们的日常生活、工作中,也常常被运用。它能指导社会科学研究工作者有目的、有选择地去观察和实验,以便解释现象和规律产生的原因;也能使人们对工作敢于大胆设想,有所进取,并可以使人们对生活有所预见做好安排。

本章小结

假说是根据一系列已有的事实材料和科学原理,对未知的事物现象和规律性做出假定性解释的一种思维方法。假说具有科学性、推测性、可变性和预见性的特点。

假说的形成有构想、断想和完成三个阶段,在形成假说阶段,归纳推理、类比推理起着很重要的作用。

假说结果的验证过程中,需要应用演绎推理,从假说的内容引出有关事实的结论,进而对这个事实结论加以验证,看假说是否成立。

假说在自然科学、社会科学以及人们日常思维活动中都有着很重要的作用。

思考题

1.什么是假说? 假说的基础是什么?

2.假说有什么特征?

3.假说的形成分为几个阶段?

4.在假说的构想阶段应注意哪些问题?

5.假说的形成为什么要经过断定阶段?

6.假说的完成阶段要注意什么问题?

7.假说的验证一般分为几步?

8.验证假说的过程中应注意哪几点?

第八章　论　　证

第一节　论证的概述

一、什么是论证

论证包括证明和反驳。它是用一个或一些已知为真的判断去确定另一判断的真实性或虚假性的一种思维过程。

在人们的日常生活、工作中,常常要对自己所提出的某种主张、观点或理论加以论证,人们还常常要对别人所提出的一些谬误加以驳斥。在逻辑上,前者称为"证明",后者称为"反驳"。证明和反驳是综合运用各种思维形式——概念、判断和推理的一种思维过程。

二、论证的结构

任何一个论证,不管是证明还是反驳,都是由三个要素组成的,这三个要素就是论题、论据和论证方式。

(一)论题

论题是论证的主题和核心,是真实性或虚假性有待确定的判断。回答的是"论证什么"的问题。

论题是我们对之加以论证的思想,也就是它的真实性或虚假性有待确定的判断。依据判断的真实性是否明显,论题可分为两类,一类是真实性明显的判断,包括表达公理、定理、定律的判断(如"两点连成一直线"、"三点构成一个平面"等)和在科学上已被证明为真的判断(如"上层建筑由它的经济基础决定,又作用于它的经济基础"),对这些论题进行论证,目的在于宣传真理,使人相信论题的真实性;另一类是真实性不明显的判断,如关于地球之外可能有比人类更聪明的宇宙人的假说,就是真实性尚待证明的论题,论证这种论题的目的在于探索论题的真实性。

(二)论据

论据是论题的理由和根据。是用来确定论题的真实性或虚假性的判断。回答"用什么来论证"的问题。

作为论据的判断一般有两种:一是事实论据,二是事理论据。

事实论据也就是人们常说的摆事实,它包括具体的事实、数字、历史文献和科学实验材料等。

事理论据,即讲道理。就是引用各门科学的基本原理、公理、定义、定律以及经典作家的科学理论来做论据以证明论题。由于这些原理、公理和科学理论都是经过实践证明具有真理性的东西,所以,用它来做论据,也同样具有很强的说服力。

(三)论证方式

论证方式是论据与论题之间的联系方式,也就是论证过程中所采用的推理形式。它回答"怎样论证"的问题。

我们知道,论证是要从论据的真实性推出论题的真实性(证明)或虚假性(反驳),因此,仅仅有论题和论据并不等于做出了论证,它必须有一个从论据到论题的推演过程,即解决怎样进行论证的问题。论证的推演过程总是借助于一定的推理形式来完成的,一个论证过程可以只包含一个推理,也可以包含一系列推理,因此可以说,论证方式是论证过程中所有推理形式的总和。

在论证中,论证方式并不独立存在于论题和论据之外,也就是说,在一段论证中,我们只能看到或听到论题和论据,而论证方式是透过整个论证过程中分析出来的,所以,它是以隐含的形式存在于论题和论据之中的,它体现了如何从论据推出论题。

由于论证是靠推理来进行的,没有推理也就没有论证,因此,论证方式的正确性,取决于论证中所使用的每一个推理形式的有效性。

三、论证与推理的关系

论证与推理有密切的关系,也有严格的区别。

任何论证都是借助推理来实现的。因此,推理是论证的工具,而论证则是推理的应用。论证与推理都是判断间的推演关系,其组成部分之间有对应关系:论题相当于推理的结论,论据相当于推理的前提,论证方式相当于推理形式。这种对应关系可以用下图表示:

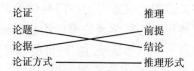

论证和推理虽然有密切的联系,但也有严格的区别,因为推理只是一种逻辑形式,它是根据前提合乎逻辑地推出结论,而论证则是一种思维过程,它要求通过论据来确定论题的真实性或虚假性,所以二者是有严格区别的,这种区别表现在:

1. 从认识过程看,推理是从前提到结论,而论证则是摆出论题,然后才引用论据对论题加以证实。

2. 从逻辑结构看,论证的结构往往比推理复杂,它通常是由一系列各种各样的推理构成的;而且这些推理可以是不同形式的,既可以是演绎推理与归纳推理的结合使用,也可以是直接论证与间接论证的结合使用。

3. 从逻辑根据和逻辑要求看,推理是根据前提推出结论,它只要求断定前提与结论之间的逻辑联系,却不必要断定前提与结论本身的真实性;而论证是由论据的真实性进而确定论题的真实性,它不仅要求断定论题与论据的逻辑联系,而且必须要求断定论据与论题的真实性。

4. 从功能看,任何论证都是运用推理的过程,但并非任何推理都能用做论证,如具有或然性的类比推理和简单枚举归纳推理,就不能单独用做论证,而要同其他推理形式结合起来使用,才有可能发挥论证的作用。

四、论证的作用

论证的特点是用已知为真的判断做论据,通过逻辑推理推出所要确定的论题。任何论证都要接受实践的检验,因此实践是论证的基础,而论证则是实践的工具。论证的主要作用有二。一是探求真理的作用。比如许多在实践中提出来的新课题经过论证,可以上升为某种新的理论和科学的假说,这样,就不仅提高了人们对客观世界的认识,而且人们还可以拿这些认识成果来指导实践。论证的第二个作用是阐述真理。比如对一些已被实践证明为真的理论和知识,通过准确、有力的论证,可以更为人们接受,所以论证对于人们传授知识、宣传真理也是必不可少的工具。

第二节　证明

证明是引用已知为真的判断来确定某一判断的真实性的思维过程。

证明可以根据不同的标准分类。根据证明所运用的推理形式的不同,可把证明分为演绎证明、归纳证明和类比证明;根据是否用论据的真实性直接确立论题的真实性,证明可分为直接证明和间接证明。

一、演绎证明、归纳证明、类比证明

(一)演绎证明

演绎证明又称演绎论证,是运用演绎推理的形式所进行的论证。人们以科学原理、定律或其他真实判断为根据,运用演绎推理的形式,推出某个判断的真实性,这就是演绎证明。

演绎推理还可以借助于假言推理和选言推理的形式来进行。

(二)归纳证明

所谓归纳证明就是运用归纳推理的形式,以个别性或特殊性的原理和事实为论据,推出一般性论题的论证过程。

由于完全归纳法是在考察了一类事物中的全部对象后所做出的结论,所以,其结论具有必然性,这种推理形式作论证,推出的论题是必然可靠的;而不完全归纳法(简单枚举法和科学归纳法)的结论则是或然性的。因为它只是根据某类事物的一部分对象所具有的属性概括出来的,因此,不完全归纳推理不能独立充当论证工具,而只能同其他推理形式配合使用,才能保证论题的可靠性。在运用不完全归纳推理进行论证时,科学归纳法较之简单枚举法可靠。

(三)类比证明

类比证明就是用类比推理的形式来进行的论证。由于类比推理同不完全归纳推理一样,都是或然性的推理,所以,类比推理也不能独立充当证明的工具,而是常常与演绎证明或归纳证明结合在一起进行论证,以提高论题的可靠性。

二、直接证明和间接证明

(一)直接证明

直接证明是用真实的论据按照推理规则,从正面直接确定论题真实性的证明方法。

直接证明的公式是:

论题:P

论据:a、b、c、d……

论证:因为 a、b、c、d……是真实的,并且从 a、b、c、d……能必然推出 P,所以论题 P 是真实的。

直接证明中的"直接"与直接推理中的"直接"含义不同。直接证明包括直接推理形式,但并不限定于这种形式。

(二)间接证明

间接证明是通过否定与原论题相矛盾的反论题或其他有关判断,来证明原论题真实性的一种论证方法。

间接证明主要有两种方法,即反证法和选言证法。

1.反证法

反证法是通过论证与原论题相矛盾的反论题的虚假来确定原论题的真实性的一种间接证明方法。

反证法在证明反论题虚假时,所用的推理形式是充分条件假言推理的否定后件式,根据排中律 A 与非 A 必有一真,既然反论题(非 A)是假的,原论题(A)当然就是真的了。

反证法的公式是：

求证：p

　　设：非 p

　　证：如果非 p，则 q，

　　　　非 q，

所以，非（非 p）、(= p)

反证法中的反论题往往是假设的，常用"如果"、"假如"、"否则"、"不然的话"等假设性的语词作为标志，所以有人称之为"假设论证"。

由于反证法对论题的论证有很强的说服力，所以在逻辑论证中，得到广泛的运用。如三段论前三格的特殊规则的证明用的就是反证法。

2.选言证法

选言证法又称"排除法"、"淘汰法"，它是利用选言推理的否定肯定式，通过论证与原论题相关的其他可能性论题的错误来确立原论题的真实性的一种论证方法。

选言证法的公式是：

求证：P

　　设：或 p 或 q 或 r 或 S……

　　q 不能成立（非 q）

　　r 不能成立（非 r）

　　S 不能成立（非 S）

　　所以，P

间接证明在论证中有很大的作用，有时，我们运用直接证明有困难时，就用间接证明。

证明除了根据推理形式的不同和论证方法的不同而划分为各种不同的论证形式之外，还可以根据论证的方面，把证明分为正面论证、反面论证、对比论证、分层论证等。

论证方法是多种多样的,根据实际需要,人们在进行论证时,可以选择最佳的论证方法。而论证方法也不是孤立运用的,在实际思维和表达中,为了更深刻而透彻地表达思想观点,往往根据内容的需要而将各种论证方法结合起来。

第三节　证明的规则

证明有下列五条规则。遵守证明的规则是保证证明能够正确进行和具有说服力的必要条件。

一、论题要清楚、明确

论题是证明的主题和中心,是证明所要达到的目的。因此,只有论题清楚、明确,证明才有可能有的放矢。写一篇文章,发一个议论,首先要弄清楚所要表达的中心思想是什么,也就是要把思维的对象、性质和涉及的范围加以明确。如果论题含糊不清、模棱两可,甚至连自己也说不清所要表达的是什么意思,那就不可能达到论证的目的。

论题总是表现为判断,而判断是由概念组成的,所以,论题要明确就要求构成论题的概念的内涵和外延要确定,不能有歧义。否则,就会犯"论旨不明"的逻辑错误。

"论旨不明"的错误,有些是无意的,属于常识缺乏的问题。

二、论题要始终同一

论题要保持同一,是说在进行论证时,只能有一个论题,并且在整个论证过程中要保持不变,始终围绕这个论题展开论证。在一个论题没有被论证完结之前,不得中途更换成其他论题。否则,就会犯"转移论题"或"偷换论题"的错误。

在论证过程中,如果论题不同一还会出现"证明过多"或"证明过少"的错误。

所谓证明过多,就是把原论题替换成另一个断定较多的判断进行论证。所谓证明过少,就是把原论题换成一个断定较少的判断进行论证。这两种错误是由于人们在思维过程中有意无意地扩大或缩小论题的范围或深度所造成的。

以上两条是关于论题的规则。

三、论据必须真实可靠

论据是论题所以能够确立的依据。所谓论据的真实性程度如何,关系到论题能否被人接受。要确立一个论题,必须要求提供真实而可靠的论据,而且这种真实性绝不是尚待证明的,而是已被实践检验确证并为人们所公认的。如果在论证中,违反了这条规则,就要犯论据虚假和预期理由的逻辑错误。

用虚假的论据来证明论题无论是有意的还是无意的,都不可能达到论证的目的。不法分子经常采用虚假论据来进行欺骗活动。

"预期理由"是一种引用自身尚待证明的判断做论据所犯的错误。

四、论据的真实性不应当依赖于论题的真实性来论证

任何一个论证都要求用真实的论据来证明论题,因此,论据的真实性只能由论题以外的其他判断来证明,如果论据的真实性反过来还要靠论题来证明,那就会造成用你证我、又用我证你的"循环论证"。如鲁迅在《论辩的魂灵》中的一段话:

卖国贼是说谎的,所以你是卖国贼。我骂卖国贼,所以我是爱国者。爱国者的话是最有价值的,所以我的话是不错的,我的话既

然不错,你就是卖国贼无疑了!

在这段话里,用"你是卖国贼"来证明"我的话是不错的",又用"我的话是不错的"来证明"你就是卖国贼"这就是循环论证。

以上两条是关于论据的规则。

五、从论据应能推出论题

论据是论题确立的理由和根据,论题能否确立不仅要求作为论据的判断是真实的,而且还要求论据与论题之间有必然的逻辑联系,即由论据的真实性能必然地推出论题的真实性,否则,就要犯"推不出"的逻辑错误。

推不出的错误有几种表现形式:

(一)论据与论题不相干

即论据与论题之间没有必然的逻辑联系。由论据的真,无法推出论题来。

(二)论据不足

要论证一个命题,首先要求拿出理由,而这理由不仅是真实可靠的,而且是充分的,与论题有必然联系。否则,就要犯"论据不足"的错误。

(三)以人为据

所谓以人为据就是用权威人物的话来代替对论题的论证。在日常生活中,我们经常听到中小学生们这样说话:"人死后就是会变成鬼,我奶奶说的";"我爸说了,读文科最没出息,所以我要报工科"。

(四)违反推理规则

论证是体现论据与论题联系的。一个论证如果观点是正确的,而且也有真实而充足的理由,但如果推理形式不正确,违反了推理规则,那就不可能从论据的真实性必然地推出论题的真实性。

总之,证明的规则共有以上五条,其中一、二条是关于论题的规则;三、四条是关于论据的规则;第五条是关于论证方式的规则。在论证过程中要同时遵守这些规则,违反其中任何一条都会导致论证没有说服力。

第四节　反驳

一、什么是反驳

反驳是用一个或一些已知为真的判断确定另一个判断的虚假性或其论证不能成立的思维过程。在反驳中,被确定为虚假的判断叫做反驳的论题,引用来作为反驳根据的判断叫反驳的论据,反驳也是通过各种推理形式来进行的。反驳所运用的推理形式称为反驳方式。

反驳和证明都属于论证。证明的作用在于"立",即探求真理和宣传真理,而反驳的作用则在于"破",即揭露谬误和捍卫真理,但立和破是紧密联系而又相反相成的。证明要确定论题的真实性,而反驳则要确定论题的虚假性或论证方式不能成立。从这点来说,反驳本身也是个证明,就是说,当你通过论证确定某个命题为假的时候,实际上也等于证明"某个命题为假"是真的。因此我们还可以说,反驳是特殊的证明,是用一个证明去推翻另一个证明。

二、反驳的方式和方法

前面说过,反驳可以分为反驳论题、反驳论据和反驳论证方式三种。反驳论题是确定对方论题的虚假,反驳论据是确定对方用来支持论题的理由和根据是不真实或不充分的。反驳论证方式是指出对方论据与论题缺乏必然的逻辑联系,犯了推不出的错误。

(一)反驳论题和论据

对论题和论据的反驳就是要指出作为论题和论据的判断的虚假性。其反驳方法按不同的标准可分为直接反驳和间接反驳、演绎反驳和归纳反驳。这几种反驳方法是互相交叉的,比如直接反驳和间接反驳都可以运用演绎法和归纳法。

1.直接反驳和间接反驳

直接反驳就是用已知为真的判断从正面直接确定对方论题或论据的虚假性。

间接反驳又叫独立证明。它是通过论证与被反驳的论据相矛盾或相反对的判断为真,从而确定被反驳的论题或论据为假的一种反驳方法。其反驳过程可用下列公式表示:

被反驳论题:P

反驳过程:(1)设非 P(P 与非 P 是矛盾关系或反对关系)

　　　　　(2)论证非 P 真

　　　　　(3)所以,P 假(根据矛盾律)

2.演绎反驳和归纳反驳

(1)演绎反驳

演绎反驳是运用演绎推理形式进行反驳的方法。主要是归谬反驳法。

运用归谬法进行反驳是先假定被反驳的论题为真,然后据此推出荒谬的结论,最后根据充分条件假言推理的否定后件式确定被反驳论题假。

若用公式可表示为:

　　　被反驳的论题(或论据):p

　　　假设:　　　　p 真

　　　反驳过程:如果 p 则 q

　　　　　　　　　　　非 q

　　　结论:所以非 p

　　归谬法在论辩中是一种常见而简便的反驳方法。我们经常所说的"照你这样讲,那么就会……"、"按你的逻辑,定会……"都属于归谬法的运用。又如:"假如语言是能创造物质财富的话,那么夸夸其谈的人就是百万富翁了","如果人死后会变成鬼,这个世界早就被鬼挤满了"等,前者驳斥了语言能创造物质财富的谬论,后者驳斥了人死后变鬼的谬论,都十分有说服力。

　　归谬法与反证法有所不同。反证法用于论证,它的目的在于确定某一判断为真;归谬法用于反驳,它的目的在于确定某一判断为假,但是归谬法和反证法也有密切的联系,反证法在确定反论题假时,使用的就是归谬法,它们二者都是运用充分条件假言推理的否定后件式来进行的。

　　(2)归纳反驳

　　归纳反驳就是用归纳推理的形式进行的反驳。

(二)反驳论证方式

　　反驳论证方式就是指出被反驳的论证中犯了推不出的逻辑错误,即指出被反驳的论证中,论据与论题没有必然的逻辑联系,违背了逻辑推理的规则、规律或方法。

本章小结

　　论证是用一个或一些已知为真的判断来确定另一个判断的真实性或虚假性的思维过程。任何论证都是由论题、论据和论证方式三个要素组成的。论证和推理既有联系,又有区别,任何论证都必须用推理,但任何推理未必都能成为论证,推理是论证的工具,论证是推理的应用。

　　用已知为真的判断来确定某一判断真实性的思维过程叫做证

明。根据证明所用的推理形式的不同,可以分为演绎证明、归纳证明和类比证明,其中归纳证明中的简单枚举法和类比证明均不能独立运用,经常和演绎证明结合运用。证明还可以分为直接证明和间接证明。间接证明又可分为反证法和选言证法。直接证明经常用演绎推理的三段论和完全归纳推理来进行,所以它和演绎证明、归纳证明是相容的联系;间接证明经常用充分条件假言推理的否定后件式和选言推理的否定肯定式来进行,所以它同演绎推理也有密切联系,和演绎证明也是相容的关系。

证明要遵守五条规则:论题要清楚、明确,否则会犯"论旨不明"的错误;论题要始终同一,否则会犯"转移论题"或"偷换论题"和"证明过多"或"证明过少"的错误;论据必须真实可靠,否则会犯"论据虚假"或"预期理由"的错误;论据的真实性不应当依赖论题的真实性来论证,否则会犯"循环论证"的错误;论证过程中要从论据必然推出论题,否则就要出现"推不出"的错误。

用已知为真的判断来确定另一个判断的虚假性的思维过程叫做反驳。反驳可分为反驳论题、反驳论据和反驳论证方式三种,其中反驳论题是主要的。

反驳的方法可分为直接反驳和间接反驳,也可以分为演绎反驳和归纳反驳。间接反驳中常用的一种方法叫归谬法。

本章学习的重点是:论证的结构、证明的种类和规则以及反驳的种类和方法。

思考题

1.什么是论证? 它由哪些要素构成?

2.什么是直接论证和间接论证? 二者有何区别?

3．什么是演绎论证和归纳论证？

4．什么是证明？证明中的反证法、选言证法的论证步骤和结构如何？

5．什么是反驳？反驳中的归谬法的步骤和结构如何？

6．论证的规则有哪些？违反这些规则所犯的逻辑错误有哪几种？

附：

自学大纲及学习要点

第一章　引论

第一节　普通逻辑的对象

一、普通逻辑的定义

　　1."逻辑"一词的由来及在现代汉语中的各种不同含义。

　　2. 普通逻辑的定义。

　　普通逻辑是研究思维的逻辑形式及其基本规律和简单逻辑方法的科学。

二、什么是思维

　　思维是人脑的机能，是人脑对于客观事物间接的、概括的反映。与感觉、知觉、表象不同，它属于人们认识过程中的理性认识阶段的产物,是由概念、判断和推理构成的。

思维具有概括性、间接性以及与语言的密不可分性三个基本特征。

思维与语言的密切关系表现在任何思维形式(概念、判断、推理)总是借助于一定的语言形式(语词、句子、句群)来实现和表达的。

三、什么是思维的逻辑形式

思维的具体内容各部分之间的联系方式(或形式结构),叫思维的逻辑形式。普通逻辑不研究思维的具体内容,只研究各种不同类型的思维的逻辑形式。

任何一种逻辑形式都是由逻辑常项和逻辑变项两部分组成的。逻辑常项是区分各种不同逻辑形式的标志。

四、什么是思维的基本规律

思维的基本规律是人们在运用概念、进行判断和推理时必须遵守的最起码的逻辑规律。它普遍地适用于各种思维形式。

思维的基本规律有四条:同一律、矛盾律、排中律和充足理由律。

五、什么是简单的逻辑方法

普通逻辑所研究的逻辑方法主要指:定义、划分、限制与概括等明确概念的几种逻辑方法和探求因果联系的五种逻辑方法。它并非绝对的简单,只是相对于辩证逻辑所研究的逻辑方法来讲,比较简单而已。

第二节　学习普通逻辑的意义

一、普通逻辑的性质

普通逻辑是一门工具性质的科学,它没有阶级性。

二、学习普通逻辑的意义

1. 有助于人们正确地认识世界,获得新知识。

2. 有助于人们准确地表达思想,严密地论证思想。

3. 有助于人们识别、驳斥谬误与诡辩。

4. 有助于人们学习和掌握其他各门科学知识。

5. 有助于人们提高办事效率。

第三节　逻辑简史

一、逻辑学的产生

逻辑学有三大发源地:中国、印度、希腊。

中国:"名辩之学",以《墨经》和《正名篇》为代表作。

印度:"因明"。主要代表作有:陈那的《因明正理门论》,商羯罗主的《因明入正理论》。

古希腊:λoros(逻各斯)。主要代表作是古希腊哲学家亚里士多德的《范畴篇》、《解释篇》、《前分析篇》、《后分析篇》、《论辩篇》和《辨谬篇》,后来合称为《工具论》。亚氏对演绎逻辑进行了全面、系统的研究,奠定了西方逻辑学发展的基础,被称为"逻辑之父"。

二、逻辑学的发展

17世纪,英国哲学家弗兰西斯·培根提出了科学归纳法,奠定了归纳逻辑的基础。培根的主要著作是《新工具》。

培根之后,英国的哲学家约翰·穆勒继承发展了归纳逻辑,提出了寻求现象间因果联系的"穆勒五法"。

18世纪至19世纪,德国的古典哲学家康德、黑格尔等人也研究了逻辑问题。黑格尔第一个提出了辩证逻辑体系。

19世纪中叶以后,马克思、恩格斯和列宁对逻辑学有许多精辟的论述,为科学的辩证逻辑奠定了坚实的基础。

三、现代逻辑的诞生和发展

17世纪末,德国的哲学家莱布尼兹提出了用数学方法处理演绎逻辑的问题,因而他成为数理逻辑(即现代形式逻辑)的奠基人。

本章的学习重点是:普通逻辑的对象、性质和学习普通逻辑的意义。

第二章　概念

第一节　概念的概述

一、什么是概念

概念是反映对象特有属性或本质属性的思维形式。

二、概念与语词

既有密不可分的联系，又有具体的区别。

概念是思维的起点，也是思维的结晶。

第二节　概念的内涵和外延

内涵和外延是概念的两个基本逻辑特征。

一、概念的内涵就是反映在概念中的对象的特有属性或本质属性，即概念的含义，是客观事物质的规定性在概念中的反映。

二、概念的外延就是指具有概念所反映的特有属性或本质属性的对象，即概念的适用范围，是客观事物量的规定性在概念中的反映。

第三节　概念的种类

根据不同的标准，可以对概念进行不同的分类。

一、根据外延的数量不同，可将概念分为单独概念和普遍概念。

二、根据概念所反映的对象是否为整体，可将概念分为集合概念和非集合概念。

三、根据概念所反映的对象是否具有某种属性,可将概念分为正概念和负概念。

第四节　概念间的关系

普通逻辑所研究的是概念外延之间的五种关系。

一、同一关系(北京～中国的首都)

二、真包含于关系(矿工～工人)

三、真包含关系(工人～矿工)

四、交叉关系(学生～团员)

五、全异关系

1. 矛盾关系(党员～非党员)

2. 反对关系(长江～黄河)

其中前四种为相容关系,第五种为不相容关系。二、三两种统称为属种关系。

第五节　概念的限制与概括

一、概念的内涵和外延之间的反变关系

反变关系是指概念内涵的多少与外延的大小或反比例关系。反变关系是概念限制和概括的逻辑根据。

二、概念的限制

概念的限制是通过增加概念的内涵使外延较大的属概念逐步

过渡到外延较小的种概念的一种通过缩小概念的外延来明确概念的一种逻辑方法。限制的极限是单独概念。

三、概念的概括

概念的概括是通过减少概念的内涵,使外延较小的种概念逐步过渡到外延较大的属概念的一种通过扩大概念的外延来明确概念的一种逻辑方法。概括的极限是范畴。

第六节　定义

一、什么是定义

定义是揭示概念内涵的逻辑方法。

定义由被定义项、定义项和定义联项三部分组成。其结构公式是:D_s 是(就是)D_p。

定义分真实定义和语词定义。普通逻辑主要研究反映科学概念的真实定义。

二、定义的方法——属加种差法

公式:被定义项＝种差＋邻近的属概念。

这种方法虽然常用,但有局限性,对于哲学范畴和单独概念难以适用。

三、定义的种类

1.真实定义(属性定义,属加种差定义)

①性质定义:揭示被定义项性质的定义。

②发生定义:揭示被定义项产生或形成过程的定义。

③功用定义:揭示被定义项的功能、作用的定义。

④关系定义:揭示被定义项和其他事物的关系的定义。

2.语词定义

①说明的语词定义。

②规定的语词定义。

四、定义的规则

1. 定义项的外延和被定义项的外延应是全同关系。否则会犯"定义过宽"或"定义过窄"的逻辑错误。

2. 定义项中不能直接或间接地包含被定义项,否则会犯"同语反复"或"循环定义"的逻辑错误。

3. 定义项中不得出现含混的概念或语词,不得用比喻,否则会出现"定义含混"或"比喻代定义"的错误。

五、定义的作用

1. 总结并巩固认识成果。

2. 检查所用概念是否明确。

3. 解释、传达概念的含义。

第七节　划分

一、什么是划分

划分是把一个外延较大的属概念分成至少两个种概念的一种明确概念外延的逻辑方法。

划分由母项、子项和划分的根据三部分组成。

划分与分解不同。分解是把一个具体事物分成若干部分。

二、划分的方法

根据划分次数的多少,常用的划分方法有一次划分和连续划分两种。根据划分所得子项数目的不同,划分还可以有二分法和多分法两种。

三、划分的规则

1. 划分后的各子项外延之和必须与母项的外延相等。否则,就会犯"划分不全"或"多出子项"的逻辑错误。

2. 每次划分必须按照同一标准进行。否则,就会犯"划分标准不同"或"混淆根据"的逻辑错误。

3. 划分的各子项应当互不相容。否则,就会犯"子项相容"的逻辑错误。

四、划分的作用

　　1. 可以扩展和加深对事物的认识。

　　2. 可以明确概念的外延,使人们了解一个概念能够适用于哪些对象。

五、分类与列举

　　1. 分类是划分的特殊形式。它是根据对象的本质属性或显著特征进行的划分,具有较大的稳定性。分类可分为自然分类和辅导分类。

　　2. 列举也是划分的一种特殊形式。它是揭示概念一部分外延的逻辑方法。它与划分的区别是:在一般情况下,并不要求揭示概念的全部外延。

　　学习"概念"这一章,要重点掌握概念内涵与外延间的反变关系;集合概念与非集合概念的区别;概念外延间的各种关系;定义、划分、限制与概括的规则以及违反这些规则所犯的逻辑错误。

第三章　简单判断和演绎推理(上)

第一节　判断和推理的概述

一、判断及其种类

　　判断是对思维对象有所断定的思维形式。

　　任何判断都有两个特征:

　　1. 有所断定(或肯定或否定);

　　2. 有真假(或真或假)。普通逻辑不研究具体判断的真假,而研究各种判断形式之间的真假规律。

判断与语句有密切联系,又有区别。

判断可分为简单判断和复合判断两大类。简单判断是本身不包含有其他判断的判断,其变项是概念,它可分为性质判断和关系判断。复合判断是本身包含有其他判断的判断,其变项是判断,又可分为联言判断、选言判断、假言判断和负判断。

除此之外,还有模态判断。

二、推理及其种类

推理是由一个或几个已知判断推出一个判断的思维形式。它由前提和结论组成。推理所依据的判断叫前提,推出的判断叫结论。推论关系用"所以"来表示。

推理根据思维进程的不同可分为:演绎推理、归纳推理和类比推理。

演绎推理是一般到特殊的推理。

归纳推理是特殊到一般的推理。

类比推理是从特殊(或一般)到特殊(或一般)的推理。

现代逻辑根据前提与结论之间是否有蕴涵关系,把推理分为必然性推理和或然性推理两大类。

必然性推理是前提蕴涵结论的推理,即前提真,结论一定真。

或然性推理是前提不蕴涵结论的推理,即前提真,结论未必真。

演绎推理又可以分为:简单判断的推理和复合判断的推理,此外还有模态推理。

本章主要讲简单判断及其推理(演绎推理上)和模态判断及其推理。

第二节　性质判断及其直接推理

一、性质判断

1.性质判断的定义及结构、种类

性质判断是断定思维对象是否具有某种性质的判断。传统逻辑称为直言判断。由主项、谓项、联项和量项四部分组成。

联项和量项决定着性质判断的形式。根据联项和量项的不同,可将性质判断分为六种。传统逻辑把单称判断归入全称判断之中。因此归并为四种基本形式。

全称肯定判断(包括单称肯定判断),所有(这个)S 是 P,用 A 表示,简写为 SAP。

全称否定判断(包括单称否定判断),所有(这个)S 不是 P,用 E 表示,简写为 SEP。

特称肯定判断:有 S 是 P,用 I 表示,简写为 SIP。

特称否定判断:有 S 不是 P,用 O 表示,简写为 SOP。

2. 性质判断主、谓项的周延性

对主项来讲,"全称"的周延,"特称"的不周延。

对谓项来讲,"肯定"的不周延,"否定"的周延。

3. 性质判断要恰当

①结构要严整,主谓项要相应。

②量项要准确。

③联项要准确。

二、由性质判断构成的直接推理

1. 对当关系法直接推理

①主谓项的五种关系及四种判断的真假(表见教材)。

当主谓项间是全同或真包含于关系时,肯定判断真,否定判断假;

当主谓项间是全异关系时,肯定判断假,否定判断真;

当主、谓项间是真包含或交叉关系时,全称判断假,特称判断真。

②对当关系和传统逻辑方阵(逻辑方阵见教材)。

矛盾关系:A——O　E——I　既不同真,也不同假;

反对关系:A——E　　　　　不能同真,可以同假;

下反对关系:I——O　　　　可以同真,不能同假;

差等关系：　A——I　　　E——O　既可同真,也可同假。

③对当关系直接推理(共 16 个有效式)。

真→假:(6 个)(反对关系)A→$\bar{E}$　　E→$\bar{A}$

　　　　　　　　(矛盾关系)A→$\bar{O}$　　E→$\bar{I}$　　I→$\bar{E}$　　O→$\bar{A}$

假→真(6 个)(下反对关系)$\bar{I}$→O　　$\bar{O}$→I

　　　　　　　　(矛盾关系)$\bar{A}$→O　　$\bar{E}$→I　　$\bar{I}$→E　　$\bar{O}$→A

真→真(2 个)(差等关系)A→I　　E→O

假→假(2 个)(差等关系)$\bar{I}$→$\bar{A}$　　$\bar{O}$→$\bar{E}$

2. 判断变形法直接推理

①换质法：

　　SAP↔SE$\bar{P}$　　　　SEP↔SA$\bar{P}$

　　SIP↔SO$\bar{P}$　　　　SOP↔SI$\bar{P}$

②换位法：

　　SAP→PIS　　(限制换位)

　　SEP↔PES　　(简单换位)

　　SIP↔PIS　　(简单换位)

SAP 如果简单换位,就会犯"主项扩大"的逻辑错误。

SOP 不能换位,否则就会犯"谓项扩大"的逻辑错误。

③换质法与换位法的综合运用

　　SAP→SE$\bar{P}$→$\bar{P}$ES→$\bar{P}$A$\bar{S}$→$\bar{S}$IP→$\bar{S}$OP

　　　→PIS→SIP→SO$\bar{P}$　　　→$\bar{P}$I$\bar{S}$→$\bar{P}$OS

　　　　　→PO$\bar{S}$

　　SEP→SA$\bar{P}$→$\bar{P}$IS→$\bar{P}$O$\bar{S}$

　　　　　　　　→SI$\bar{P}$→SOP

　　　→PES→PA$\bar{S}$→$\bar{S}$IP→$\bar{S}$O$\bar{P}$

　　　　　　　　　→PI$\bar{S}$→POS

　　SIP→PIS→PO$\bar{S}$

　　SOP→SI$\bar{P}$→$\bar{P}$IS→$\bar{P}$O$\bar{S}$

第三节　三段论

一、三段论的定义和结构

三段论是由两个包含着一个共同项的性质判断推出另一个性质判断的推理,又叫直言三段论。

三段论必由三个性质判断构成,其中两个是前提,一个是结论。

三段论必须包含着三个不同的项,即大项(P)、小项(S)和中项(M)。结论中的主项是小项,谓项是大项,前提中两次出现而在结论中不出现的项叫中项;包含有大项的前提叫大前提,包含有小项的前提叫小前提。

二、三段论的公理和规则

1. 公理

肯定全部就要肯定其中的一部分。

否定全部就要否定其中的一部分。

2. 规则:

①在一个三段论中,有且只有三个不同的项。否则就会犯"四项"(或四概念)的逻辑错误。

②中项至少要周延一次。否则就会犯"中项不周延"的逻辑错误。

③在前提中不周延的项,在结论中也不得周延。否则会犯"大项扩大"或"小项扩大"的逻辑错误。

④两个否定的前提不能得出任何结论。

⑤如果前提之一是否定的,则结论必否定;若结论否定,则前提之一必否定。

⑥两个特称的前提不能得出任何结论。

⑦如果前提之一是特称的,则结论必特称。

三、三段论的格和式

1. 格:三段论的格是由中项在前提中的不同位置所构成的不

同三段论形式。

第一格：

$$M——P$$
$$S——M$$
$$\therefore S——P$$

(典型格)特殊规则：①小前提必肯定。
②大前提必全称。

第二格：

$$P——M$$
$$P——M$$
$$\therefore S——P$$

(区别格)特殊规则：①前提中必有一否定。
②大前提必全称。

第三格：

$$M——P$$
$$M——S$$
$$\therefore S——P$$

(例证格)特殊规则：①小前提必肯定。
②结论必特称。

第四格：

$$P——M$$
$$M——S$$
$$\therefore S——P$$

没有什么用途,有5条特殊规则。

2.式:三段论的式就是由前提和结论的不同判断类型所构成的不同的三段论形式。

三段论四个格共有24个正确式。其中有5个是弱式。（即:本来能得一个全称判断为结论,而实际只得一个特称判断为结论的式。）

第一格:AAA〔AAI〕　EAE〔EAO〕　AII　EIO

第二格:AEE〔AEO〕　EAE〔EAO〕　AOO　EIO

第三格:AAI　EAO　AII　EIO　IAI　OAO

第四格:AAI　AEE〔AEO〕　EAO　EIO　IAI

四、三段论的省略式

1.省去大前提。

2.省去小前提。

3. 省去结论。

第四节　关系判断及其推理

一、关系判断

是断定对象之间关系的简单判断。它是由三部分组成的。即关系者项、关系项、量项。

公式为：aRb 或 R(a.b.c.)

二、关系推理

是前提中至少有一个是关系判断的推理。

1. 纯关系推理

直接的纯关系推理　　①对称性关系推理
　　　　　　　　　　　②反对称性关系推理
间接的纯关系推理　　③传递性关系推理
　　　　　　　　　　　④反传递性关系推理

2. 混合关系推理(关系三段论)

第五节　模态判断及其推理

一、模态判断

是断定事物情况必然性或可能性的判断。

分四种类型

肯定必然模态判断：S 必然是 P 或"必然 P"，□P

否定必然模态判断：S 必然不是 P 或"必然非 P"，□$\overline{P}$

肯定可能模态判断：S 可能是 P 或"可能 P"，◇P

否定可能模态判断：S 可能不是 P 或"可能非 P"，◇$\overline{P}$

二、模态推理

1. 对当关系法模态推理。

2. 必然、可能判断和性质判断之间构成的模态推理。

3. 模态三段论

本章学习的重点是性质判断所构成的直接推理及其三段论(规则、格、式等)的有关原理。

第四章　复合判断和演绎推理(下)

第一节　联言判断及其推理

一、联言判断

　　是断定几种事物情况同时存在的判断。

　　结构形式是:p 并且 q(p∧q)

　　有复合主项、复合谓项、复合主谓项三种省略表达式。

　　其真假值取决于各个联言肢是否同真。

二、联言推理

　　是前提或结论为联言判断的推理。

　　有分解式和组合式两种。

第二节　选言判断及其推理

一、相容的选言判断及其推理

　　相容的选言判断是断定几个选言肢中至少有一个为真的选言判断。

　　公式为:p 或者 q(p∨q)

　　其真假值取决于选言肢中是否至少有一真。

　　相容的选言推理只能有否定肯定式,不能有肯定否定式。

二、不相容的选言判断及其推理

　　不相容选言判断是断定几个选言肢中有并且只有一个为真的选言判断。

公式为:要么 P 要么 q(p∨q)

其真假值取决于选言肢中是否只有一真。

不相容的选言推理有肯定否定式和否定肯定式两种。

选言判断要恰当,选言推理要正确,就必须要求选言肢不能同时为假,即要穷尽所有选言肢特别是不能漏掉那个惟一为真的选言肢。

第三节　假言判断及其推理

一、充分条件假言判断及其推理

充分条件是产生某一结果的充足条件,是多因条件。

逻辑特征是:有之必然,无之未必不然。

判断公式是:如果 p,那么 q　　(p→q)

只有当 p 真而 q 假时,充分条件假言判断才是假的,其余三者均为真。

充分条件假言推理有肯定前件式和否定后件式两个正确式。

二、必要条件假言判断及其推理

必要条件是产生某一结果所必不可少的条件,是复因条件。

逻辑特征是:无之必不然,有之未必然。

判断公式是:只有 p,才 q　　(p←q)

只有当 p 假而 q 真时,必要条件假言判断才是假的,其余三者均为真。

必要条件假言推理有否定前件式和肯定后件式两个正确式。

三、充分必要条件假言判断及其推理

充分必要条件简称为充要条件,是产生某一结果的惟一条件。即一因条件。

逻辑特征是:有之必然,无之必不然。

判断公式是:当且仅当 p,则 q　　　　(p↔q)

当前后件同真或同假时,充要条件假言判断是真的,一真一假

时,该判断是假的。

充要条件假言推理有肯定前件式、否定后件式、否定前件式、肯定后件式四种正确式。

充分条件和必要条件假言判断之间可以相互转换。运用假言判断进行假言推理时,一定不要强加条件关系,但也不要搞错条件关系。

第四节　假言选言推理——二难推理

假言选言推理就是以假言判断和选言判断为前提所构成的推理。二难推理是其中重要的一种。它的前提中有两个假言判断和一个选言判断。

二难推理有四种形式:

1. 简单构成式:
$$\frac{p \to q \quad \bar{p} \to q}{p \lor \bar{p}}$$
$$\text{总之,}q$$

2. 简单破坏式:
$$\frac{p \to q \quad p \to r}{\bar{q} \lor \bar{r}}$$
$$\text{总之,}\bar{p}$$

3. 复杂构成式:
$$\frac{p \to q \quad r \to s}{p \lor r}$$
$$\therefore q \lor s$$

4. 复杂破坏式:
$$\frac{p \to q \quad r \to s}{\bar{q} \lor \bar{s}}$$
$$\therefore \bar{p} \lor \bar{r}$$

二难推理要正确,要求其假言前提必须真实,并且为充分条件假言判断,选言前提必须真实。推理过程中必须遵守充分条件假言推理的规则。

第五节　负判断及其等值判断

一、什么是负判断

负判断是否定某个判断的一种特殊的复合判断,又叫判断的否定。负判断不同于否定判断。它是由一个肢判断(简单判断或复合判断)和联结项"并非"组成的。

公式是:并非 p　　　　　　用符号表示为 $\overline{P}$(或 ¬ P)

负判断的逻辑值总是与其肢判断的逻辑值相反。

负判断可以分为两类:负简单判断、负复合判断。

二、负简单判断及其等值判断

主要介绍 A、E、I、O 四种性质判断的负判断及其等值判断。

1. $\overline{SAP} \equiv SOP$

2. $\overline{SEP} \equiv SIP$

3. $\overline{SIP} \equiv SEP$

4. $\overline{SOP} \equiv SAP$

三、负复合判断及其等值判断

1. $\overline{p \wedge q} \equiv \overline{p} \vee \overline{q}$

2. $\overline{p \vee q} \equiv \overline{p} \wedge \overline{q}$

3. $\overline{p \veebar q} \equiv (p \wedge q) \vee (\overline{p} \wedge \overline{q})$

4. $\overline{p \rightarrow q} \equiv p \wedge \overline{q}$

5. $\overline{p \leftarrow q} \equiv \overline{p} \wedge q$

6. $\overline{p \leftrightarrow q} \equiv (p \wedge \overline{q}) \vee (\overline{p} \wedge q)$

7. $\overline{\overline{p}} \equiv p$

四、真值表的判定作用

本章的学习重点是各种复合判断的真值表和各种推理的正确式以及各种负判断的等值判断的判定。

第五章　归纳推理和类比推理

第一节　归纳推理

一　归纳推理的概述

(一)归纳推理是以个别(特殊)性知识为前提推出普遍(一般)性知识为结论的推理。其结论超出前提的范围,是一种或然性推理。

(二)归纳推理与演绎推理有联系,也有区别。

(三)归纳推理分完全归纳推理和不完全归纳推理两大类;不完全归纳推理又分为简单枚举归纳推理和科学归纳推理两种。

二、完全归纳推理

由某类中每一个对象是否具有某种属性推出该类的全部对象是否具有某种属性的结论。

结论没有超出前提的范围,是必然性推理。

要求每一前提必须是真实的而且要穷尽所有对象。不适用于具有无穷对象的类。

三、不完全归纳推理

由某类中的部分对象是否具有某种属性推出该类的全部是否具有某种属性的结论。

(一)简单枚举归纳推理

以经验认识为主要依据,根据部分对象是否具有某种属性,又未遇到相反的事例而得出全类是否具有某种属性的结论。

前提与结论的联系是或然的。要提高其结论的可靠性,必须注意:①尽量扩大被考察对象的数量和范围;②尽量搜集反例。否则就会犯"以偏概全"或"轻率概括"的逻辑错误。

(二)科学归纳推理

以科学理论分析为指导,根据某类中的部分对象与某种属性之间的必然的因果联系而得出全类是否具有某种属性的结论。

其结论比较可靠。与简单枚举法既有联系又有区别。

四、求因果五法

(一)求同法(契合法):在若干场合中存在的惟一共同条件与被研究现象的出现有因果联系。特点是:异中求同。

(二)求异法(差异法):在正负两个场合中,只存在着惟一不同的条件,此条件与被研究现象的出现有因果联系。特点是:同中求异。

(三)求同求异并用法:在正负两组场合,如果只有一个共同情况的出现或不出现,会导致被研究现象的出现与不出现,那么这一情况便与被研究现象之间有因果联系。特点是:将两次运用求同法所得结果用求异法加以比较。

(四)共变法:如果惟一变化着的现象导致被研究现象量的变化,则此变化的现象与被研究现象之间具有因果联系。特点是:二者共同发生变化。

(五)剩余法:某一复合现象产生一复合的结果,已知某些现象可单独产生某些结果,那么剩余的现象则可产生剩余的结果。特点是:剩余的现象是剩余的结果的原因。

第二节　类比推理

类比推理是由两个或两类对象在某些属性上相同或相似推出它们在另一些属性上也相同的推理。

类比推理的结论是或然的。要提高其结论的可靠性,必须尽量增多相类比的共同属性和分析相同属性与推出属性之间的本质联系。避免犯"机械类比"的逻辑错误。

类比推理可启发人们的创造性思维,进行发明创造;可提供科学假说;可为现代科技中提供模拟的方法。

第六章　普通逻辑的基本规律

第一节　概述

四条基本规律是正确思维的必要条件,遵守了这些规律才能保证思维的确定性、一贯性、明确性和论证性。

第二节　同一律

一、基本内容

在同一思维过程中,一个思想,其自身必须保持同一。

公式是:A 是 A(或 A→A)

二、要求和逻辑错误

1. 要求概念的内涵和外延必须同一,不能任意变换,否则,会出现"混淆概念"或"偷换概念"的逻辑错误。

2. 要求判断必须同一,不能随便转移。否则会出现"转移论题"或"偷换论题"的逻辑错误。

同一律不同于形而上学,它不否定事物或思想的发展变化,是指同一对象在同一时间、同一方面要保持确定性。如果对象、时间、方面(关系)不同,则不违反同一律。

第三节　矛盾律

一、基本内容

在同一思维过程中,两个相互否定的思想不能同真,必有一假。

公式是:A 不是非 A(或$\overline{A \wedge \overline{A}}$)

二、要求和逻辑错误

要求两个互相矛盾或互相反对的概念和判断不能同时是真的。否则会出现"自相矛盾"或"模棱两可"的逻辑错误。

矛盾律是保证思维具有一贯性的规律,在论证中,是间接反驳的逻辑根据。它并不否认客观事物的内在矛盾,只排除思维的逻辑矛盾,它也是在同一思维过程中起作用的。如果对同一对象在不同时间或方面做相互否定的判断,并不违反矛盾律的要求。

第四节　排中律

一、基本内容

在同一思维过程中,两个互相矛盾的思想不能同假,必有一真。

公式是:A 或者非 A(或 $A \vee \overline{A}$)

二、要求和逻辑错误

要求两个互相矛盾的概念和判断必有一个是真的。否则就会出现"模棱两不可"的逻辑错误。

排中律的主要作用在于保证思维的明确性。在论证中,是间接论证的逻辑根据。

排中律并不否认客观事物本身有可能存在两种以上的情况或某种中间状态,也不排除人们在认识过程中,由于对事物尚未做出断定而采取二不择一的态度。

对于"复杂问语"的回答,既不肯定、也不否定并不违反排中律的要求。

三、排中律与矛盾律的区别

1.适用范围不同;2.要求不同;3.作用不同;4.逻辑错误的表现形式不同。

第五节　充足理由律

一、基本内容

在同一思维和论证过程中,一个思想被确定为真,总是有充足理由的。

公式是:A 真,因为 B 真且 B 能推出 A。

$$[B \wedge (B \rightarrow A) \rightarrow A]$$

二、要求和逻辑错误

1. 要求理由必须真实,否则会犯"虚假理由"的逻辑错误。

2. 要求理由必须能够推出论断,否则会犯"推不出"的逻辑错误。

充足理由律的主要作用是保证思维的论证性。但理由是否真实要靠实践来检验。

本章学习的重点是四条规律的基本内容、逻辑要求和如何排除逻辑错误的方法。

第七章　假说

一、什么是假说

假说是以已有事实材料和科学原理为依据,对未知的事物或规律性所作的假定性解释。有两个特征:①以事实材料和科学知识为依据;②具有推测的性质,有待检验。

二、假说的提出和验证

提出假说主要运用类比推理和归纳推理。然后由假说做出推断,主要应用演绎推理。最后验证假说,主要应用归纳推理和演绎推理。

三、作用

假说是科学发展的必由之路,也是日常生活工作中经常运用的一种思维方法。

第八章　论证

第一节　论证的概述

一、论证及其组成

1. 论证是用一个或一些已知为真的判断确定另一个判断的真实性的思维过程。是各种逻辑形式和逻辑规律的综合运用。

2. 论证由论题、论据和论证方式三部分组成。

二、论证与推理有密切的关系,但又有区别。

第二节　论证的种类

一、根据论证方式的不同,可分为演绎论证和归纳论证。

二、根据论证方法的不同,可分为直接论证和间接论证。间接论证又可分为反证法和选言证法两种。

第三节　论证的规则

一、论题应当清楚、明白,应保持同一。

二、论据应是已知为真的判断,其真实性不应当靠论题的真实性来论证。

三、从论据应当能推出论题。

违反上述规则,就会出现"论题模糊"、"转移论题"、"论据虚假"、"预期理由"、"循环论证"、"推不出"等逻辑错误。

第四节　反驳及其方法

一、反驳是用一个或一些真实判断确定另一个判断的虚假性或确定它的论证不能成立的思维过程。

二、反驳可分为反驳论题、反驳论据和反驳论证方式三种。

三、反驳的方法

　　1. 直接反驳：正面论证某论题为假，可以用演绎推理，也可以用归纳推理。

　　2. 间接反驳：反面论证某论题为假，常用的一种方法是归谬法。

　　归谬法是先将反驳的论题假定为真，由此引出荒谬的结论，用充分条件假言推理的否定后件式，确定荒谬结论为假，进而确定反驳的论题为假。

　　反驳是一种特殊的论证，所以要遵守论证的全部规则，论证论题是假的。

学习指要与技能训练

下 编

辛 菊　嘉意

编著

毕富生　审订

新编普通逻辑学基础

第一部分　学习指要及解题方法指导

　　普通逻辑是研究思维形式的逻辑结构及其规律的一门工具性质的科学。普通逻辑是普通高校和成人大学文科各系(科)的必修基础课。开设这门课的目的是:通过对逻辑学各个章节的全面讲解和习题训练,使学员系统掌握概念、判断、推理、论证和逻辑规律等方面的知识,从而提高他们的思维表达能力和在实践中运用逻辑工具认识客观世界和解决实际问题的能力。

　　逻辑学的内容比较抽象,符号也较复杂,因此,自学逻辑学比自学其他课程相对来说要困难一些。为帮助学员学好这门课,我们以"指要"的形式对普通逻辑各个章节的内容做简要介绍,同时列出每个章节的重点和难点做比较详细的分析。此外,要求学员通过本书每个章节所附的综合训练题的练习、巩固学过的逻辑理论知识,提高运用逻辑工具解决实际问题的能力。

一、学习指要

第一章　引论

本章共分四节。

第一节　普通逻辑的对象。这一节是本章的重点。主要说明逻辑学是关于思维的科学,它所研究的内容与人们在实践中对客观事物的认识是分不开的。通过第一节的学习,要求学员弄清什么是思维,思维有哪些重要特点,思维的逻辑形式和基本规律是什么等问题。

第二节　普通逻辑的性质。主要说明逻辑学作为一门工具性质的科学,它是没有阶级性的,逻辑形式和规律对各阶级一视同仁。

第三节　普通逻辑的作用。主要说明学习逻辑能够帮助人们提高思维能力,探求新的知识,有助于人们准确严密地表述和论证思想、反驳谬误、揭露诡辩。要学好逻辑,必须坚持理论联系实际的原则和方法。

第四节　逻辑学科简况。简要介绍古代中国、印度、希腊逻辑学说的产生和发展,对普通逻辑与其他科学,尤其与数理逻辑和辩证逻辑的关系也作了扼要的说明。

第二章　概念

本章共分六节。

第一节　概念的概述。主要讲概念的本质、概念与语词的关系、概念的内涵和处延。

第二节 概念的种类。概念可以根据内涵与外延的不同分成若干个类。根据外延的不同,概念可分为单独概念和普通概念;根据内涵的不同,概念可分为集合概念和非集合概念、实体概念和属性概念、正概念和负概念。本节对概念的各个种类作了分析,有助于人们准确地使用概念。

第三节 概念间的关系。主要介绍在内涵方面具有某些共同属性的几个概念外延之间的关系。包括外延至少有一部分相同的相容关系,即全同关系、属种关系、交叉关系和相容并列关系;外延完全不同的不相容关系,或称全异关系,即矛盾关系、反对关系和不相容并列关系。

第四节 定义。介绍定义的构成、下定义的方法、定义的规则和定义的作用。

第五节 划分。介绍划分的构成、划分的方法、划分的规则和划分的作用。

第六节 概念的限制和概括。介绍限制和概括这两种逻辑方法的关系以及它们在明确概念中所起的不同作用。

学习概念这一章必须弄清下面几个重要问题。

(一)关于概念的分类

初学逻辑的同志对概念的各种分类往往把握不准,尤其是集合概念与非集合概念、普遍概念与集合概念、普遍概念与非集合概念、单独概念与集合概念,它们之间究竟有什么联系和区别,初学者很不容易一下子就搞清楚,因此,有必要先掌握每一种概念的准确含义。

单独概念和普通概念是根据概念所反映的事物数量的不同来划分的。如在"鲁迅是作家"这个判断中,"鲁迅"是一个单独概念;"作家"是个普遍概念。

普遍概念是类概念,它是由一个个分子组成的,每一个分子都具有该类的属性,或者说,类的属性为每一个分子所具备。比如中国、美国、日本相对于国家来说,前者是一个个的分子,是单独概念,后者则是由一个个分子组成的类,是普遍概念,中国、美国、日本都具有"国家"的属性。由此可知,普遍概念同单独概念的关系就是类和某一分子的关系。

集合概念和非集合概念是根据概念所反映的是否为集合体来划分的。集合概念反映由许多性质相同的个体所组成的整体,即集合体,非集合概念则不反映事物的集合体。

集合概念最重要的特点是组成该集合体的每一个个体不必然具有整体的属性,所以一本书不能叫书籍,一位战士也不能叫军队,森林虽然是由树组成,但森林的属性同树的属性是不一样的。这一点同普遍概念中类与分子的关系完全不同。作为普遍概念,每一个分子都具有该类的属性,所以我们可以说"《红楼梦》是书""雷锋是战士",但却不能说"红楼梦是书籍""雷锋是部队"。

有一些语词,在某个语言环境中反映的是事物的集合体,而在另一个语言环境中则不反映集合体。如果将二者简单地替换,就会犯"偷换概念"的错误。

根据上面的分析可知,单独概念既然外延只有一个,而不是一类,不能再分出一个个的分子,而只能分解成部分,所以单独概念也同集合概念一样,是以事物整体为反映对象的。至于有些词语,由于在不同的语境中,既可以在集合的意义上使用,又可以在非集合的意义上使用,所以叫做一个语词既可以表达集合概念,也可以表达非集合概念。

(二)关于概念间的关系

首先要明确,讲概念间的关系有两个前提:第一,是指概念外延间的关系;第二,是指可比较的概念之间的关系。如精神文明与物质文明、动物与家畜等,它们都有一个共同的大范围,即"论域",所以才可以做比较。如果离开了论域,概念外延间的关系就无法比较,如粉笔和家畜、太阳和钢笔等。

概念之间的关系根据外延是否有共同部分而分为相容的和不相容的两大类。相容关系又分为全同关系(A 和 B 两个概念的外延完全相同)、属种关系(A 概念包含 B 概念或 A 概念被 B 概念包含)和交叉关系(A 概念与 B 概念的外延各有一部分重叠)三种。如

商品～用来交换的劳动产品(全同关系)

工人～煤矿工人(包含关系)
煤矿工人～工人(包含于关系)　　　}(属种关系)

工人～党员(交叉关系)

不相容关系可分为矛盾关系(A 概念与 $\overline{A}$ 概念的外延相加之和等于其属概念全部外延)、反对关系(A 概念与 B 概念外延相加之和小于其属概念全部外延)。如：

教学开支(A)＋非教学开支($\overline{A}$)＝学校全部开支(矛盾关系)

教学设备费(A)＋办公费(B)＜学校全部费用(反对关系)

要弄清矛盾关系与反对关系必须注意两点：

(1)矛盾关系是指两个概念相加之和等于其属概念,因此,它一般总是反映为正概念与负概念的关系,如：事业单位与非事业单位、团员与非团员等。

不过,矛盾关系也有特殊的情况,即如果两个正概念外延之和等于其属概念,那也应视为矛盾关系,如男性和女性、干部和群众。虽然都是肯定概念,仍然属于矛盾关系。

(2)反对关系的概念与反义词的关系问题。一般来说,语言中的相对反义词表达反对关系的概念,如老～少、黑～白、高～低、赞成～反对、胜利～失败等。但是,具有反对关系的概念却并不一定能构成反义词,如好与不好、老年与中年、黑色与蓝色、赞成和弃权等,都不是反义词,但都是反对关系的概念。因此,在学习概念的关系时要注意各种概念的语词表达形式。

(三)什么是欧拉图解

欧拉是一个人名,他是 18 世纪瑞士数学家 leonhard Eulea,译为"欧拉"或"欧勒"。他提出可以用圆圈图形来表示概念外延间各种关系的图解法。有了这个图解,人们便能够直观地理解概念间的外延关系,所以欧拉图解历来被各种逻辑著作或教科书采用。

欧拉图解用五种圆圈图形来表示概念外延之间的关系,这五种图形是:

图一表示全同关系,图二、三表示属种关系(其中图二是 a 包含于 b,图三是 a 包含 b),图四是交叉关系,图五是全异关系。

运用欧拉图不仅可表示两个概念间的外延关系,而且可以表示好些概念之间的外延关系。如 a、工人　b、党员　c、党的老干部　d、小学生　这四个概念外延间的关系可以用欧拉图表示为:

(四)关于划分的实质、方法和规则

划分是揭示概念外延的逻辑方法,它是由划分的母项、划分的子项和划分根据三个要素组成的。对概念进行划分,就是根据一定的标准把作为划分母项的某一属概念的外延分成若干个种概念作为子项,也就是根据一定的属性把被划分概念反映的一类对象分成若干小类,以揭示对象的范围,达到明确概念外延的目的。

在认识划分这种逻辑方法时,必须明确两条:一是划分不同于平常所说的区分。比如某人上街买了许多东西:2 只活鸡,4 公斤鱼,1 公斤葱,5 公斤白菜,2 包五香调味粉,1 只铝锅,1 把筷子。回来以后,要把它们一一分开,放到应该放的地方去,这是对事物

的类做区分工作,但它不是划分,划分只是在具有属种关系的概念中才能进行,比如把鸡分为公鸡和母鸡(按性别)或分为洋鸡和本地鸡(按品种来源)或分为白鸡、黑鸡和花鸡(按颜色)等。这才叫划分,因为划分所得的各个子项(如公鸡、母鸡)都具有母项(鸡)的性质。二是划分也不同于分解。分解是整体和部分(局部)的关系,比如树可分为树根、树干、树枝、树叶;山西师大设办公室、后勤处、教务处、学生处、中文系、历史系……等系处单位,这些都属于整体与部分的关系,即分解,而不是划分。因为我们既不能说"树叶(树干、树根)就是树",也不能说"山西师大中文系就是山西师大"。"桃树是树""李树是树"都能说得通,因为树和桃树具有属种关系。而"树和树叶"、"师大和中文系"不具有属种关系。

划分方法有一次划分和连续划分、二分法和多分法几种:

一次划分。划分一次就完毕的划分,其结果有母项和子项两个层次。划分标准也只有一个,如:考试成绩分为优、良、及格和不及格。

连续划分。把每次划分所得的子项作为母项一次次划分下去,直到满足需要为止,但每一次划分只能用一个标准,这种划分至少有两个以上的层次。

二分法。把作为母项的属概念分为具有矛盾关系的两个种概念的方法。如把学校开支分为教学性开支和非教学性开支,把语词分为实词和虚词,都运用了二分法。

二分法不仅是一种简洁的划分方法,而且也是一种强调思维对象的方法。

多分法是把母项分为至少三个子项的方法。

划分的规则见教材。

(五)如何认识内涵与外延的反变关系

反变关系是指在具有属种关系的两个概念中,内涵越多,外延越小;内涵越少,外延越大的关系。如:

知识分子→教师→语文教师→中学语文教师→优秀的中学语文教师

由"知识分子"过渡到"优秀的中学语文教师",内涵(即内容和含义)越来越增加,且越丰富,而外延却越来越变小;而由"优秀的中学语文教师"过渡到"知识分子"则是内涵越来越减少,外延越来越扩大。内涵与外延的这种反比例关系,逻辑上称之为"反变关系"。

概念的限制和概括是运用反变关系来明确概念的两种逻辑方法。概念的限制是通过增加内涵来缩小外延。如上例。由"战争"到"革命战争",内涵增多,外延缩小,这就是概念的限制,其目的是使概念由抽象或空泛过渡到具体和准确;而由"革命战争"过渡到"战争"则是内涵减少,外延扩大。运用概括法能使我们跳出具体事物的范围,避免就事论事,而提高到一定的原则上去认识事物。比如某人多次无故旷工、迟到、早退,人们指出这是"无组织无纪律的行为",这是一个恰当的概括,能促使人警醒和认识错误。概念的限制和概括同对概念下定义、对概念进行划分一样,都是明确概念的逻辑方法,可以根据实际需要去分别运用。

(六)运用概念方面的常见错误

第一类　概念不准

①我大伯的年龄已经老了。

②有些同学抱怨说,文娱活动阻碍了他们的学习。

③身体虚弱应该多吃些营养。

例①年龄只能说"大",和"老"搭配则显得别扭,语意不通。例②对学习可用"妨碍"或"影响",不能用阻碍。例③"营养"不能吃,应改为"营养品"。

第二类　概念不清

①五个人考大学,一个没有取。

②他批评他是错误的。

③他有兄弟两个人。

④一边站着一个孩子,我叔父是多么幸福!

例①是"一个"上有问题。是"五个人"中"一个"没有考取,还是全部没有考取,概念不清。例②中谁批评谁不清楚。"他"这个概念不清。例③兄弟两个包括不包括"他",不清楚。例④是"只一边"站着一个孩子,还是各一边站着一个孩子? 不清楚。

第三类　集合概念误用

①校门前那两棵树木已经有腕口那样粗了。

②雷锋同志很年轻,他只活了22个岁月。

③南京的六月是多么炎热的季节。

④一天记住三个词汇,一年就有一千多。

上面四个例子中有"树木""岁月""季节""词汇"都是集合概念,都不能用于其中的个体,所以都用错了。

第四类　概念多余

①母亲逝世离现在已整整9年了。

②改革开放以来,多少老专家焕发出自己的青春。

③中国华侨,在世界各国越来越有安全感。

④这个问题我在思想上考虑得很多,但一直没有弄清。

⑤我还差一年没有毕业。

⑥这句话后面,包含了多少丰富的无声的潜台词啊!

例①"逝世"当然是"离现在"的,"离现在"多余。例②"青春"当然是"自己的","自己的"多余。例③"华侨"当然是"中国"的,"中国"多余。例④考虑问题当然"在思想上"考虑,"在思想上"多余。例⑤"差一年"当然不能毕业,"没有"多余。例⑥"潜台词"本来就是"无声的","无声的"多余。

第五类　概念次序不当

①三个一中的学生参加了劳动。

②人类不但要改造环境,而且要适应环境。

③李庄是具有一个革命传统的村庄。

④这次团代会对如何开展团的活动交换了广泛的意见。

概念次序不当是概念混乱的表现之一。例①应是"一中的三个学生",而不是"三个一中的学生"。例②"适应环境"应该放在前,"改造环境"应放在后。例③"一个"应该放在"具有"前。例④应该是"广泛交换"而不是"交换了广泛的意见。"

第六类　概念并列不当

①听讲座的大部分是青年和学生。

②今天参加打扫的有家属、学生、工人和女同志。

③他把科学知识和农业科学知识结合在一起。

④最近,我国日用工业产品,如衬衫、服装、自行车等都增长很快。

例①中"青年"和"学生"是交叉概念,不能并列。例②"家属"和"学生"、"工人"、"女同志"是交叉概念,也不能并列。例③"农业科学知识"从属于"科学知识",属种概念不能并列。例④"衬衫"和"服装"也是属种概念,因此都不能并列使用。

第七类　概念限制不当或没有限制

①电门一关,就可以阻止电流不再进来。

②他摆出一副毒辣的面孔。

③我们可以避免不犯错误。

④全场响起了欢乐的掌声,大家沉浸在一片幸福之中。

⑤今年我们村里粮食产量超过历史水平。

例①是限制不当,应把"不再"删去。例②"面孔"没有"毒辣"的属性,应去掉"毒辣"。宜换上"冷酷"一词限制"面孔"。例③中多用了一个"不"字,使得整句的意思正好相反,应删去。例④"欢乐"限制"掌声","一片"限制"幸福"皆不当,宜改为"热烈的掌声""无比的幸福"。例⑤用"历史"限制"水平"不妥,应改为"历史最高水平"。

第三章　简单判断和演绎推理（上）

"判断"是概念的结合，又是推理的基本组成要素。没有判断就不可能揭示和说明概念，也不可能进行推理。"推理"是判断的组合，是普通逻辑最主要的内容。所以要学好普通逻辑这门学科，就必须认真地学好"判断"和"推理"。

本章的基本内容，在教材中共分四节来叙述，为了使简单判断及其推理的内容更加系统化、条理化，我们把教材中有关简单的模态判断和规范判断的内容，另立一节来说明。

第一节　判断和推理的概述。主要讲述判断的定义、特征以及它和语句的关系；推理的定义、构成、特征以及同复句、句群的关系；判断和推理的作用及其种类等。

第二节　性质判断及其直接推理。主要讲述性质判断的定义、构成、种类和逻辑形式以及主谓项的周延性问题；性质判断的两种主要的直接推理——对当关系直接推理和判断变形直接推理。

第三节　性质判断的间接推理——三段论。主要讲述三段论的构成、公理、规则、格和式以及三段论的几种省略式和复杂式。

第四节　关系判断及其推理。介绍关系判断和关系推理的几种常见逻辑形式。

第五节　模态判断和规范判断及其推理。介绍模态判断和规范判断的种类以及它们的推理形式。

在学习本章时，应注意抓住以下几个重点问题。

（一）什么是判断

判断是对思维对象有所断定的一种思维形式。

正确认识和运用各种判断形式，是正确认识和运用各种推理形式的必要条件。所以我们必须对各种不同的判断形式进行分门别类的研究，弄清它们的逻辑特征、结构形式以及相互间的真假制约关系。

1. 判断的逻辑特征

判断的特征有两个。第一，从形式上来讲，判断必须有所断定。"有所断定"是指对思维对象的属性或关系等的肯定或否定。任何一个判断，都是通过这种思维对象的肯定或否定来反映客观现实，从而表现着人们对现实的某种认识。因此，对思维对象有所肯定或否定是一切判断最显著的特征和标志。第二，从内容上来讲，判断总是有真有假的，判断是对事物情况的反映，因而就必然存在着是否符合现实的问题。如果一个判断所断定的思想符合客观实际，那么这个判断就是一个真实的判断；如果不符合客观实际，则是一个虚假的判断，确定一个判断真假的惟一标准是实践。

2. 判断和语句的关系

判断作为一种思维形式，它和语句有十分密切的关系，判断不可能离开语句而赤裸裸地存在。判断的形成和表达都离不开语句。判断要靠句子来表达，但判断和语句又并不是一一对应的关系，即并非一切句子都能直接表达判断。陈述句是直接表达判断的，反诘疑问句实际上是无疑而问，直接表达了某种肯定或否定的思想，因而也是直接表达了判断。而纯粹的疑问句、感叹句、祈使句，本身不直接表示有何肯定或否定，因而也不直接表示一种或真或假的思想（当然也不能说它们与判断毫无关系，因为这些语句总也这样或那样的预设着某个或某些其他判断，因而总是间接地表达着某种有所断定的思想），所以也就不能直接地表达判断。可见，一个句子能否直接表达判断就看它是否具备判断的以上基本特征。另外，同一个判断，在不同民族语言和不同的方言中，乃至同一种语言中，都可以用不同的语句来表示，语言中的同义语句就是如此。如：真理是有用的；真理非常有用，人人都承认真理有用。在不同的语境中，同一个语句也可以用来表达不同的判断，语言中的多义语句就是如此。如："我正在听课"。所以我们既不能把所有的语句都看做是判断,也不能把一种判断只看做一种语句,要通过判断与语句的相互关系来进一步理解判断的特征。

3.判断的基本类型

判断可按不同的根据进行分类。

我们首先按判断本身是否还包含有其他的判断,把一切判断区分为简单判断(即本身不再包含其他判断的判断)和复合判断(即本身还包含着其他判断的判断)。关于简单判断,我们再按其所断定的是对象的性质还是关系,将其分为性质判断和关系判断。关于复合判断,我们按照组成复合判断的各个简单判断之间的结合情况的不同,将其区分为联言判断、选言判断、假言判断和负判断。然后再按判断是否包含有模态词,而将判断分为模态判断和非模态判断。

$$
\left.\begin{array}{l}\text{模态判断}\\\text{非模态判断}\end{array}\right\}\text{判断}\left\{\begin{array}{l}\text{简单判断}\left\{\begin{array}{l}\text{性质判断}\\\text{关系判断}\end{array}\right.\\\text{复合判断}\left\{\begin{array}{l}\text{联言判断}\\\text{选言判断}\\\text{假言判断}\\\text{负判断}\end{array}\right.\end{array}\right.
$$

(二)什么是推理

推理是由一个或几个已知判断推出另一个新判断的思维形式。已知的判断是推理的出发点,即推理的前提,推出的新判断是推理的结果,即推理的结论。前提与结论之间的一定的联系方式也就是推理的形式。这就是推理的定义及构成特征。

推理的语言表达形式是复句或句群。推理的语言标志是"因为……所以……""由于……因此……"等。具有推论关系的复句或句群才表达推理。

推理是一种获得新知识的方法,它是认识和论证的重要工具,同时也是总结人类认识成果的重要工具。

1.推理的逻辑性

推理的逻辑性就是指推理的形式正确,推理合乎逻辑规则,能够从前提中必然地推出结论。

教材所说的推理结论真实的两个条件还包括前提真实的问题。事实上,逻辑学本身只能够提供关于前提与结论之间的逻辑规则,只能解决推理的逻辑性问题,它不能具体解决前提是否真实的问题。逻辑学为了保证它的推理正确,只是要求推理的前提必须真实,至于能否真实,只有靠各门具体科学、靠实践来解决。另一方面,归纳推理符合规则,也不能保证它的结论必然真实可靠。所以我们这里讲的主要是推理的逻辑性问题。

2. 推理的基本类型

对推理进行分类也是一件复杂的事情,依据不同的逻辑性质,可以把推理分成不同的种类。根据教材体系,我们是这样来对推理进行分类的。

首先,按照推理进程的不同方向,把推理分为演绎推理(一般到特殊)、归纳推理(特殊到一般)和类比推理(特殊到特殊)三种基本类型。这里所谓的演绎推理,还指前提蕴涵结论即前提与结论有必然联系的推理。在演绎推理中,又根据前提判断类型的不同,分为简单判断的推理和复合判断的推理两种。简单判断的推理又分为性质判断的推理和关系推理。性质判断的推理又可分为性质判断的直接推理和性质判断的间接推理(即三段论)两小类。复合判断的推理又可分为联言推理、选言推理、假言推理、假言选言推理(即二难推理)几种。再次在归纳推理中,又分为完全归纳推理和不完全归纳推理两类,不完全归纳推理又可分为简单枚举归纳推理和科学归纳推理两小类。

另外我们还可以根据前提中是否运用了模态判断,把推理分为模态推理和非模态推理两种,以上各种推理在教材中都作为非模态推理来处理。模态推理中又包括真值模态推理(简称模态推理)和规范模态推理(简称规范推理)两种。

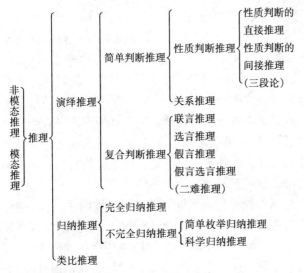

(三)什么是性质判断

性质判断是断定事物是否具有某种性质的判断。它由主项、谓项、联项和量项四部分构成。根据其质(联项)和量(量项)的不同,性质判断可分为全称肯定判断(包括单称肯定判断)、全称否定判断(包括单称否定判断)、特称肯定判断和特称否定判断四种基本类型。传统逻辑中用 A、E、I、O 四个字母分别代表这四种类型的判断形式。性质判断是简单判断的核心部分,要正确地把握性质判断的逻辑特性,必须注意以下几个问题:

1.关于特称量项的含义问题

关于特称量项的含义,我们必须强调指出,特称判断中的特称量项"有的"(或"有些")与我们日常用语中所说的"有些"是有所不同的。日常用语中讲"有些",大多指"仅仅有些",因而一般讲"有些是什么"时,往往意味着"有些不是什么",而讲"有些不是什么"时,也往往意味着"有些是什么"。但是,作为特称量项的"有的"(或"有些")只是表示在一类事物中有对象被断定具有或不具有某种性质,至于这一类事物中未被断定的对象的情况如何,它没有做出明确的表示。因此,特称量项"有的"是指"至少有些",即"至少有一个"的意思,但究竟有多少个呢? 不确定。客观上可以是"有一个"、"有几个",乃至于可以是"所有"。因此当我们断定某类中有对象具有某种性质时,如:"有些团员是青年",并不必然意味着该类对象中有对象不具有某种性质,如"有些团员不是青年";反之亦然。由此可知,特称量项的基本含义是:它对主项的外延做了断定,然而,却未对其全部外延做出断定。绝不能将它与日常用语中的"有些"的用法混同起来。

2. 关于性质判断中肯定判断谓项的周延性问题

性质判断项的周延性,是指在性质判断中对主项、谓项外延数量的断定情况。如果在一个判断中,对它的主项(或谓项)的全部外延做了断定,那么,这个判断的主项(或谓项)就是周延的;如果未对主项(或谓项)的全部外延做出断定,那么,这个判断的主项(或谓项)就是不周延的。据此可知:全称判断的主项是周延的,特称判断的主项是不周延的;否定判断的谓项是周延的,肯定判断的谓项是不周延的,毫无例外。前三者还好理解,对于这最后一点,有些同学常常会提出异议。在他们看来,肯定判断的谓项,并不都是不周延的,即在某些情况下是可以周延的。比如,他们认为一个表示定义的判断,由于其主谓项的外延相等,因而其谓项是周延的;一个全称肯定判断换位而得到的判断,如"有的学生是大学生"(由"所有大学生是学生"换位而来),其谓项"大学生"也是周延的;一个主谓项是全同关系的判断,如:"等边三角形就是等角三角形"其谓项也是周延的,等等。

如何解决这一难点呢? 首先我们必须从理论上掌握"周延性"这一概念的确切含义。项的周延性是指对性质判断主谓项外延的断定情况,因此,如果离开性质判断,仅对某个孤立的概念而言,是谈不上什么周延、不周延的。其次,项的周延性问题只是判断者对主项与谓项外延之间的一种认识(断定),而不是直接表示主项或谓项所反映的对象在现实中实际存在着的客观关系。所以,我们在分析项的周延情况时,就不能仅仅根据主项和谓项所反映的对象类之间的客观关系而去判定判断中的项的周延情况。再次,就肯定判断的谓项来说,在"所有 S 是 P"(或"有些 S 是 P")中,它只是断定 S 类的所有分子(或有 S 类的分子)是 P 的分子,而没有断定 S 类的所有分子(或有 S 类的分子),就是 P 类的所有分子。即没有断定 P 类的所有分子就是 S 类的全部分子(或 S 类的有的分子)。所以肯定判断的谓项只能是不周延的。

当有人提出表示定义的判断,如:"人是能制造生产工具的动物",其中谓项也周延时,他们所根据的事实上已经不是这一判断本身,而是根据另外的判断。如,由他们根据具体知识的分析,已经确知该判断是一个定义(事实上定义的判断形式正好是"S 是 P,而 P 是 S"而不单纯是"S 是 P"),他们所依据的已经不是我们所给定的原有判断,而是按另外的某个判断即"能制造生产工具的动物是人"这一判断来进行分析了。有些同志之所以认定在"有的学生是大学生""等边三角形就是等角三角形"这一判断中谓项是周延的,也不是基于这一判断本身提出的,而是根据他们已经知道的"所有大学生是学生"和"等角三角形就是等边三角形"这一判断提出的。所以仅仅从给定判断本身来进行分析,我们只能认定在肯定判断中"S"的外延是包含在"P"的外延之中,因而肯定判断的谓项只能是不周延的,这一问题就好理解了。

(四)什么是对当关系法直接推理

"对当关系法"直接推理是根据传统逻辑方阵中判断间的真假对当关系的规定所进行的一种直接推理。所谓对当关系是指 A、E、I、O 四种判断当其素材相同时(即主谓项完全相同),彼此在真假方面所必然存在的一种相互制约的关系,也就是传统逻辑中用逻辑方阵所表示的"对当关系"。对当关系是主项 S 和谓项 P 在外延上的各种客观关系的概括和抽象,所以它在人们的思维活动中就必然体现出一定的规律性,而人们的思维也就必须遵循它。比如:人们常常有意识地用一特称肯定(或否定)判断来反驳某个错误的全称否定(或肯定)判断,等等。对当关系直接推理正是以此为依据的,因此掌握对当关系对于学习直接推理是至关重要的。

另外运用对当关系直接推理还要注意以下几点:

第一,对当关系是指素材相同,即主项和谓项分别相同的 A、E、I、O 四种判断之间的一种真假关系,素材不同的 A、E、I、O 四种判断之间,自然就不存在这种关系。如:"小张是中文系函授学员"和"小李是物理系的函授学员"之间不存在真假制约关系,因此也就不能进行推理。

第二,传统逻辑的对当关系都是以假定主项存在,即假定主项并非空类概念(虚概念)为前提条件的。因此,当主项表示的事物不存在时,对当关系中的某些关系就没有意义(即无真假)。如,以"神"为主项构成四种判断,由于"神"这一主项所表示的事物在事实上是不存在的,所以,"所有(或有的)神是(或不是)慈悲的"都是无所谓真假的,因而也就不完全具有传统对当关系中的相应关系,也就不能进行正确的推理。

第三,按照对当关系,全称肯定判断和全称否定判断之间的关系是不能同真、但可以同假的反对关系,但是通常都作为全称判断来处理的单称肯定判断和单称否定判断之间的关系,却不是反对关系,而是既不能同真、也不能同假的矛盾关系。这是由其主项的外延是表示一个独一无二的对象这一点所决定的。因为,一个单独的对象或具有某种性质,或不具有某种性质是没有例外的,因而,相应的单称肯定判断和单称否定判断之间只能一真一假、一假一真,没有例外。

第四,对当关系直接推理是一种前提蕴涵结论的必然性推理,是结论带有必然性(即或必真,或必假)的演绎推理。因此,对当关系中反映的真假不定的或然性关系,是对当关系推理的无效式(见教材所列八种),也不能据此进行正确推论。

(五)什么是判断变形法的直接推理

判断变形法直接推理是通过改变性质判断的联项(即质)或主、谓项的位置而推出一个新的性质判断为结论的一种直接推理。它包括换质法、换位法、换质位法和换位质法等形式,在推论过程中一定要遵守换质法和换位法的一些基本规则,特别是换位法不能扩大原判断周延性情况的规则一定要理解,不能由 SAP 推出 PAS,也不能由 SOP 推出 POS,否则就会犯"主项扩大"或"谓项扩大"的逻辑错误。

(六)什么是三段论

"三段论"有广义和狭义的区别。广义的三段论泛指由三个判断构成的演绎推理,它可以包括所有间接的演绎推理在内,是演绎推理的表现形式。如:直言三段论、选言三段论、假言三段论、假言选言三段论,等等。狭义的三段论仅指由三个性质判断构成的直言三段论。教材中的三段论正是在后一种意义上理解的。所以三段论是以两个包含同一概念的性质判断为前提,推出一个新的性质判断为结论的推理。它是由三个段(三个性质判断)和三个项(大项、中项、小项)构成的。结论中的主项是小项,用"S"表示,结论中的谓项是大项,用"P"表示,前提中两次出现的概念叫中项,用"M"表示。包含有大项的前提是大前提,包含有小项的前提是小前提。在一个完整的三段论形式中,它的三个项都分别出现两次。所以根据三段论的公理:凡一类事物的全部所具有(或不具有)的属性,也为这类事物的每一部分分子所具有(或不具有),三段论有七条规则、四个格、二十四个有效式,还有各种变式等。要正确运用三段论,必须注意以下几个问题:

1.三段论的一般规则

三段论的一般规则有七条,这七条规则可以分为两个部分,即关于项的规则和关于前提与结论的规则。

第一,关于项的规则有三条(即一、二、三条),其中第一、二两条是关于中项的规则。第一条规则是:"在一个三段论中,只能有三个概念。"这是为了保证在一个三段论中有联系大项与小项的中项。如果多于或少于三个概念,就会失去中项,从而也就不能进行推论。第二条规则规定:"中项在前提中至少周延一次",这是为了保证中项能起到媒介作用。如果中项没有一次周延,就会使中项失去媒介作用,从而不能保证进行正确的推理。第三条是关于大小项的规则。"大项或小项如果在前提中不周延,在结论中也不得周延"。这实际上也是为了进一步保证中项的媒介作用。因为在前提中不周延的大项或小项,倘若在结论中周延了,那就超出了中项与大项或小项所联系的确定范围,从而也就不能保证结论的正确性。所以关于大小项的规则,也同时是为了保证中项的媒介作用。

第二,关于前提与结论的规则有四条(即第四、五、六、七条)。其中第四、五条规则是关于前提与结论的质的规则。"两个否定的前提不能得出结论。""前提之一是否定的结论必否定;结论是否定的则前提之一必否定。"这两条规则都是从前提的质的方面来保证中项的媒介作用的。第六、七条规则是关于前提与结论的量的规则。"两特称的前提不能得出结论。"、"前提之一是特称的,则结论必特称。"这主要是为了防止犯"中项不周延"或"大项扩大""小项扩大"的逻辑错误。

总之,在三段论的一般规则中,中项的媒介作用是个关键点。前三条规则直接涉及中项的作用问题。后四条规则间接涉及中项的作用问题。所以三段论的规则中不论哪一条都与中项是否真正起到媒介作用有关。凡符合规则的都能使中项与大项或小项发生确定的联系,从而可以必然地得出结论。凡违反规则要求的,无一不是由于中项失去媒介作用,从而不能使其与大项或小项发生确定的联系,因而也就不能必然地得出结论。

2.三段论的格及其作用

①什么叫三段论的格? 三段论的格是由中项在两个前提中位置的不同所构成的不同三段论形式。因为在三段论前提中,中项的位置只有四种不同的排列方法,所以三段论最多只有四个格。三段论各格的基本特征具体表现为各格的特殊规则。

②三段论各格有何作用? 在第一格,由于大前提总是全称,小前提总是肯定的。因而小前提所说的一类对象总是包含在大前提所说的一类对象之中。大前提常表现为一般原理,小前提表现为特殊事例。在认识上,当我们要把特殊事例归到一般原理之下根据一般原理来解决问题时,就要运用第一格。所以第一格是最常用的、最能体现演绎推理一般到特殊的思维方向的典型的完善的格式,在思维实践中,常用来证明或反驳某种论断的真实性。

三段论的第二格,由于两前提中总有一个是否定的,大前提总是全称的。因此,其结论总是否定的。在认识上,当我们要确定两类事物之间的区别时,就要运用第二格。在思维实践中,常用它来反驳某个肯定判断。

第三格由于结论总是特称的,因此在认识上常用来证明一般原则的例外情况。在思维过程中,常用它来反驳某个全称判断。

第四格由于结论的主项在前提中为谓项,结论的谓项在前提中为主项,这种推理形式很不自然。因此,第四格的认识作用较小,在人们思维实践中也较少用到。

3.关于省略三段论的补充问题

在日常的语言表达中,三段论的完整形式是不多见的,它经常以省略的形式出现,或省略大前提,或省略小前提,或省略结论。对于省略三段论,人们往往难以分辨其正确和错误,有人正好利用这种情况把错误隐含在省略的判断之中,使人不易发现。因此我们要学会补充省略式,以便检查三段论是否正确,如不正确,错在何处,这对于正确运用三段论和揭露三段论中的错误是有重要意义的。如何补充省略三段论? 第一,根据语言标志,先确定省略部分是前提还是结论,然后再根据三段论结构补出所省略部分。一个完整的三段论形式必须有三个判断,即大前提、小前提和结论。不能多也不能少。要补充省略的大前提,就需要把已知结论中的谓项(大项)与已知小前提中的中项联结起来。要补充省略的小前提,就需要把已知结论中的主项(小项)与已知大前提中的中项联结起来。要是补充结论,就需要把已知大前提中的大项与已知小前提中的小项联结起来。

另外,要正确补出三段论的前提,还应注意:(1)如果结论肯定,则前提必须都肯定;(2)如果结论否定,则前提中必有一个否定;(3)如果结论全称,则两前提必须全称;(4)如果结论特称,则两前提中的一个多数情况下为特称,只有在补充前提后构成 AAI 和 EAO 式时,其前提才均为全称。

如:我不是律师,所以我不需要学习法律知识。

这个省略三段论,稍加分析就能发现他省去了大前提,"律师是需要学习法律常识的",是个第一格的 AEE 式,但它违反了第一格的规则"小前提必肯定",结果导致了"大项扩大"的逻辑错误。

4. 关于三段论的化归(还原)问题

这一部分不是教学重点,但作为一种逻辑常识和思维训练,也需要了解和掌握。关于什么是还原、为什么要还原、如何还原等问题,教材作了详细介绍,限于篇幅,这里不多解释。

(七)什么是关系判断和推理

关系判断是断定事物之间关系的简单判断。它由三部分构成:关系者项(用 a、b、c 等表示)、关系项和量项。关系者项可以是两项,也可以是三个或更多的。关系项的性质有对称性和传递性的两大类。关系项的量项有单称、特称和全称的区别。

关系推理是运用关系判断并根据关系项的逻辑性质而进行推

演的一种演绎推理,包括纯关系推理和混合关系推理(关系三段论);纯关系推理中,有直接的关系推理和间接的关系推理。直接的关系推理是用传递性关系和反传递性关系来进行的。值得注意的是,或对称性关系和或传递性关系是一种或然性的推断,所以不能据此进行必然的关系推理。

(八)什么是模态判断及其推理

模态判断是断定事物情况的可能性或必然性的判断。它是在基本类型的判断中加入"可能""必然"等模态词而形成的判断。模态判断也有简单与复合之分,教材只讨论简单的模态判断。它分为肯定必然判断(必然 P)、否定必然判断(必然非 P)、肯定可能判断(可能 P)、否定可能判断(可能非 P)四种。这四种模态判断之间也存在着类似性质判断的对当关系,也用逻辑方阵来表示(见教材)。

以模态判断为前提并且根据模态判断的性质可以进行模态推理。根据模态逻辑方阵或根据"实然"和"必然""可能"的关系都可以进行直接的模态推理。在三段论系统中引入模态词也可以构成模态三段论。

(九)运用简单判断及其推理中常见的错误

1. 判断不当

①人类社会的历史都是有文字记载的。

②中国有世界上没有的万里长城。

③最近,许多古今中外的好影片陆续上映了。

文字只有几千年的历史,而人类社会有几万年甚至几十万年的历史,例①错将特称误作全称。例②中国就在世界上,怎么能说世界上没有呢? 由于判断内部矛盾,而不恰当。例③说古代有影片,不合事实。

2. 主谓项搭配不当

①我们要在广大青少年中造成一种爱科学、讲科学、用科学。

②工人师傅张大爷是苦水里长大的穷孩子。

③扬州的春天简直是一座美丽的大花园。

例①由于谓项残缺,而使判断的主谓项搭配不当,应在句末加上"的风气"。例②"张大爷"怎么会是"穷孩子"呢? 由于主谓搭配不当而使判断不合情理。例③春天是季节,怎么能是大花园呢?

3. 前提虚假

①我们学过逻辑,难道还会犯逻辑错误?

②他普通话说得很好,看来一定是个北京人。

③青年人都爱赶时髦,所以他肯定也很时髦。

例①②③都是省略三段论,例①是省大前提:"凡学过逻辑的人都不会犯逻辑错误",是虚假的,例②省略的大前提:"普通话说得好的人都是北京人",是不真实的。例③的大前提"青年人都爱时髦"也是不完全正确的。

4. 主项扩大

①一切否定判断的谓项都是周延的,所以所有周延的都是否定判断的谓项。

②所有商品都是有使用价值的,所以有使用价值的都是商品。

主项扩大是 A 判断进行换位推理时,对结论中主项的外延不加限定的一种逻辑错误。例①周延的并非都是否定判断的谓项。例②有使用价值的并不能都作为商品来处理。

5. 谓项扩大

①有些专家不是大学毕业的,所以有些大学毕业的不是专家。

②有些作品不是现实主义作品,所以有些现实主义作品不是作品。

谓项扩大是运用判断变形法将 O 判断进行换位推理时经常出现的一种逻辑错误。例①"有些大学毕业的不是专家",但这和"有些专家不是大学毕业的"所断定的对象是不一样的,所以推理形式也是错的。例②现实主义作品也是作品啊。

6. 四概念错误

①我国的高等院校是分布在全国各地的,山西师范大学是我国的高等院校,所以它也是分布在全国各地的。

②辩证法是马克思主义的灵魂,黑格尔的方法是辩证法,所以黑格尔的方法是马克思主义的灵魂。

"四概念的错误"是由于在三段论推理中中项不同一而引起的一种逻辑错误,例①"我国的高等院校"一个是在集合的意义上使用的,一个是在非集合的意义上使用的,同一语词所表示的集合概念和非集合概念就是两个不同的概念。这是由于误用集合概念而引起的四概念错误。例②的"辩证法"的含义也不一样,一个指唯物辩证法,一个指唯心辩证法,也是四概念的错误。

7. 中项不周延

①共青团员都是青年,所以他也是共青团员。

②搞翻译工作的外语都说得很好,他的外语说得相当不错,所以他一定是搞翻译工作的。

以上两例都是中项两次不周延的错误。例①是个省略小前提的三段论,"青年"作为中项,两次不周延。例②的"外语说得很好"也是中项两次不周延。

8. 大项扩大或小项扩大

①雷锋同志为人民做好事,我又不是雷锋,我才不做那么多好事呢!

②共产党员要为政清廉,我还不是共产党员呢!

"大项扩大"或"小项扩大"是违反三段论第三条规则所犯的逻辑错误。例①"为人民做好事"在大前提中不周延,在结论中却周延了。"大项扩大",所以结论不正确。例②是个省去结论"我不需要为政清廉"的三段论,也是"大项扩大"。

9. 两否定前提

①散文不如小说有趣,这篇作品没趣,所以这篇作品是散文。

②干部不是工人,他父亲不是工人,所以他父亲一定是个干部。

两否定前提的三个项是互相排斥的,所以得不出结论。例①这篇作品没趣,不一定就是散文。例②他父亲不是工人,也不能肯定就是干部。

10. 判断模态混淆

①张萍今天没有来上课,一定是生病了。

②他不听我的话,肯定要吃苦头。

判断的模态一定要符合认识的模态,否则模态判断就不恰当。例①张萍没来上课,不一定就是生病了。例②"不听我的话"未必就要吃苦头。

第四章　复合判断及其推理

复合判断是在简单判断的基础上构成的一种较为复杂的判断,它是自身包含其他判断的判断。如:"小王既是一个优秀党员,又是一个模范干部","如果他不秉公办事,他就不是一个廉洁的好干部,"并非所有人都懂科学",这些都是复合判断。任何一个复合判断都是由肢判断和联结词两部分组成的。根据联结词的不同,复合判断可以分为联言判断、选言判断、假言判断和负判断等形式。复合判断的语言表达形式大多是复句,但也有用单句来表示的。如联言判断的几种省略式和简单判断的负判断等都是用单句来表示的。

复合判断的推理是以复合判断作为前提或结论的一种演绎推理,根据复合判断的不同,复合判断的推理可分为联言推理、选言判断、假言推理和假言选言推理(二难推理)等。

本章共分五节。

第一节　联言判断及其推理。主要介绍联言判断的定义、结构、几种表达形式和真值表,以及它和关系判断的区别,联言推理的几种形式在认识中所起的作用等。

第二节　选言判断及其推理。介绍选言判断的定义、结构种类和语言表达式,相容选言判断和不相容的选言判断的逻辑特征、真值表,以及正确运用选言判断的几个问题,选言推理的逻辑规则及其正确形式等。

第三节　假言判断及其推理。介绍假言判断的定义和三种不同的假言判断的逻辑意义和真值表,以及正确运用假言判断的几个问题,三种条件假言推理的逻辑规则和正确形式等。

第四节　二难推理。讲二难推理的结构特点、四种推理形式、规则及其作用等。

第五节　负判断及其等值判断。讲负判断的定义、结构公式及其真值表,简单判断的负判断,复合判断的负判断及其等值判断,以及如何运用真值表来确定等值判断的问题。

学习本章,要抓住以下几个重点问题。

(一)关于各种复合判断的逻辑特征及其真值问题

要正确运用各种复合判断,提高逻辑思维能力,要准确地判断各种复合判断间是否等值和能否互相转换的关系,就必须对各种不同类型的复合判断的含义及逻辑特征有确切的了解,并在这种了解的基础上能够善于熟练地运用各种复合判断及其逻辑联结词的符号来进行比较抽象而且更加概括的逻辑推演。

各种复合判断的真假都取决于其肢判断的真假,所以各种复合判断的逻辑值与其肢判断的逻辑值之间就存在着一定的关系。复合判断中联结词的不同是区分各类不同复合判断的关键,所以我们要善于抓住各种复合判断的逻辑联结词的含义来理解各种复合判断的逻辑特征,并进一步通过其肢判断的真假,来掌握它们的逻辑值。

联言判断的逻辑特征是肢判断所断定的情况要"同时存在"(即同时为真),其逻辑联结词用"并且"来表示。公式为"p 并且 q

(或 P∧q)"。所以其肢判断符合此特征(即同真)时整个判断是真的,不符合此特征(即不同真或同假)时整个判断是假的。这就是教材总结的"同真则真,其余假"。

选言判断是断定事物的几种可能情况中有情况存在的判断。它分为相容的和不相容的两种。相容选言判断的逻辑特征是断定各选言肢之间"至少有一真",这就意味着几个选言肢中必须有一真,但不只有一真,可以有几真,但不能同假。其逻辑联结词一般用"或者"来表示,公式为:"P 或者 q(或 P∨q)",所以其肢判断符合此特征,即有一真或几真,整个判断是真的,同假(即没有一真)时,则是假的,也就是教材所总结的"有真则真,其余假"。

不相容的选言判断的逻辑特征是各选言肢之间"有且只有一真",这就意味着几个选言肢中必须有一真,且只能有一真,不可有几真,也不能同假。其逻辑联结词一般用"要么……要么……"来表示,公式为:"要么 P 要么 q(或 P∨̇q)"。所以其肢判断只有一真时,整个判断就真,几真或同假时则假。正像教材中所说的"一真则真,其余假"。

假言判断又叫条件判断,是断定某一事物情况是另一事物情况存在的条件的判断,假言判断的两个肢判断分别叫做前件和后件,前后件的条件关系有三种,所以假言判断也就有三种不同的类型。

充分条件假言判断的逻辑特征是"有前件必有后件,无前件不一定没后件",或曰:"有之必然,无之未必不然",所以它是有此足够的多因条件。用"如果……那么……"作为其联结词的代表,其公式为:"如果 P,那么 q(或 p→q)"。所以只有当前件真而后件假时,该判断才是假的,其余情况(同真、同假、前假后真)下,该判断都是真的。正像教材所说的"前真后假则假,其余真"。

必要条件假言判断的逻辑特征是"无前件必无后件,有前件未必有后件",或曰:"无之必然,有之未必然"。所以它是必不可少的复因条件。用"只有……才……"作为其联结词的代表。其公式为"只有 p,才 q(或 p←q)"。所以只有当其前件假而后件真时,该判断是假的,其余情况(同真、同假、前真后假)下,该判断都是真的。正像教材所说"前假后真则假,其余真"。

充要条件假言判断的逻辑特征是"有前件必有后件,无前件必无后件",或曰:"有之必然,无之必不然",是"有则行,无则不行"的惟一(一因)条件。用"当且仅当……才……"作为其联结词的代表,公式为:"当且仅当 p,才 q(或 p↔q)"。所以只有当其前后件一真或一假时,它是假的,同真同假时则是真的,正如教材所说"一真则假,其余真"。

如果用"＋"代表真,用"－"代表假,以上各种复合判断真值与其肢判断的真值之间的关系可用下列真值表来表示:

p	q	p∧q	p∨q	p∨̇q	p→q	p←q	p↔q
＋	＋	＋	＋	－	＋	＋	＋
＋	－	－	＋	＋	－	＋	－
－	＋	－	＋	＋	＋	－	－
－	－	－	－	－	＋	＋	＋

负判断是否定某一个判断的判断,是一种特殊的复合判断。因为一则它的肢判断只有一个,再则它的肢判断既可以是简单判断,也可以是复合判断。如果用 p 表示其肢判断,负判断可用公式表示为"并非 p(或 p̄)"。负判断的真假正好与其肢判断的真假相反,用真值表表示为:

P	P̄
＋	－
－	＋

（二）关于各种复合判断的转换与等值问题

由于各种复合判断的真假取决于其肢判断的真假,因而,按照各种复合判断联结词的含义,各种复合判断之间就可能存在着真假值相等的等值关系,利用这种关系,也就可以把一种复合判断转换为另一种复合判断。比如:由于"p并且q"只有在p和q同时为真时,它才是真的,而只要p或q中有一个是假的,它就是假的。因此,当"p并且q"成立(即为真)时,自然也就意味着p或q任一为假都是假的,即"p并且q"等值于"并非(非p或者非q)",前后两式就可以互相转换。与此类似"并非(p并且q)"自然也就等值于"非p或者非q",两者也可互转。

要准确地判断这种等值关系,就必须对各种复合判断的含义有确切的了解,并必须在这种了解的基础上能够熟练地加以运用,但这个要求对于初学复合判断的学员来说,是难以达到的。另外,有些学员由于抽象思维的能力较低,只习惯于结合具体事例进行思考,而不习惯或不善于运用表示各种复合判断及其逻辑联结词的符号来进行比较抽象和概括的逻辑推演,因此,当一接触这类问题时,就容易产生厌学情绪,甚至会认为弄清这种关系没有什么意义。那么如何有效地解决这一困难呢?

首先,准确理解各种复合判断间的等值关系及其转换,绝不是没有实际意义的逻辑游戏,相反,它对于提高人们对各种复合判断逻辑性质的理解,提高人们正确运用各种复合判断的逻辑思维能力,都是有直接意义的。在判明等值关系的基础上进行判断转换,实际上已经是一种利用判断间的逻辑关系而进行的初步演算了。

其次,在学习中,要注意弄清各种复合判断的逻辑联结词的含义和肢判断的真假对整个判断的真假制约关系。注意把教材中的实例同运用逻辑符号、公式和真值表进行的演算有机联系起来,逐渐习惯于运用符号、公式进行演算,从而去掌握各种判断的真假关系——包括等值关系和转换关系。

为了使大家更好地进行复合判断及其负判断之间的转换,可以运用复合判断转换方阵图,迅速而准确地判定判断间是否等值和能否转换的问题。

(三)真值表方法简介

真值表是用来确定判断(或命题)的真假值(或逻辑值)的一种图表。

一个简单判断的真假值可以用直观的方法来判定。但对于一个复合判断,特别是多重复合判断的真假值,如果用直观法就不容易判别,这时就可借助真值表这个逻辑工具来进行判定。

怎样利用真值表对复合判断真假值进行判定? 第一步,先用符号将复合判断化为一个真值形式的命题表达式。即在复合判断中用判断变项来表示复合判断的肢判断。不同的判断代之以不同的判断变项,相同的判断代之以相同的判断变项。再用与各种逻辑联结项相应的真值联结词把各种变项连接起来,就构成一个真值形式的命题表达式。第二步,画出相应的真值表。第三步,通过真值表来判定不同的复合判断的符号公式是否等值、是否矛盾。如果在各种情况下,两个判断的真假值都相同(同真也同假),则两判断为等值判断;如果在各种情况下,两判断的真假值都相反(不同真也不同假),则两判断为矛盾判断;如果有一种或几种情况不完全相同(不同真但同假,不同假但同真),也并不相反,就是不等值判断。矛盾判断也属于一种不等值判断,但将其中之一变为负判断以后,则转换为等值判断。

如:①张三或者学习好,或者工作好。

②张三学习好,工作也好。

③并非张三又学习好,又工作好。

④张三或者学习不好,或者工作不好。

⑤如果张三学习好,那么他工作也好。

这几个判断的真假关系,可用下表表示:

p　q　$\bar{p}$　$\bar{q}$	① p∨q	② p∧q	③ $\overline{p \wedge q}$	④ $\bar{p} \vee \bar{q}$	⑤ p→q
＋　＋　－　－	真	真	假	假	真
＋　－　－　＋	真	假	真	真	假
－　＋　＋　－	真	假	真	真	真
－　－　＋　＋	假	假	真	真	真

此表说明：①②⑤是不等值判断；②和③④分别是矛盾判断；③④是等值判断。其中②③负判断的肢判断和负判断是一对矛盾判断。

(四)关于蕴涵问题

教材在分析充分条件假言判断时,引入"蕴涵"这个数理逻辑的概念,在这里作一些简要说明。

"蕴涵"是指一种逻辑运算,即命题 p 和命题 q 用"如果……则……"联结起来,构成一个复合命题"如果 p,则 q"。在数理逻辑中一般记为"p→q"。其中"如果……则……"称为蕴涵词,即表示两个命题具有蕴涵关系的逻辑联结词;"p→q"则为蕴涵式;p 同 q 之间的关系即可称为蕴涵关系。

值得注意的是,数理逻辑中的蕴涵式不管 p 和 q 在内容上、意义上有无联系,仅仅是从 p 与 q 之间的真值关系来确立其蕴涵关系的,所以被称为实质蕴涵或真值蕴涵。而形式逻辑引用蕴涵式则是在前后件之间确实具有内容、意义上的充分条件关系的基础上而使用的,假如前后件没有必然联系,这个蕴涵式就没有意义。如"如果 2×2＝4,那么北京是个大城市",这个命题在数理逻辑中它是真的,有意义的,而在形式逻辑中则不能成立,因为二者没有必然的条件联系。

再者,推理的前提和结论之间也存在着是否蕴涵的关系。前提和结论之间有蕴涵关系的推理叫做必然性推理,没有蕴涵关系的推理叫或然性推理。演绎推理是前提蕴涵结论的必然性推理,所以教材在介绍各种演绎推理的公式中,也引入了蕴涵符号"→"。这就表明,演绎推理当前提真,推理符合规则时,其结论是必然真的,而当其前提不真(即假)时,则结论却未必不真,此逻辑意义同充分条件假言判断的逻辑意义是完全相同的。只不过在判断中的两个前后件是肢判断,多由简单判断充当,而在推理中,蕴涵式的前后两部分则是前提和结论,可以由各种判断来充当。

(五)联言推理的意义问题

联言推理有两种形式:

1. 组合式:P_1,P_2,所以 $P_1 \wedge P_2$;

2. 分解式:$P_1 \wedge P_2$ 所以 P_1(或 P_2)

联言推理的结构比较简明,容易理解,这方面不会有什么问题。但在学习中往往会感到这么简单的推理没有什么意义。这个问题需要加以说明。

联言推理的分解式放到具体的语言环境中可以突出重点,比孤立地只谈一个方面,能收到更好的效果。

联言推理的组合式是一个总结,而不是概括。概括是归纳推理。总结是实践中常用的一种形式,如一篇报告的末尾,总结一下讲了几点;一篇文章的最后,说明一下论述了哪些问题。这样就可以清楚地看出组合式的意义。

人们在实践中大量地运用着联言推理。分解式由前提的肯定总体,到结论的重点突出(即由整体到部分);组合式可以把对事物各方面的知识综合成比较完整的知识(即分析上升到综合)。所以联言推理在实践中有不容忽略的意义,我们必须给予正确的评价。

(六)选言推理的规则问题

正确理解选言推理的规则,是掌握选言推理的关键。选言推理是以选言判断为前提构成的,所以选言推理的规则就要根据选言判断肢判断的真假来确定。

选言判断分不相容与相容两类。

不相容的选言判断是有而且只有一个选言肢为真的选言判断。这就决定了一个选言判断中,各个选言肢不能同真,因为它们是互相排斥的;选言肢也不能同假,因为其中必有一个肢是真的。因此不相容的选言推理的规则是"肯定一个选言肢,就能否定其余的选言肢;否定一部分选言肢,就能肯定另一个选言肢。"据此不相容的选言推理有两个正确式:肯定否定式和否定肯定式。不论是小前提肯定还是结论肯定,都只能肯定一个选言肢真。

相容的选言判断是断定选言肢中至少有一个为真的选言判断,这就是说,在一个相容的选言判断中;选言肢不互相排斥,其中必有一个是真的,也可能几个都是真的。因此相容选言推理的规则是"否定一部分选言肢,就能肯定另一部分选言肢;肯定一部分选言肢,不能否定另一部分选言肢。"据此,相容的选言推理只有一个正确式:否定肯定式。它所肯定的可以不只一个选言肢。

至于教材中把"大前提中的选言肢应当穷尽一切可能情况"也作为选言推理的一条规则,我们认为不妥,因为"大前提应是真实的"并不属于选言推理规则的范围。选言推理的规则,讲的应是如何从给定的前提必然地推出结论来,这是属于推理形式的问题。(当然,一个选言判断,只有选言肢穷尽,它才必然是真的,但是一个真的选言判断,其选言肢不一定是穷尽的。因为只要一个选言判断满足了"至少有一个选言肢真"这个条件,它就可以是真的。)

(七)假言推理的规则问题

要理解假言推理的规则,关键是把握三种条件的假言判断的性质。从充分条件假言判断的真值表可知,当其前件真后件假时,该判断必假,在其余情况下,它都可以是真的。这就表明一个充分条件假言判断如果是真的,那么其前件真,后件就不能假,即前件真,后件必真,而前件假时,后件则真假不定。同时根据前面判断间的转换关系可知,前件是后件的充分条件,后件就是前件的必要条件,即后件假,前件必假;后件真,前件则真假不定。因此充分条件假言推理必然有这样两条规则:①肯定前件就要肯定后件;否定前件不能否定后件。②否定后件就能否定前件,而肯定后件则不能肯定前件。据此,充分条件假言推理只能有两个正确式:肯定前件式和否定后件式。而肯定后件式和否定前件式则是该假言推理的无效式。

从必要条件假言判断的真值表可知,一个必要条件的假言判断只有当其前件假而后件真时,它才是假的;在其余情况下,它都可以是真的。那也就是说,一个真的必要条件假言判断,当其前件假时,后件只能假而绝不能真。而当其前件真时,后件则真假不定;同时根据前面判断间的转换关系可知,前件是后件的必要条件,后件就是前件的充分条件,即后件真,前件必真;后件假,前件则真假不定。因此,必要条件假言推理必然有这样两条规则:①否定前件就能否定后件;肯定前件则不能肯定后件。②肯定后件就能肯定前件;否定后件则不能否定前件。据此,必要条件假言推理也只有两个正确式:否定前件式和肯定后件式。而否定后件式和肯定前件式则是该假言推理的无效式。

由于在充分必要条件假言判断中前件对后件既是充分的,又是必要的,它兼有充分条件和必要条件两种性质。因此只要掌握了充分条件和必要条件假言推理的规则,那么充要条件假言推理的规则就容易理解了。从充要条件假言判断的真值表可知,其前件同真或同假时,它是真的,一真一假则是假的。也就是说前后件互为等值关系。因此,充要条件的假言推理也有两条规则:①肯定前件能够肯定后件;否定前件能够否定后件。②肯定后件能够肯定前件,否定后件能够否定前件。这样,充要条件假言推理就有四个正确式:肯定前件式、否定前件式、肯定后件式、否定后件式。

(八)二难推理的两个问题

1. 二难推理有两个假言判断作为它的大前提,这两个假言判断是合取关系,而不是析取关系。之所以是合取关系,是由于两个假言判断必须都是真的。只有两者都真,才能在两种真的可能性中,通过肯定或否定,得出真的有相同点的结论。而如果是析取关系,那么其肢判断未必都是真的,有的肢判断可以是假的。大前提中若允许有假的假言判断作为肢判断,就不能通过肯定或否定,而得出必然真实的结论。

如:如果学习,就能由知识中吸取力量而把工作做好;如果不学习,就能发挥自己的主动性而把工作做好;

或者学习,或者不学习;总之,都能把工作做好。

此例的大前提中作为肢判断的两个假言判断,其中有一个是假的,因此,它的结论不必然是真实的。

2. 对错误二难推理的破斥。破斥错误的二难推理的方法有两种:一种是指出其违反了二难推理的规则。运用这种方法可以从两方面入手,一方面从推理形式来考察,如果一个二难推理的形式不正确,那么我们可以根据假言推理和选言推理的规则,指出其中的逻辑错误。另一方面从前提是否真实来考察,如果一个二难推理的前提不真实,我们可以根据事实指出其前提是虚假的。

如:如果有困难,便不需要努力去做,努力也白费;如果没有困难,也不需要努力去做,不努力也行;

或是有困难,或是没有困难;

总之,不必努力去做。

要破斥这个错误的二难推理,就可以指出其大前提是不真实的,前后件不是正确的充分条件关系。因为有困难就应该努力去克服,没有困难也应该努力去做好,并不是一概都不需要努力的。

另一种方法则是根据其原有的前提构成一个能够得出相反结论的二难推理,以破斥错误的二难推理。

(九)二难推理的结构问题

二难推理的四种形式,即简单构成式、简单破坏式、复杂构成式和复杂破坏式。要深入理解二难推理的各种结构形式,还要着重领会下面两个问题。

1. 简单构成式的两个前件问题

简单构成式大前提肢判断中的两个前件是两个不同的判断,这两个判断应是具有矛盾关系或反对关系的两个判断,或者这两个判断的主项或谓项是具有矛盾关系或反对关系的概念,如教材所举的例子,两个前件中的"刺激"和"不刺激"是两个具有矛盾关系的概念,"成功"和失败"具有反对关系,两者都是不相容的关系。如果两个前件并非矛盾关系或反对关系,那么其推理价值就不大。

2. 复杂二难推理的结论问题

在二难推理的复杂构成式和复杂破坏式中,大前提肢判断中的前后件都不同。在这里要注意一点,即复杂构成式中,两个后件虽不同,但两个后件必然包含着一个共同意思,在复杂破坏式中,两个前件虽不同,但两个前件也必须包含一个共同意思。这个共同的含义是概括两个不同的前件或后件得出的共性,它表现在结论中(可以写出来,也可以不写出来)。如果没有这个共同含义,就会失去二难推理的意义,也就不成其为二难推理了。如教材例2是个复杂的构成式,两个后件"应该赞成"和"应该反对"包含着一个共同因素,就是"应当有所表示,而不应该置之不理"。这样得出的结论"你或应该赞成,或应该反对"才有意义。

在实际运用复杂二难推理时,什么情况下把这个共同点写出来,什么情况下不写出来,要看具体语言环境而定,当需要明确表示时,就可以把共同点说出来;当含而不露较好时,就无须把这个共同点说出来。

(十)运用复合判断及其推理中常见的错误

第一,导致复合判断不恰当的几种错误:

1. 硬凑选言肢

①他的这一举动不是勇敢的,就是大胆的。

②他在会上不是交头接耳,就是低头讲话。

③共青团员或是学习雷锋,或是要大做好人好事。

选言肢不管相容与否,各选言肢之间都是并列关系。这种并列关系应是一个对象的几种可能性,如果不属几种可能性,却硬把它安排在一起,那就是硬凑选言肢,选言判断就不恰当。例①"勇敢的"和"大胆的"是交叉关系,而不是并列关系;②"交头接耳"与"低声讲话"基本意思一样,也不必作为两个选言肢去选择;③"学习雷锋"和"大做好人好事"是从属关系,也不能并列选择。这些都是硬凑选言肢,而使判断不恰当的实例。

2. 选言肢不穷尽

①这次全校运动会,我班的成绩不是第一就是第二。

②进口的片子,不是好影片,就是比较好的影片。

③这盘象棋比赛,他或者输,或者赢,总有个结果。

虽然选言肢不穷尽的选言判断不必然假,但选言肢穷尽的选言判断才能保证其真实恰当。例①"我班成绩"除第一、第二的可能性外,还可能有第三、第四等,现在只断定第一、第二,这个选言判断就不恰当。例②进口影片除好的、比较好的外,还有差的。例③除"输"和"赢"外,还有一种"平局"的可能性,现在只断定"输""赢",不恰当。

3. 强加条件关系

①如果我重视了语文,就对体育不感兴趣。

②如果加强组织纪律性,就会影响学习的积极性。

③假如她脸红了,就是做了亏心事。

以上几例都是前后件本无必然联系,硬拉在一起,强加因果关系的。例①"重视语文学习"未必就"对体育不感兴趣"。例②"加强组织纪律性"只会进一步激发学习的积极性,怎么会"影响学习积极性"呢？例③"脸红"不一定"做了亏心事"。

4．搞错条件关系

①只要勤练，就能打好乒乓球。

②如果基础打得牢，学习才会好。

③只要我们团结一心，我们就能取得胜利。

充分条件和必要条件是两种不同的条件，不能搞错。以上几例都应是必要条件，却错用为充分条件，应将以上几例中的联结项改为"只有……才……"就对了。

5．误用等值判断

如：本社只为外宾提供服务，所以如果是外宾，本社都提供服务。

此例误将两判断作为等值判断来处理，进行转换，导致判断不恰当。

第二，复合判断的推理不合逻辑的几种错误：

1．误用否定前件式

如：如果得到老师的表扬，大家劲头就会更大。现在没有得到老师表扬，大家劲头就没有了。

充分条件假言推理，它的规则之一是肯定前件必然肯定后件，否定前件则不能否定后件。而此例却误用了否定前件式，所以不正确。

2．误用肯定前件式

如：只有努力学习，才能取得好成绩。他努力学习了，怎么会不取得好成绩。

必要条件的假言推理的规则之一是否定前件必然否定后件，而肯定前件则不能肯定后件，这个推理却误用了肯定前件式，导致推理错误。

3．误用否定后件式

如：只有具备一定的科学文化知识，才能成为"四有"人才，他没有成为"四有"人才,所以他一定不具备科学文化知识。

必要条件假言推理的另一条规则是肯定后件就要肯定前件,否定后件不能否定前件,此例误用了否定后件式。不是"四有"人才,不一定不具备一定的科学文化知识。

4.误用肯定后件式

如:如果一个人骄傲自满,那么这个人就会落后,他落后了,所以他这个人骄傲自满。

充分条件的另一条规则是否定后件必然否定前件,肯定后件则不能肯定前件,此推理误用了肯定后件式,一个人落后,不一定是由于骄傲自满。

5.误用肯定否定式

①李师傅或者是先进生产者,或者是积极分子,李师傅是先进生产者,所以他不是积极分子。

②这本小说要么是长篇小说,要么是侦探小说,已知这本小说是长篇,所以这本小说不是侦探小说。

相容的选言推理只有否定肯定式一种正确形式,不能用肯定否定式。而以上两例的大前提均属于相容的选言判断,误用了肯定否定式,所以是不正确的。

第五章　归纳推理和类比推理

本章共分三节

第一节　归纳推理

归纳推理的概述。主要讲述归纳推理的实质,归纳推理与演绎推理的区别与联系,归纳推理的种类。

完全归纳推理。讲述完全归纳推理的性质、特点和作用。

不完全归纳推理。主要讲简单枚举归纳推理和科学归纳推理的性质、特点、作用以及它们之间的联系和区别。

寻求因果联系的逻辑方法。分别介绍契合法、差异法、契合差异并用法、共变法和剩余法的基本内容和用法以及应注意的一些事项。

第二节　类比推理

主要讲类比推理的定义、特点、作用及如何提高类比推理结论的可靠性问题。

第三节　归纳推理和类比推理的应用

讲述归纳推理和类比推理在思维实践中的作用,特别是在领导工作和科学研究中运用归纳推理和类比推理进行调查研究和预测的作用。

学习本章,应着重领会以下几个问题。

(一)归纳推理的性质、特征和作用

归纳推理是指由个别性的知识为前提而推出一般性的知识为结论的间接推理。归纳推理的主要特征在于它的概括性。

归纳推理根据前提知识的不同可分为两类,一类是前提中考察了某类的全部个别对象,一类是前提中只考察了某类的部分个别对象。由前者所得出的一般性结论,我们称之为完全归纳推理,由后者所得出的一般性结论,我们称之为不完全归纳推理。由于完全归纳推理的结论没有超出前提知识的范围,因此它是必然性的推理,结论是可靠的。而不完全归纳推理的结论由于它超出了前提知识的范围,因此它是或然性的推理,结论是不可靠的。我们通常所说的归纳推理,主要指的是不完全归纳推理。这种推理尽管结论不是完备的和必然的,但它仍然是寻求新知识的一种非常重要的认识方法,在科学研究中占有极其重要的地位。比如当我们观察到一部分木头有能浮于水的特点而又没有发现相反的事例,我们便可以据此推出"所有木头都能浮于水"的结论。这个结论对于人们的实践是大有作用的。比如,当我们在高山上把木头砍伐下来以后,如果山下有一条大河,我们便不需准备其他运输工具,而直接把伐下的木头通通推到山下滚进河里,木头便会顺着水流的方向往下游走。既省工又省力,这正是认识所发生的作用。

(二)简单枚举归纳推理与科学归纳推理的联系和区别

简单枚举归纳推理和科学归纳推理都属于不完全归纳推理。二者既有联系,又有区别。它们的共同点是:前提都只是考察某类的部分对象,而未考察某类的全部对象;结论所断定的超出了前提的范围,因而它们不具有必然性,其真实性尚待实践的检验。

简单枚举归纳推理和科学归纳推理的区别点有二:1. 简单枚举归纳推理以经验的认识为主要依据,如果某种事例多次重复出现而又没有发现相反的事例。便可据此归纳出一个一般性的结论;科学归纳推理与此不同,它是以科学的分析作为指导,如果某类事物与某种属性之间有内在的、本质的联系,也就是说它们具有必然的因果联系,那么我们就可以据此进行归纳,概括出一般性的结论。所以,简单枚举归纳推理是侧重于量的分析,观察的量越多越好;而科学归纳推理则是侧重于质的分析,只要具有必然因果联系,有时候哪怕只有一两个事例,也可以进行归纳。2. 结论的可靠性不同。简单枚举归纳推理和科学归纳推理的结论都不具有必然性,但由于科学归纳推理的结论是依据事物的必然因果联系得出的,所以它比以经验认识为主要依据所推出的结论就可靠得多。

(三)关于探求现象间因果联系的方法

探求现象间因果联系的方法即契合法(又称"求同法")、差异法(又称"求异法")、契合差异并用法(又称"求同求异并用法")、共变法和剩余法。它是19世纪英国哲学家穆勒在他的《逻辑学体系·归纳和演绎》一书中提出来的。求因果五法是归纳逻辑的重要组成部分,对于人们寻求新知识和发现真理有不可忽视的作用。

无论是自然界还是社会界,各种现象之间都是互相联系和互相制约的。任何现象都有它的原因,如果某个现象的存在会引起另一现象的发生,那么这两种现象之间便具有因果联系。比如铁加热后体积会膨胀,那么,加热就是铁膨胀的原因,而膨胀则是加热的结果。

现象间的因果联系有几个特点,这些特点也正是求因果五法的客观依据,它们是:

1.原因和结果在时间上是先后相继的,因先于果,果后于因。据此,我们在探求因果联系时,就必须在某种现象出现之前所存在的多种情况中去寻找它的原因,也必须在它出现之后的情况中去寻找它的结果。但要注意,时间上的先后相继并不是因果联系的惟一特征。许多现象都总是先于另一些现象出现,但它们并无因果联系,如闪电总在雷声之前看到,但闪电并不是响雷的原因,而响雷也不是闪电的结果。它们都是天空中同时发出的放电现象,只是由于光速比声速快得多,所以我们先见到光然后才听见雷声。

2.因果联系是相对的,在一定条件下,两者可以转化。以发烧对感冒而言,感冒是发烧的原因,而就感冒对病毒感染而言,感冒又是病毒传染的结果;发烧对神志不清来说,发烧又成了原因。

3.因果联系是复杂的。导致某个现象出现的原因有时是比较单一的,有时则相当复杂。因此,因果联系并不是简单的一对一的关系。这是客观事物或现象的复杂性和多样性所造成的。因果联系大致有以下几种情况:

(1)一因一果。如温度下降至摄氏零度可造成结冰现象。

(2)一因多果。如干部的以权谋私、不廉洁就可以导致国家利益受损失,群众利益受损失,群众产生不满情绪,影响工作积极性等后果。

(3)多因一果。如一个学校之所以办不好,可能是由于班子不团结、领导不以身作则干工作、教学管理混乱、教学设备陈旧、教学方法不当、师资力量薄弱等各种原因造成的。

(4)多因多果,如环境污染可能是由于化工厂的净化设备不好,钢铁厂烟尘太大,屠宰场脏水乱流,汽车、拖拉机、摩托车等噪声引起的,而其结果则可以使饮水变质,大气含毒元素增加,使人中毒等等。

寻求现象间的因果联系是一个复杂的过程。在不同的具体科学中,有各自不同的寻求因果联系的具体方法。求因果五法仅仅是传统逻辑里比较简单的逻辑方法,不过它们对于各个领域的科学研究来说,还是有其重要价值的。

(四)类比推理的有关问题

类比推理是根据两个或两类对象在部分属性上相同或相似,从而推出它们在其他属性上也可能相同或相似的推理。

类比推理的客观依据是客观事物的各个属性间的相互联系和制约。

类比推理可分为同类类比推理和异类类比推理两种形式。同类类比推理是对同一类中的两个个别对象进行类推;异类类比推理是对两个不同类的对象的类推。前者较简单,结论可靠性大,但对认识新事物作用却不太大;后者比较复杂,结论可靠性低,但对认识新事物作用却较大。

类比推理的特点有二:

1. 从推理方向看,演绎推理是由一般性的知识推出特殊性的知识,归纳推理是由特殊性的知识推出一般性的知识,而类比推理则是由特殊性的知识推出特殊性的知识。

2. 从结论看,演绎推理和归纳推理中的完全归纳推理的结论是必然性知识,不完全归纳推理所推出的结论是或然性知识,类比推理的结论也是或然性的。

由于类比推理的结论是或然性的,我们进行推理时可以采取一定的方法来提高结论的可靠性。这些方法是:

(1)前提中确认的共有属性愈多,结论的可靠性愈大。

(2)前提确认的共有属性愈是本质的,类比对象的共有属性与推出属性的关系愈密切,结论的可靠性也就愈高。

(3)考察类比对象的不同属性与推出属性的关系。

(4)以辩证唯物论的世界观指导类比推理,以防止把一些表现相似而实质根本不同的事物拿来做机械类比。

类比推理在人类科学发展史上起着重大的作用,它是人们认识世界和改造世界的一种极其有用的工具,许多重大的发明都是通过类比推理提出来的。类比推理在现代科学中的应用突出表现在模型法和仿生学的建立,因为它们最基本的思维方式就是类推。此外,类比推理对于人们学先进、赶先进,以及推广先进经验等活动,也有极其重要的实际意义。类比推理比较好学,教材中关于类比推理的内容、特征、作用讲得比较全面,所以这里不单独列要点进行分析。

第六章　普通逻辑的基本规律

本章共分五节。

第一节　讲述逻辑规律的内容、特点和客观性质,着重指出普通逻辑的规律是保证人们正确思维的基本条件,它对概念、判断和推理等各种思维形式都有普遍的适应性。因此,逻辑规律是思维的最一般和最基本的规律。

第二节至第五节分别讲述同一律、矛盾律、排中律和充足理由律的基本内容、逻辑要求和它们的作用。

第六节　讲述逻辑规律的联系和区别。

学习本章要着重领会和掌握的问题有:

(一)逻辑规律是思维的最一般和最基本的规律

普通逻辑是研究思维的形式及其规律的一门科学,在人类进行正确思维和论证的过程中,都要正确运用概念、判断和推理等思维的逻辑形式,而思维的逻辑形式是受规律制约的。普通逻辑的规律有四条,即同一律、矛盾律、排中律和充足理由律。为什么说这几条规律是思维的最一般和最基本的规律呢? 首先是因为这些规律概括了逻辑思维的特征,反映了思维的内在本质联系。逻辑思维的基本特征是思想的确定性。它表现为概念和判断自身的同一性、无矛盾性和相互矛盾的思想之间排除中间可能性。如果人们的思维违反了这些规律，思想就会游移不定、自相矛盾和含糊不清。因此，遵守逻辑规律是正确思维最起码的要求。其次，这几条规律也是运用各种逻辑形式的总原则。每一种具体的逻辑规则只在特定的思维形式中起作用，一旦超出特定的范围，它们就无能为力。如定义和划分的规则只对下定义和划分起作用；三段论的规则只在三段论推理中起作用，而逻辑规律则对所有的思维形式都产生影响。有关概念、判断和推理的具体规则都要接受逻辑基本规律的指导，因此，逻辑规律对一切思维形式都具有普遍的有效性，我们学习逻辑规律的目的，也正是为了保证思维和表达的确定性、一贯性、明确性和论证性。

(二)如何领会和掌握逻辑规律的内容、要求和作用

1.同一律。同一律的内容是："在同一思维过程中，每一思想的自身都具有同一性"。这就是说，一个思想，它反映什么对象就是什么对象，它断定对象是什么、怎么样，就是断定对象是什么、怎么样。即"A就是A"，不能同时又说"A是非A"。或"A是B"。如果我们在同一思维过程中对于所使用的概念或判断不能保持同一、任意变更，就会犯"偷换概念""混淆概念"或"转移论题""偷换论题"等逻辑错误。

2.矛盾律。矛盾律的内容是："在同一思维过程中，一个思想及其否定不能同时是真的"。就是说，在同一思维过程中，对一组互相矛盾或互相反对的思想不能同时加以肯定，而必须否定其中的一个。

公式是"A不是非A"，即A与非A必有一假。它适用于具有矛盾关系和反对关系的判断。如：

甲 $\begin{cases} \text{所有的鸟儿都会飞。（SAP）} \\ \text{有的鸟儿不会飞。（SOP）} \end{cases}$

乙 { 如果铁加热,那么铁的体积会膨胀。(P→q)
　　{ 铁加热了,但体积没有膨胀。(P∧q̄)

丙 { 小王或是导演,或是演员。(P∨q)
　　{ 小王既不是导演,也不是演员。(P̄∧q̄)

丁 { 新生事物的成长是一帆风顺的。(SAP)
　　{ 新生事物的成长不是一帆风顺的。(SEP)

以上甲、乙、丙三组判断属矛盾关系,丁组属反对关系,每组中的两个判断都不可能同时是真的。因此,如果对它们都加以肯定,就会违反矛盾律,犯"自相矛盾"或"模棱两可"的错误。

3.排中律。排中律的内容是:"在同一思维过程中,两个互相矛盾的思想必有一个是真的"。就是说,在同一思维过程中,对一组互相矛盾的判断 A 和非 A,不能同时都加以否定,而必须肯定其中有一个是真的。排中律的公式是:或 A 或 Ā。排中律所适用的范围除矛盾关系,还有下反对关系,即特称肯定 SIP 与特称否定 SOP 的关系,因为二者不能同假,必有一真。如果违反了排中律,在"或者 A,或者非 A"的论断中不承认必有一真,企图骑墙居中,或玩弄含糊字眼,就会出现"模棱两不可"或"含糊其辞"的错误,不能保持论证的明确性。

4.充足理由律。充足理由律的内容是:在同一思维过程中一个思想被确定为真,总是有充足理由的。如果没有充足理由,就没有论证性。充足理由律的公式是:A 真因为 B 真并且 B 能推出 A。B 就是 A 的充足理由。要求 B 必须是真实的,而且 B 与 A 之间具有推论关系,否则会犯"虚假理由"或"推不出"的逻辑错误。

(三)关于同一律、矛盾律与排中律的联系与区别

同一律、矛盾律和排中律都是思维确定性的表现,只是侧重点不同而已,它们有非常密切的联系。同一律是说,一个思想如果肯定就是肯定,否定就是否定,在同一思维过程中它们是同真同假的;矛盾律是说,在同一思维过程中对任何思想不能既肯定又否定,既肯定又否定的思想不能同真,必有一假;排中律是说,在同一思维过程中,任何两个思想当它们处于矛盾的情况时,它们不能同假,必有一真。可见,这三条规律在保证思维的确定性上是一致的。这三条规律的内容可表达为三个复合判断:

同一律——"如果 A,那么 A"(A→A)

矛盾律——"并非 A 并且非 A"($\overline{A \land \overline{A}}$)

排中律——"A 或者非 A"(A∨$\overline{A}$)

这三个复合判断之间是等值关系,即

$$A→A \equiv \overline{A \land \overline{A}} \equiv A \lor \overline{A}$$

同一律、矛盾律和排中律虽然有密切的联系,但也有区别。这主要表现在表述思维的确定性时侧重点不同:同一律从正面表述思想的确定性,指出思想的同真同假;矛盾律则从反面指出相互否定的思想不能同真,必有一假;而排中律则又进一步指出两个相互否定的思想不能同假,必有一真,这种区别也反映在逻辑要求和作用的不同。我们在学习时要仔细加以分辨。下面着重谈谈矛盾律与排中律的区别。

第一,适用范围不同。矛盾律适用于具有矛盾关系和反对关系的判断,而排中律则适用于具有矛盾关系和下反对关系的判断。

第二,内容不同。矛盾律指出互相否定的思想不能同真,必有一假;而排中律则指出互相否定的思想不能同假,必有一真。

第三,逻辑错误的表现形式不同。违反矛盾律要求的逻辑错误是"自相矛盾"或"模棱两可",违反排中律要求的逻辑错误则是"含糊其辞"或"模棱两不可"。

第四,作用不同。矛盾律排除思想的逻辑矛盾,可以由真推假,因此它是间接反驳的逻辑根据;排中律排除思想的含糊不清,可以由假推真,因而是间接论证的逻辑根据。

第七章　假说

本章共分三节。

第一节 假说的概述。讲述假说的定义和特征。

第二节 假说的形成。假说构成设想、断定设想和完成假说三个阶段。

第三节 假说的验证。讲述假说的验证过程、验证结果和作用。

第八章 论证

本章共有四节。

第一节 论证的概述。讲述论证的本质,论证的结构。论证与推理的关系和论证的作用。

第二节 证明。讲述证明的种类和规则。

第三节 反驳。讲述反驳的性质、方法和规则。

学习本章,要着重领会和掌握以下几个问题。

(一)什么是论证

所谓"论证",是用一个或一些真实判断来确定另一判断的真实性的思维过程。

任何一个论证都是由论题、论据和论证方式三部分构成的。

论题是作者提出的一种主张或观点,也就是通过论证要加以确定的判断。

论题的内容主要有两种类型:一种是已被实践检验确认为真的、需要加以广泛宣传、解释的科学判断。这种判断作为论题,目的在于通过阐述让人们接受,如"地球是绕太阳转的"就属于这种论题。另一种是科学发展中尚未确认为真的判断,如各种科学假说、猜想,像"人体有生物钟现象",就属于这后一类论题。这种判断作论题,其论证目的在于探求,即用一些已知为真的判断去探求和确定论题的真。

论题和文章的标题不完全是一回事,论题是文章的主题、基本论点,标题是文章的命名、题目。二者有时是一致的,有时则不一致。

论据是用来证明论题的判断，也就是论题赖以成立的依据。

论据一般有两类：一类是事实论据，一类是事理论据。也就是通常所说的"摆事实、讲道理"。事实论据是用具体事例、数据来证明论题的论据；事理论据指的是公理、定理、经典作家的理论等等，由于这些理论和公理被认为是正确的，所以，用它们来做论据便具有说服力。

论证方式是揭示论据与论题之间的逻辑联系的方式。在一个证明过程中，总是包括两个或两个以上的判断，这些判断如果不具有一定的逻辑联系，即使每一个判断都是真实的，也仍然不能构成证明。比如"学生要自觉遵守学习纪律""辅导员要抓好学生思想工作"这两个判断尽管是真实的，但是由于缺乏逻辑联系，分不清哪是论题、哪是论据，因此不能说它们是一个论证。

论证方式可以运用多种推理形式。如直接推理、间接推理、演绎推理、归纳推理等。

论证的三要素是有机的统一体。论题是论证的出发点和目的；论据是阐明论题真实性的基础；论证方式是联系论题和论据的纽带，是阐明论题真实性的必要条件。

(二)论证的种类

论证可以根据推理形式的不同分为演绎论证、归纳论证和类比论证。还可以根据论证方法的不同分为直接论证和间接论证。

直接论证是从正面直接证明论题的论证。

间接论证是通过否定与原证论题相矛盾的反论题来论证原论题的论证，它主要有两种方法：

1.反证法

反证法是从反面论证论题的真实性的方法。它是通过论证与原论题相矛盾的反论题为假，然后根据排中律，由假推真，论证原论题为真。反证法运用的是充分条件假言推理的否定后件式。

即：$(\bar{p}{\rightarrow}q)\wedge\bar{q}{\rightarrow}\bar{p}(\equiv p)$

2.选言证法

选言证法又叫排除法。它是通过排除与论题相对立的各种可能情况来确定论题真实性的一种间接论证。这种论证运用了选言推理的否定肯定式。

即：$[(p\vee q\vee r\vee s)\wedge(\bar{q}\wedge\bar{r}\wedge\bar{s})]{\rightarrow}p$

在实际思维过程中，论证一个论题往往不是运用单一的方法，而是几种论证方法的综合运用。例如：

"我国现在的社会制度比较旧时代的社会制度要优越得多。如果不优越，旧制度就不会推翻，新制度就不可能建立……旧中国在帝国主义、封建主义和官僚资本主义的统治下，生产力的发展一直是非常缓慢的，解放前50多年间，全国除东北外，钢的生产一直只有几万吨；加上东北，全国最高年产量也不过是90多万吨。在1949年，我国产量只有十几万吨。但是，全国解放不过7年，钢的生产便已达到四百几十万吨。旧中国几乎没有机器制造业，更没有汽车制造业和飞机制造业，而这些现在都建立起来了，当人民推翻了帝国主义、封建主义和官僚资本主义的统治之后，中国要向哪里去？向资本主义，还是向社会主义？有许多人在这个问题上的思想是不清楚的。事实已经回答了这个问题：只有社会主义能够救中国。"（《毛泽东选集》第5卷373页）

毛泽东同志以上这段话中，先用反证法论证"我国现在的社会制度比较旧时代的社会制度优越得多"，然后用简单枚举归纳推理论证"社会主义制度比旧的社会制度优越得多"。最后用选言证法，论证"只有社会主义能够救中国。"几种论证方法相继运用，而又有机联系，环环相扣，对确立论题的真实性和说服力起了很好的作用。

(三)论证的规则

论证要有说服力，才能保证论题为人们所接受，要使论证有说服力,除了恰当运用各种论证方法,还要遵守以下几条规则。

1.论题应当清楚、明白。违反这一条规则,就会犯"论题模糊"的错误。

2.论题应当同一。违反这一条规则,就会犯"偷换论题"或"转移论题"的错误。这种错误通常表现为两种形式:一是用内容完全不同的另一个判断替代原论题,二是用近似于论题的判断替换原论题。也就是"证明过多"或"证明过少"。

3.论据应当是已知为真的判断。如果违反这一条规则,就会犯"论据虚假"和"预期理由"的错误。

4.论据的真实性不应当靠论题的真实性来论证。违反这条规则,就会犯"循环论证"的错误。

5.从论据应能推出论题。违反这条规则就会犯"推不出"的错误。"推不出"的错误的表现形式是:"论据与论题不相干"、"论据不足"、"以相对为绝对"、"以人为据"和"违反推理规则"等。

(四)关于"归谬法"

归谬法是运用充分条件假言推理的否定后件式进行反驳的一种演绎反驳方法。运用归谬法的步骤是:

首先,假设被反驳的论题或论据为真,并作为充分条件假言推理大前提的前件,从中必然地推出荒谬的结论作后件;

其次,小前提否定后件,即指出被反驳论题或论据引申出的判断是荒谬的;

最后,根据充分条件假言推理的规则,从后件假必然得出前件假的结论。

用公式表示是:

被反驳论题或论据:P

假设:P真

论证过程:如果 P,那么 q;非 q;

结论:所以,非 P。

例如,鲁迅一直主张文艺应当是为着人民大众的,而当时却有人认为,作品愈是高级,能够理解和欣赏的人就应该愈少。针对这种谬论,鲁迅在《文艺大众化》一文中给以驳斥,他说:"倘若说,作品愈高,知音愈少,那么,推论起来,谁也不懂的东西,就是世界上的杰作"。这里运用的就是归谬法,通过论证,驳斥了"作品愈高,知音愈少"的错误论题。

归谬法与反证法有共同点,就是在论证过程中都运用了充分条件假言推理的否定后件式。不同点是:(1)归谬法是从假设被反驳论题为真出发,而反证法则是从假设被论证的论题为假出发;(2)归谬法由否定后件到否定前件,最后是否定论题。而反证法由否定后件到否定前件(反论题),最后肯定论题(原论题)。因此,二者是既有联系又有区别的。

二、解题方法指导

(一)概念解释题解答指要

任何一门具体科学都是由一系列基本概念组成的,逻辑学也一样。因此,要理解逻辑学的基本理论,就必须准确地掌握这些基本概念。"解释概念"类试题的命题意图就是要检验考生对普通逻辑基本概念的掌握情况。本书所列的概念,并未穷尽本学科的所有基本概念,为了避免重复,有些概念安排在其他试题类型中出现。

任何概念都有内涵和外延两个方面的逻辑特征。解释概念题就是要求考生能明确地说明每个概念的内涵和外延。解答这类试题,常用的方法大致有以下几种:

1. 指出概念的内涵,并完整地指出概念的外延。如:简释"三段论的格"可这样作答:

由于中项在前提中位置的不同所构成的不同的三段论形式,就叫做三段论的格。三段论共有四个格:第一格,中项为大前提的主项、小前提的谓项;第二格,中项为大、小前提的谓项;第三格,中项为大、小前提的主项;第四格,中项为大前提的谓项、小前提的主项。

这里既指出其内涵(即第一句话),又指出其外延(即四个格)。

2. 指出概念的内涵,举例揭示概念的部分外延。如:解释"逻辑常项"与"逻辑变项",可这样作答:

逻辑常项是指在一种思维形式的结构中保持不变并决定这种结构的逻辑特性的部分。例如:在"如果 p 则 q"中的"如果……则……",在"所有 S 是 P"中的"所有……是……"就是逻辑常项。

逻辑变项是指在一种思维形式的结构中可以用不同的具体概念或判断来代换的部分。例如,在"如果 P 则 q"中的"p"、"q";在"所有 S 是 P"中的"S"、"P"就是逻辑变项。

这里指出了"逻辑常项"和"逻辑变项"的内涵,但由于它们的外延很多,难以穷举,所以只能用列举法指出其部分外延。

3. 指出概念的内涵,并用说明的方法指出概念的部分外延。例如,解释"预期理由"可这样作答:

所谓"预期理由"是指在论证过程中,用真实性尚待验证的判断作为论据去论证论题的一种逻辑错误。它违反了"论据必须是已经确定为真的判断,而不能是未被证实的判断"的规则。例如,在几何题的证明过程中,如果用尚未证明的定理作为根据来证题,就是"预期理由"。

"预期理由"这种逻辑错误的实际情况较为复杂,难以用简短的文字完整地表达出来,在这种情况下,就可以用说明的办法,点出这种错误,从而指明其部分外延。

　　总之,解释一个概念,最重要的是要尽可能完整而准确地指出这个概念的内涵,至于它的外延,则可以分别不同的情况灵活处置。

　　如果考题只要求对概念作简要回答,这时,用定义的方法揭示出概念的内涵就可以了。如:考题要求简要回答什么是"二分法",就可以这样回答:"二分法就是(在划分中)将一个属概念按照有无某种属性分为两个具有矛盾关系的种概念的划分方法"。

(二)填空题解答指要

　　填空题的内容覆盖面宽,涉及到普通逻辑的各个章节,主要有三种类型:

　　1.知识性的填空题,主要考查考生对基本概念和基本原理的掌握情况,它要求简明扼要地就有关逻辑知识的具体问题作答。如:

　　①普通逻辑是研究_____的科学。

　　②通过增加概念的内涵、缩小概念的外延来明确概念的逻辑方法叫_____;通过减少概念的内涵、扩大概念的外延来明确概念的逻辑方法叫_____。

　　这两道题只要运用绪论、概念部分的知识便可做出。第①把普通逻辑的定义的一部分填入空格,这与概念解释题既相似,又有所不同。概念解释题有时除了指出其内涵,还要举例说明一些外延,而这类填空题不需要举例说明,也不需要作完整的表述,只要求填写某些关键语词(参见习题参考答案)。这种类型的试题有时还反过来,只填写被解释的概念的名称,第②小题就是如此。只需要填上"限制"和"概括"即可。这类试题还有一种情况是只要求指出某一概念的外延。如"逻辑思维的基本规律有_____、_____、_____和_____。"这就要求指出逻辑规律的外延,即四条基本规律。知识性的题一定要抓关键词语,从基本定义或原理中找所空的关键词语填入空内。这样的考题既有检验考生理解掌握基本知识的水平，又可以使答案成为确定的、惟一的，从而减少阅卷时的主观随意性。

2.分析性和应用性的填空题。主要考查考生掌握、应用逻辑知识分析问题的能力。如：山西省1986年高教自学考试汉语言文学专业的形式逻辑试题中曾有这样两道填空题：

①"概念是反映事物本质属性的一种思维形式"，从这个定义的逻辑结构看，"概念"是＿＿＿＿＿概念；"反映……形式"是＿＿＿＿＿概念；"思维形式"是＿＿＿＿＿概念；"反映事物本质属性的一种"是＿＿＿＿＿。

②从外延方面看，"上海"和"中国最大的城市"是＿＿＿＿＿关系；和"天津"是＿＿＿＿＿关系。要正确地回答这类试题，首先应该掌握属加种差法定义的逻辑结构和概念外延间关系的逻辑特征，然后应用这些知识对试题内容具体分析，将分析的结果准确地填入空格即可。第①应填入：被定义；定义；邻近的属；种差。第②应填入：全同（或同一）；对立（或反对）。因"上海"和"中国最大的城市"二者外延完全重合，而"上海"和"天津"二者外延完全不同又都是同属于"中国的大城市"这个属概念之下的两个种概念，而且两者相加之和小于"中国大城市"的全部外延，所以应填入上述答案。

3.推理论证性的填空题。主要考查考生应用逻辑知识进行推理论证的能力。如浙江省1986年（上）高教自学考试逻辑学试题中曾有这样两道填空题。

①郑、陶、蔡、张四人的血型各不相同，但都属于基本血型。（人的基本血型有A型、B型、AB型、O型四种）。郑自述："我是A型。"陶自述："我是O型。"蔡自述："我是AB型。"张自述："我不是AB型。"如果这四个人中只有郑的自述是错误的，那么郑的血型是＿＿＿＿＿型，张的血型是＿＿＿＿＿型。

②在括号内填入适当的符号，构成一个正确的三段论，并以三

段论的一般规则为根据说明理由。

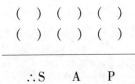

$$\therefore S \qquad A \qquad P$$

第①实际上是一道推理题,但它同一般的推理题有所不同。一般推理题考核的重点在于推理的每一步骤要正确地遵守推理规则,而填空推理题则并不要求写出推理的全过程及其依据的规则,只要求正确地给出答案就可以了。所以,这一道填空题只要在第一空格填入 B,第二空格填入 A,就可得满分。

第②是论证性的填空题,不仅要求在 6 个空格中正确地填入适当的符号,而且要求论证为什么要这样填,填别的符号为什么不行。这种题难度较大,要得出正确答案,首先必须了解三段论的结构形式,三段论的格和式。中间的符号表示前提或结论的判断类型,性质判断的基本类型只有 A、E、I、O 四种,因此应在 A、E、I、O 之中选出符合要求的符号填入中间的两个空格。这就构成了三段论的式。两端的空格表示大、小前提中主谓项的配合情况,大前提中包含的是 P 和 M,小前提中包含的是 S 和 M,M 在大、小前提中的不同位置就构成了三段论的格。其次,应当正确地理解和应用三段论的一般规则,它是正确填空的逻辑依据。再次还要知道性质判断主、谓项的周延情况,这是正确地构造三段论的结构形式所必须具备的知识。掌握了这些知识,就能正确地填入答案了。比如已知结论是全称肯定的,根据规则 5 和 7 就要求两前提不能有否定的,不能有特称的,中间两格只能填入 AA。又知道结论是全称的,所以小项 S 在结论中为主项,是周延的,这样根据规则 3,大、小项不能扩大,所以 S 在小前提中也应周延,而小前提是 A 判断,其谓项不周延,这样小项不能是小前提的谓项,只能是主项,小前提中前后两格就只能填入 S、M。再根据规则 2,中项至少要周延一次,从小前提中已知 M 已经有一次不周延了。所以在大前提中就要求 M 必须周延,既然大前提是 A 判断,就只有主项才周延,这样大前提中前后两格就只能分别填入 M 和 P。如此三段论的正确式就是:

$$(M)\quad(A)\quad(P)$$
$$(S)\quad(A)\quad(M)$$

$$\therefore S\quad\quad A\quad\quad P$$

这六个空应填入的符号是惟一正确的,但在填空时论证的思路却可以是多角度的。如还可以根据各格的特殊规则加以论证以确定答案。

(三)是非判断题解答指要

是非判断题也涉及到普通逻辑的各个方面。同填空题一样,它也可以分为知识性的、分析性的和推理性的三种类型。所不同的是,它比填空题的答案更简单,通过分析考题所给的断定是否正确,只需要打"√"或"×"号即可。这类考题不管是知识性的、分析性的,还是推理性的,都需要根据基本概念和原理、规则来加以判断,所以正确判定答案的关键是要多方面、多角度地理解和掌握基本原理。俗话说:"万变不离其宗"。掌握"其宗"就可以应付万变。好些题都是出自同一原理。如:

1.O 判断不能换质,(　　) 但可以换位。　　(　　)

2.I 判断不能换质位,(　　)O 判断也不能换质位。(　　)

3.O 判断可以换质位,(　　)I 判断也可以换质位。(　　)

4.O 判断不能换位,(　　) I 判断也不能换位。(　　)

这几个考题虽然语言形式不一样,但都是根据直言判断变形法的直接推理中的换位法和换质位法的规则推断出来的。只要我们根据规则记住"O判断不能换位"、"I判断不能换质位"这两句话,就完全可以断定以上各题的对错。

又如有些习题所根据的是假言推理的正确式,只要我们掌握了不同条件假言推理的规则和它所推出的正确式,就完全可以准确解答这些考题。

再如"A市有的公园是收费的"并不能说明"A市有的公园是不收费的"。(　　)

这是一个推论性的判断题,首先要把这两个语句表达的判断形式写出来,第一个是 SIP,第二个是 $\overline{\text{SIP}}$,然后将第二个判断 SIP 换质为 SOP,这样就可看出二者实际上是 I 判断和 O 判断的关系,是下反对关系,下反对关系的具体内容是"不能同假,可以同真",但"可以同真"不等于必然同真。这样已知一个是真的,另一个则真假不定。题中所说的正是:I 真并不能说明 O 真,这是完全正确的,打个"√"就可以了。

当我们知道 I 判断和 O 判断是下反对关系,不能同假,可以同真时,就会立刻断定下面两种说法都是错误的:

1. O 判断和 I 判断是反对关系的判断。　　　　　　　(　　)

2. 下反对关系的判断不能同真,可以同假。　　　　　(　　)

又如:

1. "并非有的人不会犯错误"和"所有的人都会犯错误"是等值判断。　　　　　　　　　　　　　　　　　　　　(　　)

2. 由"他不可能来上课"可以推出"他必然不来上课"。(　　)

这两道题都是分析性的判断题。1 是 $\overline{\text{SOP}}$ 同 SAP 的关系,2 是 $\overline{\diamond P}$ 同 $\Box \overline{P}$ 的关系,二者都是具有等值关系的判断,这样一分析就可知二者都是正确的。习题例示不能穷尽所有这类考题的原型,只要我们根据这些题型加以训练,灵活运用基本概念和基本规律,就能够正确解答这类试题。

(四)选择题解答指要

选择题具有容量大、覆盖面宽、阅卷简便、评分客观等方面的优点,所以在各科考试命题形式中所占的比例出现不断增大的趋向。逻辑考试也不例外。前面所列的习题中有单项的、双项的,也有复杂的多项选择题。

正确回答选择题,从根本上来说要准确地理解逻辑学的概念和原理。除了个别复杂的选择题外,试题所给的备选答案中,已经包含了惟一的,或者组合的正确答案和其他应予排除的答案,要排除的答案在命题设计时一般具有似真性,所以有着一种迷惑、干扰的作用。因此正确回答选择题的过程也就是识别真伪、排除干扰的过程,而要做到这一点,就必须准确地理解逻辑学的基本概念和原理。具体来讲,要注意以下几点:

1.辨析不同的思维形式。其根据不在于语句的具体内容,而在于逻辑常项的不同。如:"任何数学难题都不是不能解答的"这个性质判断(　)。选项为:a.主谓项都周延;b.主谓项都不周延;c.主项周延、谓项不周延;d.主项不周延、谓项周延。

选择 a 是正确的。因为此判断是 E 判断。尽管语句的具体内容是肯定的(不是不能),但其联项为"不是",所以只能看做否定判断,"不能解答的"是负概念做谓项,因此其主谓项都是周延的。

2.要联系语境作具体分析。要判定一个语词表达集合概念还是非集合概念;一个语句表达单称判断、全称判断还是特称判断都要联系语境作具体分析。见习题参考答案。

3.准确地掌握各种思维的逻辑形式的特点,并以此作为正确选择的依据,而不可只凭想当然。有些判断等值或矛盾的选择题,还要用真值表或复合判断转换方阵图来确定正确答案。

解答此类习题的过程,实际上是在运用选言推理的否定肯定式来进行选言论证的过程。单项选择题所给的选项间一般是不相容的关系,其中只有一真,不能几真,这只要用不相容选言推理的否定肯定式,先分别排除那些似真非真的选项,然后就可确定惟一正确的答案。如:SIP̄ 与 SOP̄ 具有(　　)关系。选项为:a.矛盾;b.反对;c.下反对;d.差等。在对当关系中这四种关系是不相容的,我们只要认准 SIP̄ 与 SOP̄ 是主谓项相同的 I 判断和 O 判断,就能知道二者不是矛盾关系,也不是反对关系和差等关系,只能是下反对关系。所以只能选择 c 为正确答案。

多项选择题所给的选项间一般是相容的关系,其中两项相容的就有可能是两项选择,三项相容的就有可能是三项选择,选项间互相交叉的就可能是更多项选择了。这时就要用相容的选言推理的否定肯定式,排除非真答案,确定至少两个正确答案。参见习题参考答案。

(五)欧拉图解题解答指要

欧拉图解题是用圆圈图形来表示概念外延间各种关系的一种解题方法。

用欧拉图不仅能准确、简明地表示性质判断的主项与谓项外延间的各种关系,而且也是检验换位法、三段论推理形式是否正确和证明三段论规则的一种辅助工具,所以,学习普通逻辑,应当了解并学会运用这种简单明了的方法。

第一,首先要掌握用欧拉图表示两个概念,(包括组成性质判断的主、谓项)外延间的 5 种不同的关系。即:(1)全同关系;(2)真包含于关系;(3)真包含关系;(4)交叉关系;(5)全异关系。

据此不仅可以准确了解两概念外延间的各种关系,而且还可以根据 S、P(主、谓项)外延间的关系判定 A、E、I、O 四种性质判断自身的真假情况。如 A 判断只有在主项 S 与谓项 P 的外延间是全同关系或真包含于关系时才是真的,是其余三种关系之一时就是假的。进而可以推断各种性质判断的真假对当关系,即传统逻辑方阵所示的关系,进行逻辑推演。

A、E、I、O 四种判断的真假值和 S 与 P 外延关系的对应情况,可参见教材。

第二,要学会作三个概念外延间关系的欧拉图,并用欧拉图深刻理解三段论的公理,检验三段论的推理形式是否正确。如:习题所列的几道图解题(见参考答案说明)。

在此基础上,要练习三个以上的概念外延关系的图形表示法。如:用图形表示山西人、青年人、老年人、工程师几个概念,我们就可以分别两个两个地加以考察,然后做出准确的圆圈关系来表示。

(六)真值表方法判定题解答指要

真值表方法是用来表示复合判断的真值情况,判定复合判断间是否等值,以及某个复合判断组成的推理形式是否正确的一种逻辑工具。利用真值表解题,首先要学会在真值表上表示各种复合判断的关系。即先把由自然语言表达的各种判断化为公式符号表达的逻辑结构式。然后列出各种逻辑变项的所有真假配合情况,再根据各种复合判断的逻辑特征,列出判断真值表。

第二要学会用真值表方法判定复合判断之间是否等值。先把所需判定的各个复合判断各自的真值表列出来,然后进行比较。如果同真同假,即真假完全相同,则属于等值关系;如果不同真也不同假,即真假情况完全不相同,则属于不等值关系中的矛盾关系;如果有时真假相同,有时真假不同,即真假不完全相同,那就是不等值关系了。如有下面这样一个试题:

试用真值表方法判定下列判断①与②、③与④是否等值。

						①	②	③		④	
p	q	r	$\bar p$	$\bar q$	$\bar r$	$\bar p \to \bar q$	$p \wedge \bar q$	$q \vee r$	$\bar p \to q \vee r$	$\bar p \wedge \bar q \wedge \bar r$	$\overline{\bar p \wedge \bar q \wedge \bar r}$
+	+	+	−	−	−	+	−	+	+	−	+
+	+	−	−	−	+	+	−	+	+	−	+
+	−	+	−	+	−	+	+	+	+	−	+
+	−	−	−	+	+	+	+	−	+	−	+
−	+	+	+	−	−	−	−	+	+	−	+
−	+	−	+	−	+	−	−	+	+	−	+
−	−	+	+	+	−	+	−	+	+	−	+
−	−	−	+	+	+	+	−	−	−	+	−

①如果不想当冠军，那就不是一个好运动员。

②想当冠军，而不是好运动员。

③如果甲没有夺得体操冠军，那么，想夺得体操冠军的或者是乙，或者是丙。

④并非甲、乙、丙都没有夺得体操冠军。

回答上面试题，先要找出逻辑常项和逻辑变项，用 p、q、r 等表示逻辑变项，写成纯符号表达的逻辑结构形式。①②用 p 代表"想当冠军"，用 q 代表"是好运动员"。写成公式：

①$\bar p \to \bar q$

②$p \wedge \bar q$

③④用 p 代表"甲夺得体操冠军"，q 代表"乙夺得体操冠军"，r 代表"丙夺得体操冠军"。写成公式；

③$\bar p \to q \vee r$

④$\overline{\bar p \wedge \bar q \wedge \bar r}$

然后列出真值表便可清楚。

由表可见：①和②不等值，③和④等值。

判定几个复合判断是否等值，有时也可运用"复合判断转换方阵图"。

第三,还要学会用真值表方法判定复合判断的推理形式是否正确,我们结合下列试题来说明。

"如果是优秀的文艺作品,就会有艺术性;标语口号式的文艺作品没有艺术性,所以标语口号式的文艺作品不是优秀的文艺作品。"请用真值表方法判定这个推理形式是否正确。

回答这一试题,第一步应当先将这一具体的假言推理写成假言推理形式。

设 p 代表"某种文艺作品是优秀的文艺作品";

q 代表"某种文艺作品的艺术性"。

上面这个充分条件假言推理的推理形式是:

如果 p,则 q

　　非 q

所以,非 p

第二步,将推理式改换为蕴涵式,就是将前提作为前件,这里有两个前提,要用联言式来表示,将结论作为后件,然后用蕴涵符号"→"将前后件联结起来,就构成了一个蕴涵式,然后用真值表方法判定它是否为永真式。所谓永真式是指无论前提(肢判断)取值真假,该复合判断的值总是真的。也就是不可能是前件(前提)真而后件(结论)假,由此表明它是一个正确的推理形式;不然,就是一个不正确的推理形式。

我们将上面那个推理形式表示为蕴涵式,就是:$(p \rightarrow q) \wedge \bar{q} \rightarrow \bar{p}$

p	q	$\bar{p}$	$\bar{q}$	$p \rightarrow q$	$(p \rightarrow q) \wedge \bar{q}$	$(p \rightarrow q) \wedge \bar{q} \rightarrow \bar{p}$
+	+	−	−	+	−	+
+	−	−	+	−	−	+
−	+	+	−	+	−	+
−	−	+	+	+	+	+

　　由表可见，"(p→q)∧q̄→p̄"为永真式：这说明"p→q；q̄；所以 p̄"这一推理形式是正确的。

　　再如："他或者是小说家，或者是散文家，或者是诗人；他是小说家，所以，他不是散文家，不是诗人"。用真值表方法判定这一推理形式是否正确。

　　设 p 代表"他是小说家"；q 代表"他是散文家"；r 代表"他是诗人"。

　　将上述推理式写成蕴涵式(p∨q∨r)∧p→q̄∧r̄

p	q	r	q̄	r̄	p∨q∨r	(p∨q∨r)∧p	q̄∧r̄	(p∨q∨r)∧p→q̄∨r̄
+	+	+	-	-	+	+		-
+	+	-	-	+	+	+		-
+	-	+	+	-	+	+		-
+	-	-	+	+	+	+	+	+
-	+	+	-	-	+	-		+
-	+	-	-	+	+	-		+
-	-	+	+	-	+	-		+
-	-	-	+	+	-	-	+	+

　　由表可见，"(p∨q∨r)∧p→q̄∧r̄"不是永真式；表明上面那个推理形式是不正确的。

　　我们举出上面两个正误性比较显著的推理形式作为例子，目的是在于说明用真值表方法作为判定工具，其具体的程序是怎样的。而真值表方法的判定意义，主要是在于鉴定那些凭直观往往难以判定其正确性的较为复杂的推理形式。

(七)问答题解答指要

　　这类题型同概念简释题相似，都是要对具体的问题做出准确而清楚的回答。所不同的是,解答问题不能光是回答一个简单的概念,而是要根据该问题所涉及的基本逻辑原理(规律、规则等),经过充分的分析,然后再进行回答。尤其是对较为复杂的论证题,更要求按逻辑程序一步步地逐层分析,最后做出答案。例如在1989年下半年全国高等教育自学考试逻辑题中,有这样一道试题:

"设 ABC 分别为有效三段论的前提和结论,D 是与结论 C 相矛盾的性质判断,试证 ABD 中,肯定判断必是两个。"

这是一道证明题,已知条件有两个:一、ABC 分别为有效三段论的前提和结论;二、结论判断 C 与另一个判断 D 是矛盾关系的判断。本题所要求证的是 ABD 三个判断中必有两个是肯定的。根据三段论的结构关系,从条件(一)我们可以确定结论 C 最多有四种情况,即要么是 A 判断,要么是 E 判断,要么是 I 判断,要么是 O 判断。既然 D 判断与 C 判断为矛盾关系(条件二),那么当 C 分别为 A、E、I、O 时,D 一定分别为 O、I、E、A(根据对当关系)。在这种情况下,ABD 是否有两个肯定判断? 我们可以先假定 C 为 A 判断,列出一个三段论式:

$$
\begin{array}{c}
A \\
\underline{B} \\
\therefore C
\end{array}
$$

证:如果结论 C 为 A 判断;

根据三段论规则,前提判断 A 和 B 也一定是全称肯定判断 SAP,而既然 D 与 C 矛盾;D 当然是否定判断了,这样,在 ABD 三段论式中,肯定判断就是前提 A 和 B。符合求证的要求。

接着以同样的方法,假定结论 C 分别为 E、I、O,然后进行论证,便可以得出正确的答案(即 ABD 必然有两个肯定判断)。

(八)逻辑错误分析题解答指要

逻辑错误分析题是提高学生辨析能力和思维表达能力的重要

内容。分析语句或论证中的逻辑错误可以从以下三方面入手。

1. 分析逻辑错误的依据是各种逻辑原理。如分析定义和划分的逻辑错误要依据定义和划分的规则,分析三段论的逻辑错误要依据三段论的 7 条规则及各格的特殊规则,分析论证中的逻辑错误要依据证明或反驳中论题、论据和论证的规则,离开了这些依据,就不是逻辑分析。

2. 分析逻辑错误要具体指出哪里用错了,为什么是错的,不能对什么错误都笼统地回答"违反逻辑规律",比如对"凡想出国留学的都要刻苦学习外语,我不想出国留学,所以我不必刻苦学习外语"这个三段论,就要指出大项"要刻苦学习外语"在前提中是肯定判断的谓项,是不周延的,而在结论中成了否定判断的谓项却是周延的,这就违反了三段论"在前提中不周延的项在结论中也不得周延"的规则,犯了"大项扩大"的错误。

3. 分析逻辑错误要注意准确性,比如对命题表达式 $(p \rightarrow q) \wedge \bar{p} \rightarrow \bar{q}$,就要准确指出属于充分条件假言推理的错误,$p \rightarrow q$ 是充分条件假言判断,只能由否定后件到否定前件,而不能由否定前件到否定后件,所以该表达式犯了"否定前件"的逻辑错误。

(九)逻辑结构分析题解答指要

结构分析题的内容涉及各种思维形式的逻辑结构,以及推理在思维过程中的运用。做这一类题时,首先要根据试题所提供的条件判别它属于何种推理形式,是概念、判断还是推理,是证明还是反驳,然后根据各种不同逻辑形式的特点列出它的结构公式。例如,属于判断的,要找出其常项和变项,属于推理的,要判别出是哪一种推理,是直接推理还是间接推理,是演绎推理还是归纳推理、类比推理。如果属于论证,则要找出其论题、论据和论证方式,最后,根据真值关系或逻辑规则、逻辑规律来进行演算和验证。

需要说明的是,有一些逻辑题,不止有一个正确的答案,就是说,从不同的角度分析可以得出不同的然而又是正确的答案。例如性质判断"我班有些同学数学考试成绩不理想",既可以理解为 $S\overline{IP}$(是不理想的),也可以理解为 SOP(不是理想的),又如"不入虎穴,焉得虎子"属于何种假言判断,答案既可以是充分条件假言判断,也可以是必要条件假言判断。作充分条件理解时,其结构公式为 $\overline{p}{\rightarrow}\overline{q}$,即"如果不入虎穴,那么就不能得虎子";而如果作必要条件理解时,其公式则是 $p{\leftarrow}q$,那"只有入虎穴,才能得虎子",或"除非入虎穴,不能得虎子"。因为充分条件和必要条件是可以互相转换的,"只有 p 才 q"等值于"如果非 p,那么非 q"($p{\leftarrow}q{\equiv}\overline{p}{\rightarrow}\overline{q}$),这种分析也适用于类似的推理。

(十)智力测试题解答指要

这种题型是各种思维形式的综合运用,一定要注意按照逻辑规律的要求和各种逻辑结构的规则进行推理和论证,以求得必然的结论。

第二部分　技能训练及模拟自测题

一、技能训练题

(一)欧拉图解题

1.用欧拉图表示下列概念间的关系：

(1)运动员(A)　中国运动员(B)　女子(C)　女子体操运动员(D)　冠军(E)(图略)

(2)党员(A)　干部(B)　优秀党员干部(C)　中层党员干部(D)高级知识分子(E)(图略)

(3)有 A、B、C 三个概念,已知 A 与 B 交叉,B 与 C 交叉,请问 A 与 C 在外延上有哪几种关系,并分别用欧拉图表示出来。

答:A 与 C 在外延上有五种关系:①交叉关系②真包含关系③真包含于关系④全异关系⑤全同关系(图略)

(4)有 A、B、C 三个概念,已知 C 真包含 A,A 真包含于 B,有 C 不是 B,请用欧拉图将 A、B、C 三个概念在外延上可能有的关系表示出来。

答:A、B、C 三个概念在外延上可能有的关系有两种:C 真包含 B,B 真包含 A;B、C 交叉,A 真包含于 B、C。(图略)

2.请自拟欧拉图表示概念间的关系,在下面的概念后面填上相应的拉丁字母:

(1)①茶盘(　　)　　②玻璃制品(　　)　　③不锈钢茶盘(　　)　　④皮箱(　　)

答:①A、②C、③B、④D

(2)①上海产品(　　)　　②手表(　　)　　③非名牌产品(　　)　　④上海产的名牌女式手表(　　)

答:①A(或 B)、②B(或 A)、③C、④D

(3)①教师(　　)　　②语文教师(　　)　　③非中学教师(　　)　　④特级教师(　　)　　⑤中学教师(　　)　　⑥中学特级语文教师(　　)

答:①A、②D(或 E)、③C、④E(或 D)、⑤B、⑥F

(欧拉图略)

3.请用欧拉图将画线部分所表示的概念标注出来:

(1)　　A:老年服务员
　　　　B:优秀服务员　　①男优秀青年服务员
　　　　C:男服务员　　　②非男性老年优秀服务员
　　　　D:青年服务员　　③男性老年非优秀服务员

(2)　　A:发表的作品
　　　　B:小说　　　　　①未发表的非中国小说
　　　　C:中国文艺作品　②发表的非小说体裁的中国
　　　　　　　　　　　　　文艺作品
　　　　D:中国当代文艺作品③未发表的中国当代小说

4.请根据以下所给的条件回答问题:

(1)有 A、B、C 三个概念,已知 B 包含于 A,C 与 A 交叉,请问 C 与 B 在外延上有哪几种关系,并分别用欧拉图表示出来。

答:C 与 B 在外延上有三种关系:

①全异关系 ②交叉关系 ③属种关系(或 C 对 B 的真包含关系)(图略)

(2)有 A、B、C 三个概念,已知 A 真包含 B,B 真包含于 C,请问 A 与 C 在外延上有哪几种关系,并分别用欧拉图表示出来。

答:A 与 C 在外延上有四种关系:

①A 对 C 是真包含于关系 ②A 对 C 是真包含关系

③A 与 C 是交叉关系 ④A 与 C 是同一关系(图略)

5.请用欧拉图表示下面推理中小项(用"S"表示)、大项(用"P"表示)、中项(用"M"表示)三个概念之间的外延关系:

(1)艺术性差的作品都不是优秀作品,有些短篇小说是优秀作品,所以有些短篇小说不是艺术性差的作品。

答:小项:短篇小说(S)

大项:艺术性差的作品(P)

中项:优秀作品(M)

(2)炼乳是鲜奶制成的,它是有营养的食品,所以有的有营养的食品是鲜奶制成的。

答:小项:有营养的食品(S)

大项:鲜奶制成的(P)

中项:炼乳(M)

(3)棉花是用做工业原料的农作物,有些棉花是高产作物,所以有些高产作物是用做工业原料的农作物。

答:小项:高产作物(S)

大项:用做工业原料的农作物(P)

中项:棉花(M)

(4)有些风景画是油画,所有的油画都是美术作品,所以有些美术作品是风景画。

答:小项:美术作品(S)

　　大项:风景画(P)

　　中项:油画(M)

6.用欧拉图表示出 SAP 为真时,S 与 P 之间的关系:

答:SAP 为真时,S 与 P 的关系是

7.SIP 为真时,S 与 P 具有哪些关系,用欧拉图表示出来:

答:

8.当 S 与 P 具有下列图形所表示的关系时,哪一种判断是真的?

(1)

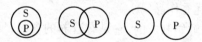

答:特称否定判断 SOP 是真的。

(2)

答:全称否定判断 SEP 和特称否定判断 SOP 是真的。

9.用欧拉图表示出当大、中、小项具有什么关系时,三段论第一格的 E A E 式和 E I O 式同时有效:

答：

10.已知下列三个条件,请推出 A、B、C、D、E 五个概念的外延关系,并将它们表示在一个欧拉图中。

①如果 A 不真包含 B,则 C 与 E 不全同

②如果 B 不真包含 C,则 D 与 E 不全同

③CDE 三概念全同

答:如果 A 不真包含 B,则 C 与 E 不全同;C 与 E 全同;所以,A 真包含 B。

如果 B 不真包 C,则 D 与 E 不全同;D 与 E 全同;所以,B 真包含 C。

因此,A、B、C、D、E 的外延关系可用上图表示。

11.已知下列三个条件,请推出 A、B、C、D、E 五个概念的外延关系,将它们的关系用欧拉图表示出来。

①若 C 不真包含 B,则 C 与 E 不全异

②若 B 不真包含 A,则 D 与 E 不全异

③CDE 全异

答:若 C 不真包含 B,则 C 与 E 不全异;C 与 E 全异;所以,C 真包含 B。

若 B 不真包含 A,则 D 与 E 不全异;D 与 E 全异;所以,B 真包含 A。

因此,A、B、C、D、E 的外延关系可用上图表示。

(二)表解题

1.用真值表来判定下列各组判断的真值关系:

(1)如果非 p 则非 q

　　p 或者非 q

答:"如果非 p 则非 q"可表示为"$\bar{p} \to \bar{q}$","p 或者非 q"可表示为"$p \vee \bar{q}$"。其真值情况可列表如下:

p	q	$\bar{p}$	$\bar{q}$	$\bar{p} \to \bar{q}$	$p \vee \bar{q}$
+	+	−	−	+	+
+	−	−	+	+	+
−	+	+	−	−	−
−	−	+	+	+	+

可见,这组判断具有等值关系。

(2)并非(非 p 并且 q)

　　如果 q,那么 p

答:"并非(非 p 并且 q)"可以表示为"$\overline{\bar{p} \wedge q}$","如果 q,那么 p"可以表示为"$q \to p$"。它们之间的真值关系可以列表如下:

p	q	$\bar{p}$	$\bar{p} \wedge q$	$\overline{\bar{p} \wedge q}$	$q \to p$
+	+	−	−	+	+
+	−	−	−	+	+
−	+	+	+	−	−
−	−	+	−	+	+

可见,这组判断具有等值关系。

(3)p 并且 q

　　p 或者 q

答:"p 并且 q"可表示为"$p \wedge q$","p 或者 q"可表示为"$p \vee q$"。它们之间的真值关系可以列表如下:

p	q	p∧q	p∨q
+	+	+	+
+	−	−	+
−	+	−	+
−	−	−	−

这组判断既可同真,也可同假。因此,它们之间具有差等关系。

(4)p 并且 q

　　非 p 或者非 q

答:"p 并且 q"可表示为"p∧q","非 p 或者非 q"可表示为"$\bar{p}∨\bar{q}$"。它们之间的真值关系可以列表如下:

p	q	$\bar{p}$	$\bar{q}$	p∧q	$\bar{p}∨\bar{q}$
+	+	−	−	+	−
+	−	−	+	−	+
−	+	+	−	−	+
−	−	+	+	−	+

这组判断既不能同真,也不能同假。因此,它们之间具有矛盾关系。

2.写出下列各组判断的逻辑形式,并用真值表判定它们之间的真值关系:

(1)如果想要攀登科学文化高峰,那么就得努力学习。

　　并非不努力学习,也能攀登科学文化高峰。

答:第一个判断可以表示为"p→q",第二个判断可以表示为"$\overline{\bar{q}∧p}$"。它们之间的真值关系可以列表如下:

p	q	$\bar{q}$	p→q	$\bar{q} \wedge p$	$\overline{\bar{q} \wedge p}$
+	+	−	+	−	+
+	−	+	−	+	−
−	+	−	+	−	+
−	−	+	+	−	+

这组判断真则同真、假则同假。因此,它们具有等值关系。

(2)如果日照不够,那么庄稼收成不好。

日照不够,庄稼也能收成好。

答:第一个判断可表示为"p→q",第二个判断可表示为"p∧$\bar{q}$"。它们的真值关系可以列表如下:

p	q	$\bar{q}$	q→p	p∧$\bar{q}$
+	+	−	+	−
+	−	+	−	+
−	+	−	+	−
−	−	+	+	−

这两个判断既不能同真,也不能同假。因此,它们之间具有矛盾关系。

3.试用真值表方法判定下列推理是否正确:

要么小刘当选为团支部书记,要么小王当选为团支部书记;小王当选为团支部书记;所以,小刘没有当选。

答:用 p 表示"小刘当选为团支部书记",用 q 表示"小王当选为团支部书记"。其真值表如下:

p	q	$\bar{p}$	$(p \lor q) \land \overset{\bullet}{q} \to \bar{p}$
+	+	−	− − + + −
+	−	−	+ − − + −
−	+	+	+ + + + +
−	+	+	− − − + +

所以,上述不相容选言推理是正确的。

4.试用真值表方法判定下列推理是否正确:

如果一个概念是否定判断的谓项,那么这个概念就是周延的;这个概念是否定判断的谓项;所以,这个概念是周延的。

答:用 p 表示"一个概念是否定判断的谓项",q 表示"这个概念是周延的",其真值表如下:

p	q	$(p \to q) \land p \to q$
+	+	+ + + + +
+	−	+ − − + −
−	+	+ + − + +
−	−	+ + − + −

可见,上述充分条件假言推理是正确的。

(三)分析题

1.下列议论是否违反普通逻辑基本规律？请说明理由。

(1)一位妇女患了不孕症,她问医生:"我这种病会不会遗传给后代?"

答:违反矛盾律。因为既是"患了不孕症",意味着"不能生育后代";而问"这种病会不会遗传给后代"又隐含着"能生育后代"。这是自相矛盾的。

(2) 他因为书读得太多,所以思想复杂,进步也就慢了。

答:违反充足理由律。因为"书读得太多"与"进步也就慢了"

二者无必然联系,犯"推不出"的逻辑错误。

(3)教师:"请你回答,普通逻辑研究的对象是什么?"学生:"这个问题很重要,它可以帮助同学们明确学习普通逻辑的目的。"

答:违反同一律。因为所答非所问,犯"转移论题"的逻辑错误。

(4)我不认为《红楼梦》是我国最杰出的古典文学名著;但有人说《红楼梦》不是我国最杰出的古典文学名著,对此我也不敢苟同。

答:违反排中律。因为对"《红楼梦》是我国最杰出的古典文学名著"与"《红楼梦》不是我国最杰出的古典文学名著"这两个互相矛盾的判断,"我"都采取了否定的态度,犯有"模棱两不可"的逻辑错误。

(5)凡不采用的来稿一律退还,但油印、复印或铅印的稿件不退。

答:违反矛盾律。因为"凡不采用的来稿一律退还"与"油印、复印或铅印的稿件不退"是自相矛盾的。

(6)甲:"您从哪儿来?"

乙:"我刚从报告会场出来。"

甲:"报告作完了吗?"

乙:"还没有。"

甲:"这么说,报告的内容是很不吸引人啦。"

答:违反充足理由律。因为报告还没有作完,乙就从报告会场出来,这与"报告内容很不吸引人",二者无必然联系,甲犯有"推不出"的逻辑错误。

(7)她已经年过半百,不年轻了。对于演员,年龄是大了些。可是,只要听她唱,人们便觉得她很年轻。

答:不违反。因为先讲的"不年轻"是指生理年龄的,后讲的"很年轻"是指艺术生命的。

2.下列语句所表达的思想各违反了哪条普通逻辑基本规律的

要求? 犯有什么逻辑错误?

(1)我是有信心把这项工作搞好的,但是我并没有把握。

答:在同一思维过程中,既承认"有信心"又承认"没有把握",是违反矛盾律要求的,犯了"自相矛盾"的逻辑错误。

(2)这个单位既不是绿化先进单位,也不是非绿化先进单位。

答:"绿化先进单位"与"非绿化先进单位"是互相矛盾的概念,对于"这个单位"而言,二者必居其一。对"这个单位"既不肯定它是绿化先进单位,也不肯定它是非绿化先进单位,则违反排中律的要求,犯"模棱两不可"的逻辑错误。

(3)审判员问被告:"你贪污的主要原因是什么?"被告回答:"我父亲已去世,母亲长期生病,家庭经济收入全靠我的工资,生活很困难。所以,我就……"

答:"生活很困难"与"贪污"犯罪二者之间无必然逻辑联系。被告的回答违反充足理由律的要求,犯"推不出"的逻辑错误。

(4)记者问:"城市养鸽是否妨害城市卫生?"信鸽协会负责人回答:"鸽子是和平的象征,是人类友好的使者,在科学研究、国防通讯、航海急救等方面,都能为人类做出贡献。"

答:所答非所问。违反同一律的要求,犯"转移论题"的逻辑错误。

(5)甲:"你完成了任务没有?"

乙:"谁说我没有完成任务?"

甲:"那么,你是说你已经完成任务了?"

乙:"我并不是说我完成了任务。"

答:乙说"谁说我没有完成任务"即是否定"我没有完成任务",乙又说"我并不是说我完成了任务"即又否定"我完成了任务"。乙对于"完成任务"与"没有完成任务"这两个互相矛盾的判断都加以否定,是违反排中律要求的,犯了"模棱两不可"的逻辑错误。

(6)某律师为被告辩护说:"被告在犯罪前曾荣立三等功,按

《刑法》第 63 条规定,有立功表现的可以减轻或者免除处罚,希望法庭在量刑时考虑这一点。"

答:我国《刑法》第 63 条规定,"犯罪较重的,如果有立功表现,也可以减轻或者免除处罚",律师说"被告在犯罪前曾荣立三等功"并要求法庭量刑时减免。这里律师是故意违反同一律要求,将"犯罪前"的立功表现偷换成"犯罪后"的立功表现,犯了"偷换概念"的逻辑错误,其目的是构成三段论推理,以使被告减免处罚。

犯罪较重有立功表现可以减免处罚,

他犯罪前有立功表现,

所以,他可以免除处罚。

其实所构成的三段论犯有"四项错误",这就违反了充足理由律的要求,犯"推不出"的逻辑错误。

(7)认为他既能文又能武是不对的,不过认为他不能文或者不能武也是不对的。

答:"既能文又能武"与"不能文或不能武"是互相矛盾的判断,而互相矛盾的判断是不能同假,而这里对互相矛盾的判断同时加以否定,因此违反了排中律的要求,犯了"模棱两不可"的逻辑错误。

(8)普通逻辑不允许议论中前后自相矛盾,这不是否定了客观事物无不存在矛盾的说法吗?

答:"普通逻辑不允许议论中前后自相矛盾"的"矛盾",与"事物无不存在矛盾"的"矛盾"并非同一个概念,前者指逻辑矛盾,后者指客观事物的矛盾。这里违反了同一律的要求,犯了"混淆概念"的逻辑错误。

(9)本厂产品质量全优,顾客发现次品,我厂保退保换。

答:"产品质量全优"与"顾客发现次品保退保换"是互相矛盾的,既是"产品质量全优"就不必做出"顾客发现次品,我厂保退保换"的声明,既是"顾客发现次品",那就不是"产品质量全优"。这里同时承认了互相矛盾的判断,违反矛盾律的要求,犯了"自相矛盾"的逻辑错误。

3.下列各题运用了哪种因果联系法？结论是什么？写出其推理公式。

(1)反常的气候会加重人体负载,影响人的健康;反常的情绪会损害人的健康,甚至导致死亡;反常的饮食会增加肠胃负担,影响人的健康;反常的嗜好会影响人的健康,甚至引起致命的疾病;反常的习惯,对人体健康极为有害。

答:求同法。结论为"一切反常因素是影响人体健康的重要原因"。推理公式略。

(2)有人认为:盲人具有高度发达的"面部视觉能力",盲人是靠面部皮肤感知空气的回流来躲避障碍物的。实验表明:把盲人的面部用毯子遮住,他仍然能够躲避障碍物;把他的耳朵塞住让他赤脚在地毯上行走,他便丧失了回避障碍物的能力。这说明,所谓"面部视觉"是不存在的,盲人有高度发达的听觉能力,是借助感知音波躲避障碍物的。

答:求异法。结论为"盲人高度发达的听觉能力(感知空气回流的音波)是能躲避障碍物的原因"。推理公式略。

(3)有两起伤害致死案。甲乙两个被害者受伤部位、时间、致伤工具都相同,惟一不同的是甲有生活反应(如皮下出血、肌肉收缩、炎症反应等),乙无生活反应。又知甲是生前伤,乙是死后伤。

答:求异法。结论为"生前伤是产生生活反应的原因"。推理公式略。

(4)某单位在半年内召开了七次重要会议,其中四次内容被泄露,三次内容没被泄露。这七次会议的参加者不完全相同,于是将每次参加会议的名单列出来对照,结果发现:凡王某参加的四次会议,内容均被泄露;而王某没有参加的三次会议,内容却没有被泄露,其余参加会议的人都没有和王某相同的情况。

答:求同求异并用法。结论为"王某是会议内容的泄露者"。

(5)某地刑事技术科研所对男性汗液中含钠和氯的量的研究,认为其含量与年龄增长成正比,也就是说随年龄增长而含量增高。统计如下:

10～20岁的男性,汗液中钠为2.06克/升,氯为2.25克/升;21～30岁的男性,汗液中钠为2.21克/升,氯为3.14克/升;31～40岁的男性,汗液中钠为2.29克/升,氯为3.21克/升;41岁以上的男性,汗液中钠为2.60克/升,氯为3.25克/升。

答:共变法。结论为"年龄的增长是男性汗液中钠、氯增高的原因"。推理公式略。

(6)某地发生一起杀人案件。被害者身上除有被木棍等钝器重击的伤痕外,致命处还有一个刀刺的伤口。已被抓捕的罪犯供认,作案时没有携带匕首一类锐器,调查也证实他们没有杀死被害人的动机。公安人员确认真正的杀人凶手还没有归案。后经深入侦察,终于抓到了真正的杀人犯。

答:剩余法。结论为"原先没有归案的罪犯是真正的杀人犯"。推理公式略。

(7)南宋爱国名将李纲在《论西北东南之势》中曾得出我国西北是古来兴国之地的结论。他研究秦汉以来各朝代能够统一全国的原因时,先分析了秦、汉、晋、隋、唐、大宋能够统一全国的情况各有异同,而相同之处是以西北为根据地来发展武装力量;他又分析东晋及宋、齐、梁不能统一全国的相关情况也各有异同,而相同之处在于没有以西北为根据地,都以江南为根据地。这一正反对比说明:西北是古来兴国之地。

答:求同求异并用法。结论为"以西北为根据地是古来兴国的重要原因"。推理公式略。

(8)科学家发现,地球磁场除了有规则的昼夜变化外,还有约十年左右的周期性的磁暴发生;又发现,磁暴的周期性经常与太阳黑子的周期(即两次黑子出现达到高峰之间的时期)相合。同时,随着太阳上黑子数目的增加,磁暴的强烈程度也随之增高;太阳黑子的数目减少时,磁暴的强烈程度也随之减少。由此,科学家认为,太阳黑子的出现是磁暴发生的原因。

答:先用求同法,后用共变法。结论为"太阳黑子的出现是地球磁暴发生的原因"。推理公式略。

4.下列直接推理是否正确? 为什么?

(1)有些身残者不是意志消沉的;所以,有些意志消沉的不是身残者。

答:这是一个错误的"换位推理"。换位推理的规则要求,在前提中不周延的概念,到结了不得周延。这个推理中的"身残者"在前提中是特称判断的主项,不周延,而到了结论中,成为否定判断的谓项,周延了。所以,违反了上述规则,该推理不正确。

(2)$\overline{\text{SIP}} \rightarrow \overline{\text{POS}}$

答:这是一个错误的换质位推理。因为,$\overline{\text{SIP}}$ 换质,可以推理出 $\overline{\text{SOP}}$。根据规则,O 判断是不能换位的。然而,它把 $\overline{\text{SOP}}$ 换位为 $\overline{\text{POS}}$。违反了规则要求,所以,这个推理不能成立。

(3)并非所有的工人都是音乐爱好者,因为,有的工人是音乐爱好者。

答:这是一个错误的对当关系推理。因为它是由 I 真推出 A 假。而 I 和 A 具有差等关系,二者既可同真,也可同假。根据差等关系,只能由 A 真推出 I 真;由 I 假推出 A 假。而这个推理由 I 真推出 A 假,不符合差等关系推理要求,所以,它是错误的。

(4)SAP→$\overline{\text{POS}}$

答:这是一个错误的判断变形直接推理。因为,SAP 换质可以推出 $\overline{\text{SEP}}$,$\overline{\text{SEP}}$ 换位推出 $\overline{\text{PES}}$,$\overline{\text{PES}}$ 再换质推出 $\overline{\text{PAS}}$。这个结论恰好与原题中的结论 $\overline{\text{POS}}$ 成为同素材的判断,而同素材的 A 和 O 具有矛盾关系,它们既不能同真,也不能同假。现在已知 $\overline{\text{PAS}}$ 真,则

$\overline{POS}$ 必假。所以,SAP 不能推出 $\overline{POS}$。

(5)没有一个不珍惜时光的人是有高深造诣的;所以,并非有的不珍惜时光的人不是有高深造诣的。

答:这是一个错误的对当关系直接推理。因为,它的前提是一个 E 判断,推理形式是由 E 真推出 O 假。E 和 O 之间具有差等关系,既可同真,又可同假。运用差等关系进行推理,只能由 E 真推出 O 真,由 O 假推出 E 假。这个推理由 E 真推出 O 假,不符合差等关系的逻辑性质,所以,该推理不能成立。

(6)一切正方形都是四角相等的四边形;所以,凡是四角相等的四边形都是正方形。

答:这是一个错误的换位推理。因为,换位法规则要求,在前提中不周延的概念,到结论中也不得周延。这个推理中的"四角相等的四边形"在前提中是肯定判断的谓项,不周延,而到了结论中,成为全称判断的主项,周延了。所以,违反了上述规则,该推理不能成立。

5.下列三段论是否正确? 为什么?

(1)一切犯罪行为都是违法行为;有些不道德的行为是违法行为;所以,有些不道德的行为是犯罪行为。

答:不正确。三段论规则要求,中项至少要周延一次。这个三段论的中项"违法行为"在两个前提中都是肯定判断的谓项,都不周延。违反了上述规则,犯了"中项不周延"的错误。

(2)凡是相信鬼神的人都不是唯物主义者;他不相信鬼神;所以,他是唯物主义者。

答:不正确。三段论规则规定"从两个否定前提不能得出结论"。这个三段论的两个前提"凡是相信鬼神的人都不是唯物主义者"和"他不相信鬼神"都是否定判断,违反了上述规则,因此,这个三段论是不正确的。

(3)形式逻辑是工具性质的科学;形式逻辑是关于思维的科

学;因此,关于思维的科学是工具性质的科学。

答:不正确。三段论的规则规定,"在前提中不周延的概念,到结论中也不得周延"。这个三段论的小项"关于思维的科学"在前提中是肯定判断的谓项,不周延;到结论中它作为全称判断的主项,是周延的。因而,违反了上述规则,犯了"小项不当周延"的错误。

(4)有的电影胶片是进口商品;有的电影胶片是彩色胶片;所以,有的彩色胶片是进口商品。

答:不正确。三段论规则规定,"从两个特称判断不能推出结论"。这个三段论的两个前提"有的电影胶片是进口商品"和"有的电影胶片是彩色胶片"均为特称判断,违反了上述规则,因此,该三段论不能成立。

(5)有的小说是描写农村生活的;所有的剧本都不是小说;所以,所有的剧本都不是描写农村生活的。

答:不正确。因为,三段论规则要求,"前提中有一个特称判断,结论也必须是特称判断"。这个三段论的大前提"有的小说是描写农村生活的"是特称判断,而结论"所有的剧本都不是描写农村生活的"是全称判断。所以该三段论是错误的。

(6)MAP∧SOM→SIP

答:不正确。因为,三段论规则要求,"如果前提中有一个否定判断,那么结论也必须是否定判断"。这个三段论的小前提"SOM"是个否定判断,而结论"SIP"却是肯定判断,违反了上述规则。因此,是错误的。

6.下列三段论是否符合格的规则?

(1)肯定判断的谓项都是不周延的;这个项是不周延的;可见,这个项是肯定判断的谓项。

答:这个三段论不符合第二格的规则,即两个前提中必须有一个是否定的。这个三段论的两个前提"肯定判断的谓项都是不周延的"和"这个项是不周延的"都是肯定的,违反了上述规则。所以,推理不能成立。

(2)有的复合判断是否定某个判断的判断;假言判断是复合判断;因此,假言判断是否定某个判断的判断。

答:这个三段论违反了第一格的规则。即大前提必须是全称的。这个三段论的大前提"有的复合判断是否定某个判断的判断"是特称的,所以,这个三段论是错误的。

(3)所有的实词都表达概念;实词都是词;所以,有的词表达概念。

答:这个三段论符合第三格的规则,即小前提必须是肯定的;结论一定是特称的。这个三段论的小前提"实词都是词"是肯定判断,结论"有的词表达概念"是特称判断,它遵守了该格规则的要求,所以,此三段论正确。

(4)凡吸烟者都会受尼古丁的毒害;他不是吸烟者;所以,他不会受尼古丁的毒害。

答:这个三段论不符合第一格规则要求,即小前提必须是肯定的。这个三段论的小前提"他不是吸烟者"是个否定判断,违反了上述规则。因而,推理不能成立。

(5)PIM∧SEM→SOP

答:这个三段论不符合第二格规则要求,即大前提必须是全称的。这个三段论的大前提"PIM"是个特称判断,违反了上述规则。因而,是不正确的。

(6)一切报纸都是宣传品;所有的报纸都是印刷品;所以,凡是印刷品都是宣传品。

答:这个三段论不符合第三格规则要求,即结论一定是特称的。这个三段论的结论"凡是印刷品都是宣传品"是个全称判断,违反了上述规则。因此,不能成立。

7.下列关系推理是否正确?为什么?

(1)甲公司与丙公司有合同关系;因为,甲公司与乙公司有合同关系,而且乙公司与丙公司有合同关系。

答:这个关系推理是不正确的。因为,推理中的"合同关系"是非传递关系,而这里把它作为传递关系进行推演。所以,该推理不能成立。

(2)复合判断包括假言判断;联言判断不是假言判断;所以,复合判断不包括联言判断。

答:这是一个错误的混合关系推理。混合关系推理的规则要求,前提中的性质判断必须是肯定的;如果前提中的关系判断是肯定的,则结论中的关系判断也应是肯定的。这个推理违反了上述规则,它的前提中的性质判断"联言判断不是假言判断"是否定的;同时,它的前提中的关系判断"复合判断包括假言判断"是肯定的,结论"复合判断不包括联言判断"却是否定的。因此,该推理是错误的。

(3)红星中学的教师关心红星中学的学生;所以,红星中学的学生关心红星中学的教师。

答:这是一个错误的关系推理。因为推理中的"关心"是非对称关系,而该推理把它作为对称关系进行推演。所以,这个推理是不正确的。

(4)已知概念 A、B、C 之间的外延关系是 A 与 B 交叉;B 与 C 交叉;因而推知 A 与 C 也交叉。

答:这个纯关系推理是不能成立的。因为,推理中的"交叉"关系是非传递关系,而该推理把它作为传递关系进行推演。所以,这个推理的结论是不可靠的。

(5)"p→q"等值于"q←p";并且"q←p"等值于"p̄∨q";所以,"p→q"等值于"p̄∨q"。

答:这是一个正确的纯关系推理。因为,这个推理中的"等值"关系属于传递关系,该推理依据这种关系进行传递推演,所以,这个推理是有效的。

(6)他喜爱圆舞曲;所有圆舞曲都是乐曲;可见,他喜爱所有乐曲。

答:这是一个错误的混合关系推理。混合关系推理的规则要求,在前提中不周延的概念在结论中也不得周延。这个推理中的"乐曲"在前提中是肯定判断的谓项,不周延;而在结论中作为关系者项是全称的,成为周延的概念,所以违反了上述规则,致使该推理不能成立。

(7)李明和吴军下象棋,李明没有战胜吴军;可想而知,吴军一定胜了李明。

答:这是一个不正确的纯关系推理。其中,"没有战胜"是非对称关系,而该推理把它作为反对称关系进行推演。所以,这个推理是不能成立的。

8.下列复合判断的推理是否正确? 为什么?

(1)如果一个直接推理的前提是 I 判断,那么可以进行简单换位;这个直接推理的前提不是 I 判断;所以,它不能进行简单换位。

答:这是一个错误的充分条件假言推理。充分条件假言推理规则要求,否定后件就能否定前件,否定前件则不能否定后件。这个推理先否定了假言判断的前件"直接推理的前提是 I 判断",进而否定了假言判断的后件"可以进行简单换位",违反了上述规则。所以,这个推理无效。

(2)只有符合了三段论格的规则,才能符合三段论的一般规则;这个三段论符合了格的规则;所以,它一定符合三段论的一般规则。

答:这是一个错误的必要条件假言推理。必要条件假言推理规则要求,肯定后件就要肯定前件,肯定前件不能肯定后件。这个推理先肯定了假言判断的前件"符合了三段论格的规则",进而肯定了假言判断的后件"符合三段论的一般规则",违反了上述规则。

所以,这个推理不正确。

(3)性质判断对当关系告诉我们:或者 SAP 假,或者 SEP 假;已知 SAP 假;所以,SEP 真。

答:这是一个错误的相容选言推理。相容选言推理规则要求,否定一部分选言肢,就要肯定另一部分选言肢;肯定一部分选言肢,不能否定另一部分选言肢。这个推理先肯定了一个选言肢"SAP 假",进而否定另一个选言肢"SEP 假",违反了上述规则。所以,这个推理无效。

(4)只有触犯刑律,才会构成犯罪;他没有触犯刑律;所以,他不会构成犯罪。

答:这是一个正确的必要条件假言推理。必要条件假言推理规则要求,否定前件就要否定后件,肯定后件就要肯定前件。这个推理先否定前件"触犯法律",进而否定了后件"会构成犯罪",符合上述推理规则,所以,这个推理有效。

(5)只要是全称判断的主项,它就是周延的;这个概念是周延的;所以,这个概念是全称判断的主项。

答:这是一个错误的充分条件假言推理。充分条件假言推理规则要求,肯定前件就要肯定后件,肯定后件不能肯定前件。这个推理先肯定了假言前提的后件"它是周延的",进而肯定了假言前提的前件"是全称判断的主项",违反了上述规则,此推理无效。

(6)只有小前提是肯定判断,三段论第一格才是有效的;这个第一格三段论是无效的;所以,这个三段论小前提不是肯定的。

答:这是一个错误的必要条件假言推理,必要条件假言推理的规则要求,否定前件就要否定后件,否定后件不能否定前件。这个推理先否定了假言前提的后件"三段论第一格是有效的",进而否定了假言前提的前件"小前提是肯定判断",违反了上述规则。所以,这个必要条件假言推理不能成立。

(7)小刘和小吴同解一道数学题,结果两人的答案一样。小刘对小吴说:"或者你做错了,或者我做错了。"后来,小吴经过验算承认自己做错了,小刘就断言"既然你做错了,这就表明我做对了。"请问:小刘的说法对吗? 为什么?

答:小刘的说法不对。因为,小刘前后所说的话构成了一个选言推理。小刘前面说的"或者你做错了,或者我做错了"。是一个相容的选言判断。后面说的"既然你做错了"肯定了选言判断的一个选言肢,而"这就表明我做对了"。是否定了另一个选言肢"我做错了"。相容选言推理规则要求,否定一部分选言肢就要肯定另一部分选言肢;肯定一部分选言肢不能否定另一部分选言肢。小刘的推理违反了上述规则。所以,他的话不对。

9.下列推理是否正确? 为什么?

(1)1979 年 3 月美国三哩岛核电站发生严重事故,1986 年 4 月前苏联切尔诺贝核电站也发生了严重事故。可见,现在世界上正在进行的核电站都会发生严重事故。

答:不正确,犯了"以偏概全"(或"轻率概括")的错误,仅仅依据两件严重事故就做出一般性结论,并且把偶件作为必然事件。

(2)某市的炼钢厂、造纸厂、食品厂、制笔厂都实行了奖金制,而且都增产增收了。所以实行奖金制的企业单位都能增产增收。(答案同上)

10.说明下列各例运用的类比推理是否正确? 为什么?

(1)《伊索寓言》里讲到:一头驴子驮一袋盐过河,不慎掉入河中,好不容易从河中出来上路,发现背上的盐比原来轻了。后来,这头驴子背着棉花过河,它就有意掉入河中,结果从河中上来,却发现背上的棉花变重了。

答:其中驴子所用的类比推理不正确,犯了"机械类比"的逻辑错误。它把盐具有的"能被水溶解"的特有属性类推到棉花上去了,而棉花却不仅不具备这种属性,而且还具有相反的属性。

(2)这个人犯的错误,就像出了窑的砖,已经定型了,他的错误不能改了。

答：是不正确的类比推理,犯了"机械类比"的逻辑错误。人与砖是没有任何相同本质属性的不同类事物,根据其中表面属性似乎相似,不能进行类推。

(3)法国的大仲马写过《三剑客》、《基度山伯爵》等作品;还有一个小仲马,是《茶花女》的作者。小仲马是大仲马的私生子,父子俩都是举世闻名的作家。俄国有个列夫·托尔斯泰,前苏联还有一个阿·托尔斯泰,他俩也都是著名作家,而且习惯上也称他们为大、小托尔斯泰。由此有人推论:大、小托尔斯泰和大、小仲马一样,也是父子作家。

答：是不正确的类比推理,犯了"机械类比"的逻辑错误。仅根据某些表面属性相似,不能进行推理。

(4)人们都知道蜘蛛能结网,桑蚕会吐丝。经过研究,发现它们的肚子里并没有丝,只有一种稠黏的液体,这种液体穿过蜘蛛和桑蚕的小口成为一条细流,在空气中就凝结成为一缕连续不断的长丝。人们从这里得到启示,于是用人工合成的方法做出一种黏液,仿照蜘蛛和桑蚕这样,通过小孔纺出丝来,制出了人造丝。

答：正确的类比推理。

11.指出下列议论违反哪条论证规则? 犯了什么逻辑错误?

(1)一次讨论会上,关于"有没有一个贾宝玉"问题,有人说有,并指出《红楼梦》里的男主人公就是贾宝玉;另些人说没有,并列举了史实,说《三国演义》中的曹操,在史书中有记载,由此得出,曹操是确有其人的。而史书上没有贾宝玉的记载,所以是没有贾宝玉这个人的。

答："有没有一个贾宝玉"是指贾宝玉这个艺术形象呢,还是指历史人物呢? 由于不能确定,所以违反了"论题应该清楚、明确"的规则,犯了论题中的"概念混淆,论题模糊"的错误。

(2)甲说:"张同学这张试卷答得好,应得满分。"乙说:"这怎么行! 他总迟到、早退,无论如何也不能让他当优秀学生。"

答:此段议论违反了"论题必须保持同一"这条论证规则。乙将"此卷应得满分"偷换成"让他当优秀生",犯了"偷换论题"的逻辑错误。

(3)甲:小王学习很刻苦,所以,他肯定能考上大学

乙:小王不能考上大学,因为他爸爸不是知识分子。

答:甲所省略的论据"如果学习刻苦,就能考上大学"是虚假的,因而违反"论据应当是已知为真的判断"规则,犯"论据虚假"的逻辑错误。乙违反了"从论据应能推出论题"的规则,犯"推不出"的逻辑错误。

(4)埃及的金字塔是外星人来帮助建起来的,因为如果没有外星人飞到地球上来指导,那么当时地球上的人不可能有这么高的科学技术水平。

答:此段议论违反了"用真实性尚未确定的判断来充当论据"这条规则,犯了"预期理由"的逻辑错误。因为关于外星人的存在,当时地球上的人不可能有这么高的科技水平,都是真实性尚未确定的判断。

(5)将来地球上的人可迁移到其他星球上去居住。因为有些星球的自然条件与地球完全相同,在那里人类照样可以生存。

答:此议论违反了"论据应是已知为真的判断"不能用真实性尚未确定的判断充当"论据"这条规则,犯了"预期理由"的逻辑错误。因为上述的论据是一些真实性尚未确定的判断。

(6)有人说:"飞碟"肯定是从外星球飞到地球来的,因为现代科学告诉我们:外星球存在像人一样高级的生物是完全可能的,甚至存在比人更高级的生物都是可能的,外星球生物发射宇宙飞行器到地球来是很自然的事。

答:此段议论违反了"论据应当是已知为真的判断"不能用"真实性尚未确定的判断充当论据",犯了"预期理由"的逻辑错误。因

为"可能"不是现实,其真实性是有待证明的。

(7)有人说:"地球是球体,可以从这样的事实得到证明:我们站在高处看海中帆船驶来,总是先见桅杆后见船身。之所以这样,就因为地球是球体。况且,如果地球不是球体,为什么叫做地球呢?"

答:此段议论违反了"论据的真实性不能依赖于论题的真实性"这条论证规则,犯了"循环论证"的逻辑错误。因为上述论据"先见桅杆,后见船身"的真实性依赖着论题的真实。

(8)生物是进化的,因为古代生物和现代的生物有很大差异。为什么会有这么大的差异呢? 这是因为生物是不断进化的。

答:此段议论违反了"论据的真实性不应当靠论题的真实性来论证"这条规则,犯了"循环论证"的逻辑错误。这里先用"古代生物和现代生物有很大差异"这一论据的真实性来论证论题"生物界进化的"真实性。反过来论据的真实性又靠论题的真实性来论证,结果形成论题和论据互为论据,互为论题,实际上什么也没得到论证。

(9)我国首次发射人造地球卫星,完全是独立自主地进行的,这是因为,我国古人就拥有制造火箭的本领。

答:此段议论中"论据与论题不相干"违反了"论据必须能够推出论题"的规则,犯了"推不出"的逻辑错误。

(10)中世纪有个大主教断言:"上帝是存在的。"他说,"因为上帝的概念是最完善的,而最完善的东西必然包括存在"。

答:此段议论违反了"论据必须真实"这条规则,用虚假的判断作论据,就犯了"论据虚假"的逻辑错误。

(11)一个人得了某种疾病,找了几位中医诊治了几次,吃了不少中药、针灸了很长时间也没有治好,于是他判言中医不科学,治不了什么病。

答:此段议论应用归纳推理时"以偏概全",违反"从论据应能够推出论题"的规则,犯了"推不出"的逻辑错误。

(12)这个青年一定是医学院的学生,你看他对许多西药、中药的名称很熟悉。

答:此段议论违反了"从论据应能推出论题"的规则,犯了"推不出"的逻辑错误。

(13)某单位的彩电被盗,单位保卫干事经过一番了解,认定是临时工李某所为。理由是:①李某准备结婚想买彩电; ②李某在案发那天早晨起得很早; ③案发头天晚上他睡得很晚; ④李某家经济情况不富裕。

答:此段议论违反了"从论据应能推出论题"的规则。上述理由不充足,犯了"推不出"逻辑错误。

(14)地球总有一天会和其他星球相撞。就像大城市里的交通事故那样,大城市里有一套交通规则,即便人人遵守,也无法杜绝交通事故。天外星球比大城市的人口、车辆的总数还要多,难保都遵守运行规则。

答:此段议论运用类比推理时犯"机械类比"错误。违反"从论据中应能够推出论题"的规则,犯了"推不出"逻辑错误。

(15)鲁迅在《内山造作＜活中国的姿态＞序》里批评了某些人乱下结论的坏习气时说:"一个旅行者走进了下野的有钱大官的书斋,看见有许多很贵的砚石,便说中国人是'文雅的国度'。一个观察者到上海来一下,买几本猥亵的书和图画再去寻寻奇怪的观览物事,便说中国是'色情的国度'。"

答:此段议论中,旅行者和观察者运用归纳推理,"以偏概全",违反了"从论据中应能够推出论题"的规则,犯了"推不出"逻辑错误。

(四)证明题

1.试用 A 与 I、A 与 O 的真假制约关系来证明 I 与 O 的真假制约情况。

答:因为 I 真则 A 不定,A 不定则 O 不定,所以,I 真则 O 不定。

因为 I 假则 A 假,A 假则 O 真,所以 I 假则 O 真。

因为 O 真则 A 假,A 假则 I 不定,所以 O 真则 I 不定。

因为 O 假则 A 真,A 真则 I 真,所以 O 假则 I 真。

2.如果一个三段论的大前提是特称判断,小前提是否定判断,能否推出结论?

答:不能推出结论。因为,根据题中所述条件,只能出现四种情况:

第一种情况,大前提是 I 判断,小前提是 O 判断。

第二种情况,两个前提都是 O 判断。

根据三段论规则,从两个特称前提不能推出结论。上述两种情况的两个前提都是特称判断,因此,都不能推出结论。

第三种情况,大前提是 O 判断,小前提是 E 判断。根据三段论规则,两个否定前提不能推出结论。这两个前提都是否定的,所以,不能推出结论。

第四种情况,大前提是 I 判断,小前提是 E 判断。根据三段论规则,前提中有一个否定判断,结论也应是否定判断。这两个前提中 E 是否定判断,那么,结论也应是否定判断。结论是否定判断,则大项在结论中作为否定判断的谓项是周延的。由于大前提是 I 判断,I 判断的主、谓项均不周延,这样大项在前提中是不周延的。根据三段论规则,在前提中不周延的概念,到结论中也不得周延。上述两个前提要推出结论的话,必然要违反上述规则,导致“大项不当周延”的错误。所以,第四种情况也无法推出结论。

总之,大前提特称,小前提否定,是不能推出结论的。

3.一个正确的三段论,它的结论是一个全称肯定判断,它的两个前提各应是什么判断? 为什么?

答:它的两个前提应当都是全称肯定判断。因为,三段论规则要求,前提中有一个特称判断,则结论必须是特称判断。已知结论是全称判断,那么,前提中便不能有特称判断。其次,三段论规则要求,前提中有一个否定判断,则结论必须是否定判断。已知结论是肯定判断,那么,前提中也不能有否定判断。所以,它的两个前提均应是全称肯定判断。

4.一个正确的三段论,它前提中的所有概念能否都是周延的?为什么?

答:不能。根据性质判断主、谓项的周延情况,只有全称否定判断的主、谓项都是周延的。如果一个三段论的两个前提中的所有概念都是周延,那么它的两个前提必须都是全称否定判断。三段论规则要求,从两个否定前提不能推出结论。因此,一个三段论前提中的概念不能都是周延的。

5.如果一个三段论的大前提是个特称否定判断,那么它的小前提和结论各应是什么判断? 为什么?

答:小前提应是全称肯定判断。因为,三段论规则要求,从两个否定判断不能推出结论。既然大前提是否定判断,那么小前提就应是肯定判断。三段论规则还要求,从两个特称判断不能推出结论。既然已知大前提是特称判断,那么小前提就应是全称判断。

结论应是特称否定判断。因为,三段论规则要求,前提中有一个是特称的,则结论也是特称的;前提中有一个是否定的,则结论也是否定的。既然大前提是特称否定判断,那么,结论也必是特称否定判断。

6.三段论 AOO 式属于第几格? 为什么?

答:三段论 AOO 式属于第二格。因为,它的结论是个否定判断,大项在结论中作为否定判断的谓项是周延的。根据三段论规则,在前提中不周延的项,到结论中也不得周延。这样大项在前提中就必须周延。大前提是个 A 判断,只有主项是周延的,那么大项就须做大前提的主项,中项在大前提中则是谓项。由于大前提是肯定的,中项在大前提中便是不周延的。三段论规则要求,中项至少要周延一次。已知中项在大前提中不周延,那么,在小前提中就得周延。小前提是 O 判断,只有谓项是周延的,这样,中项在小前提中就得做谓项。由于,中项在大、小前提中都是谓项,所以,它属于第二格。

7.为什么第四格三段论的结论不能是全称肯定判断?

答:如果第四格三段论的结论是全称肯定判断,那么,根据三段论规则要求,它的两个前提也必定都是肯定判断(前提中有一个否定判断,结论也必定是否定判断)。如果小前提是肯定判断,那么作为小前提谓项的小项就是不周延的(第四格的小项在小前提中是谓项)。既然结论是全称肯定判断,那么作为结论主项的小项就是周延的。这样就要违反"前提中不周延的概念,到结论中不得周延"的规则,犯"小项不当周延"的错误。因此,三段论第四格的结论不能是全称肯定判断。

8.如果一个三段论的两个前提中只有大前提中有一个周延的项,那么这个三段论的两个前提和结论各应是什么判断? 为什么?

答:如果一个三段论的两个前提中只有大前提中有一个周延的项,那么这个三段论的小前提一定是个特称肯定判断。因为,特称肯定判断的主、谓项都是不周延的。

如果大前提只有一个周延的项,那么大前提或是全称肯定判断或是特称否定判断。因为全称肯定判断只有主项周延,特称否定判断只有谓项周延。

大前提不能是特称否定判断。因为,小前提是特称肯定判断。如果大前提是特称否定判断,那么根据规则,两个特称前提不能推出结论。所以,大前提只能是全称肯定判断。

根据"前提中有一特称判断,结论必是特称判断","前提中有一否定判断,结论必是否定判断"的规则,当大前提是全称肯定判断、小前提是特称肯定判断时,结论一定是个特称肯定判断。

9.以否定判断为小前提,特称判断为大前提,不能得结论(用反证法间接论证此论题)。

答:先假设"以否定判断为小前提,以特称判断为大前提"能得出结论为真,那么,结论必为否定(根据规则:前提有一为否定则结论必为否定),因而大项在结论中必然周延。然而,如果 小前提为否定,那么,大前提必须肯定。因为两前提不能都是否定的。又已知大前提为特称,那么,特称肯定判断的主谓项都不周延,所以大项肯定不周延。这样一来,前提中不周延的大项到结论中却周延了,就犯了"大项扩大"的错误。因此,以否定判断为小前提、以特称判断为大前提,得不出结论。

10.已知 A 判断与 O 判断为矛盾关系判断,A 与 E 是反对关系判断。求证 E 与 O 是差等关系判断。

答:A、O 为矛盾关系,所以,O 假 A 必真;而 A、E 是反对关系,所以,A 真 E 必假。可见 O 假 E 必假。

A、O 是矛盾关系,所以,O 真 A 必假;而 A、E 是反对关系,所以 A 假 E 不定。可见 O 真 E 不定。

A、E 为反对关系,所以 E 真 A 必假;而 A 与 O 是矛盾关系,所以 A 假 O 必真。因此 E 真 O 必真。

A、E 是反对关系,所以 E 假 A 不定;而 A 与 O 是矛盾关系,所以 A 不定 O 也不定;因此,E 假 O 不定。

总之,O 假 E 必假,O 真 E 不定;E 真 O 必真,E 假 O 不定。正说明 E 与 O 是差等关系。

11.证明:从前提"并非(p 或 q)"和"如果 r 那么 p",可以推出"非 r"的结论。

答:①并非(p 或 q)〔前提〕。②如果 r 那么 p〔前提〕。③由前提①可推出非 p 且非 q(根据负判断的等值判断公式)。④由③可推出'非 p'(根据联言推理分解式)。⑤从②和④可推出"非 r"(充分条件假言推理否定后件式)。

(五)综合题

请运用普通逻辑基本规律和推理的有关知识,解答下列问题。

1.对"飞碟"这种不明飞行物是否存在,有下列几种意见:

赵说:可能有"飞碟"。

钱说:根本不可能有什么"飞碟"。

孙说:你们没看到杂志上介绍吗? 一定有"飞碟"。

李说:我同意钱和孙的看法。

周说:我不同意钱和孙的看法。

王说:我不同意赵和钱的看法。

答:赵与钱的看法即"可能 p"与"不可能 p"是矛盾关系的两个判断,钱和孙的看法即"不可能 p(等值于"必然非 p")与"必然 p"是反对关系的两个判断。

矛盾律要求,互相否定的思想,不能都肯定,否则犯自相矛盾的逻辑错误,因此李的看法违反了矛盾律的要求。

排中律要求,对于互相矛盾的思想不能都否定,否则犯模棱两可的逻辑错误,因此王的看法违反了排中律的要求。

而排中律不适用于互相反对的思想,互相反对的思想可以同假,因此周的看法不违反逻辑基本规律。

2.小孙说:"火星上必然不会有类似人的高级动物生存。"

小李说:"不对"。

小孙说:"那么你的意思是说,火星上必然会有类似人的高级动物生存了?"

小李说:"我不是这个意思。"

小孙说:"你说话怎么出尔反尔呢?"

小李说:"是你说话不合乎逻辑。"

问:究竟谁说话不合乎逻辑? 为什么?

答:小孙说:"火星上必然不会有类似人的高级动物生存"即

"必然非 P",小李予以否定为"并非必然非 P"等值于"可能 P",即小李认为"火星上可能有类似人的高级动物生存"。小孙却错误地把小李的意思认为是"火星上必然会有类似人的高级动物生存"。因此,小孙说话不合乎逻辑。

3.某职工宿舍住着小张、小王、小李、小赵四个人。一天,小张的逻辑书被另外三个人中的一个藏起来。小张找不到书,小王说:我们三个人合出了一道逻辑题,你猜到就能自己去取出来。

小王说:"书在小李的枕头下面。"

小李说:"书在小赵的枕头下面。"

小赵说:"书不在本人的枕头下面。"

三人并说上面三句只有一句是假的,小张想了想,一下子便把书找了出来。

请说明小张是怎样利用逻辑规律找到书的?

答:小李与小赵的话是互相矛盾的判断,根据矛盾律,互相矛盾的判断不能同真,必有一假。假话出在小李和小赵口中,小王的话则必是真的。因此,可断定书在小李的枕头下面。

4.某校 89 级 2 班有学生 46 人,他们班有多少人是共青团员?

A 说:"有些人是团员。"

B 说:"张大年不是团员。"

C 说:"有些人不是团员。"

经查证得知:A、B、C 三人中只有一人的话是真的。请问该班究竟有多少共青团员?

答:A 的话(SIP)与 C 的话(SOP)为下反对关系,不能同假。

如 A 的话(SIP)假,则 C 的话(SOP)真,B 的话也真,这与"只有一人的话是真的"题意不符。

如 C 的话(SOP)假,则 A 的话(SIP)真,B 的话假,正合题意。

已知 C 的话(SOP)假,即并非 SOP 等值于 SAP 真。因此,可推出"89 级 2 班所有学生都是共青团员"即该班有共青团员 46 人。

5.已知下列 A、B、C 三个判断中只有一个是真的,问能否断定甲班与乙班的学生都是学英语的？为什么？

A:如果甲班学生都是学英语的,乙班学生就都是学英语的。

B:甲班学生都是学英语的,并且乙班学生有些不是学英语的。

C:或者甲班有些学生不是学英语的,或者乙班学生有些不是学英语的。

答:设"甲班学生都是学英语的"为 P,"乙班学生都是学英语的"为 q

已知　　A:$p \rightarrow q$

　　　　B:$p \wedge \bar{q}$

　　　　C:$\bar{p} \vee \bar{q}$

则 A 与 B 为矛盾判断。根据排中律,互相矛盾的判断不能同假,必有一真。又根据题意;A、B、C 中只有一真,则 C 必为假。C 假,即 $(\bar{p} \vee \bar{q}) \leftrightarrow p \wedge q$ 亦即"甲班与乙班学生都是学英语的"。

所以,能断定甲班与乙班学生都是学英语的。

6.在打击刑事犯罪活动中,公安人员老赵、老钱、老孙和老李负责侦破一起盗窃案。侦察过程中发现甲、乙、丙三人是重要嫌疑对象,四位公安人员都认为三个嫌疑对象当中只有一人是盗窃犯,但究竟谁是盗窃犯,四人的看法却是各不相同的。

老赵认为:甲不是盗窃犯。

老钱认为:丙是盗窃犯。

老孙认为:乙是盗窃犯。

老李认为:丙不是盗窃犯。

破案结果证明:

①盗窃犯确系甲、乙、丙三人中的一个;

②四位公安人员中只有一个人的看法是正确的;

请问:谁是盗窃犯？谁的断定是正确的？写出解题过程。

答:四人看法中,老钱的看法与老李的看法是矛盾的,其中必有一真一假,据题意,老赵和老孙看法必是假的,即老赵"甲不是盗窃犯"为假,则可知"甲是盗窃犯"。

已知四人看法中老钱与老李的看法中有一真一假,又知"甲是盗窃犯"为真,则可知老李的看法"丙不是盗窃犯"为真。

7.某工厂有一位电工叫林方,他在外地的父亲生病住了医院,家里生活很困难。一天,林方的父亲突然收到以"林方"的名义寄来的200元钱。父亲给林方回信说收到了汇款。林方见到父亲的信,觉得奇怪,他并没有给家寄钱,这一定是电工组的同志寄的钱,因为别的同志谁都不知道他父亲住院的事。他便询问电工组的甲乙丙丁四位同志,可都推说本人没寄钱。

甲说:钱不是我寄的。

乙说:钱可能是丁寄的。

丙说:钱是乙寄的,乙以前就做好事不留名。

丁说:一定不是我寄的。

后来知道钱是四人中的一个寄的。如果四人中只有一人说的是真话,问钱是谁寄的? 如果四人中只有一人说的是假话,问钱又是谁寄的?

答:①乙与丁所说是矛盾的,其中有一真一假。据题意四人中只有一真,则甲、丙所说为假,即"并非钱不是甲寄的"、"并非钱是乙寄的"。可知,如只有一人说真话,则钱是甲寄的。

②乙与丁所说是矛盾的,据题意只有一人说假话,则甲与丙所说为真,即"钱不是甲寄的"、"钱是乙寄的"。可知,如只有一人说假话,则钱是乙寄的。

8.逻辑自学考试之后,A、B、C、D、E、F、G、H八位同志在一起议论考试的成绩。

A说:G或C,至少有一个会及格。

B说:我不会及格,而E肯定会及格。

C 说:A 肯定会及格。

D 说:我可能不会及格。

E 说:如果我及格,那么 B 也一定及格。

F 说:我不会及格。

G 说:我和 C 都不会及格。

H 说:D 一定会及格。

①如果只有三个人猜对,那么谁会及格?

②如果有五人猜对,那么又是谁会及格? 请写出解题过程。

答:上述八人的议论,六人中有三对矛盾判断:

A 与 G,即"$G \lor C$"与"$\bar{G} \land \bar{C}$"

B 与 E,即"$\bar{B} \land E$"与"$E \to B$"

D 与 H,即"可能非 D"与"必定 D"

上面三对矛盾判断中各有一真一假,共有三真三假。

①如果只有三人猜对,则三个猜对的必在这三对矛盾判断中,而其余两人所说为假,即 C、F 都假。C 假即"并非 A 肯定会及格",F 假即"并非我不会及格"。因此,如只有三人猜对,则可知 F 及格。

②如果有五人猜对,则除了有三个猜对的在三对矛盾判断中以外,其余的两人所说也为真,即 C、F 都真,F 真即"F 不会及格",C 真即"A 肯定会及格"。因此,如有五人猜对,则可知 A 及格。

9.甲、乙、丙、丁是某案的证人。法庭决定:

①只有当甲和乙出庭作证时,丙才出庭作证;②如果乙出庭作证时,那么丁不出庭作证。

试问:当丙出庭时,丁是否要出庭? 请写出推理过程。

答:由①和③"丙出庭作证"推④"甲和乙出庭作证";

(必要条件假言推理的肯定后件式)

由②和④推出⑤"丁不出庭作证"。

(充分条件假言推理肯定前件式)

10.赵平、孙方、李成三人报考大学,一个只想报中文专业,一个只想报数学专业,一个只想报医学专业。已知下面两个条件:

①如果赵平不报数学专业,那么李成就报医学专业。

②李成不报医学专业。

请问三人各自选报什么专业? 并写出全部推理过程。

答:由①和②推出③"赵平报数学专业";

(充分条件假言推理否定后件式)

根据已知条件设"要么报中文专业,要么报医学专业,要么报数学专业"为④。

由④和②、③推出⑤"李成报中文专业";

(不相容选言推理否定肯定式)

由④和③、⑤推出⑥"孙方报医学专业"。

(不相容选言推理否定肯定式)

11.已知:

①天津宾馆有三位分别来自北京、上海和广州的客人;

②他们又分别去北京、上海、广州,但是各不回他们来的城市;

③宾馆给他们订购去北京、上海、广州的火车票;

④其中来自北京的不去上海。

请问:这三位客人各自去哪个城市? 并写出推理过程。

答:由②和④推出⑤"来自北京的客人去广州";

(不相容选言推理的否定肯定式)

由②和⑤推出⑥"来自上海的客人去北京";

(不相容选言推理的否定肯定式)

由②和⑥推出⑦"来自广州的客人去上海"。

(不相容选言推理的否定肯定式)

12.一天夜里,某商店被盗。经刑警反复侦察,掌握了如下事实:

①盗贼可能是 A,也可能是 B,不可能是其他人;②如果 A 的

证词可靠,则作案时间必在子夜零点以前;③只有零点时,商店灯光未灭,A 的供词才不可靠;④如果 B 是盗贼,作案时间必在子夜零点以后;⑤零点时商店灯光已灭,B 此时尚未回家。

请问:A、B 二人中究竟谁是盗贼? 并写出推理过程。

答:由③和⑤推出⑥"A 的供词可靠";

(必要条件假言推理的否定前件式)

由②和⑥推出⑦"作案时间在子夜零点以前";

(充分条件假言推理的肯定前件式)

由④和⑦推出⑧"B 不是盗贼";

(充分条件假言推理的否定后件式)

由①和⑧推出⑨"A 是盗贼"。

(选言推理的否定肯定式)

13.已知:

①如果甲和乙是党员,那么丙不是党员;　　②有人说:"丙不是党员或者丁不是党支部书记",事实并非如此;　　③如果丁是党支部书记,那么甲是党员。

问:甲、乙、丙三人中谁是党员? 谁不是党员? 并写出推理过程。

答:由②可得④"丙是党员"与⑤"丁是党支部书记"〔选言判断的负判断的等值判断,也就是"并非(p 或者 q)"等值于"p̄ 并且 q̄"〕。

由③和⑤推出⑥"甲是党员"(充分条件假言推理肯定前件式)。

由①和④推出⑦"或者甲不是党员或者乙不是党员"(充分条件假言推理否定后件式)。

由⑥和⑦推出⑧"乙不是党员"(选言推理否定肯定式)。

14.下列①、②、③三个判断只有一个为真,问:全班 46 名学员中有多少人会使用电脑? 并写出推导过程。

①有人会使用电脑　　②有人不会使用电脑　　③班长不会使用电脑

答:如果②真,则③也真,如果③真,则②真。②和③同真,不符合题意。

如果只有①真,则②、③都假(题意规定只有一个为真)。

②为 SOP,SOP 假则 SAP 真(根据 A、E、I、O 之间的对当关系,A 与 O 为矛盾关系,既不能同真,也不能同假)。既然 SAP 真,那么可以得知全班所有人都会使用电脑。

15.A、B、C 三人中,一个是会计,一个是大学生,一个是战士。已知:

①A 的年龄大于战士　　②大学生的年龄小于 B　　③C 的年龄不等于大学生年龄。

问:谁是会计? 谁是大学生? 谁是战士? 并写出推理过程。

答:设大学生或是 A,或是 B,或是 C。已知 B 不是大学生,C 也不是大学生(根据②和③);所以,A 是大学生④。

根据①和②、④B 年龄大于 A,A 年龄大于战士,所以,B 年龄大于战士(B 不是战士)。可以推知,B 是会计(选言推理否定肯定式)。最后可以推知 C 是战士(选言推理否定肯定式)。

16.某地发生一起凶杀案。经分析,凶杀案为两人合谋。又初步确定 A、B、C、D、E 五人是嫌疑犯,并得知如下情况:

①A、D 二人中至少有一个是凶手;②如果 D 是凶手,E 一定是凶手;③B 只有跟 C 在一起时,才参与作案;④如果 B 不是凶手,那么 A 也不是凶手。

问:究竟谁是凶手? 并写出推理过程。

答:D 和 E 是凶手。因为,如果 A 是凶手,那么根据④,B 也是凶手。(充分条件假言推理否定后件式)

如果 B 是凶手,那么根据③,C 也是凶手。

(必要条件假言推理肯定后件式)

这样就成了三人共同作案,与已知情况不符,所以,A不可能是凶手。

根据①可得知 D 是凶手。(选言推理否定肯定式)

如果 D 是凶手,那么根据②,E 也是凶手。

(充分条件假言推理肯定前件式)

17.求证从前提:(1)A∨(B→D)(2)C̄→(D→E)(3)A→C(4)C̄,可推出 B→E 结论。

答:已知:(1)A∨(B→D)(前提)

(2)C̄→(D→E)(前提)

(3)A→C(前提)

(4)C̄(前提)

(5)Ā〔根据前提(3)和(4)用充分条件假言推理否定后件式推出〕

(6)B→D〔根据前提(1)和(5),用选言推理否定肯定式推出〕

(7)D→E〔根据前提(2)和(4),用充分条件假言推理肯定前件式推出〕

(8)所以,B→E〔根据(6)和(7)用充分条件纯假言推理肯定式推出〕。

18.解放战争时期,某部侦察连长接到一项紧急任务,要他在代号 A、B、C、D、E 五个侦察员中挑选两个深入敌区,人选的配备须注意如下几点:

(1)如果 B 不去,则 A 也不能去;

(2)只有当 C 去时,B 才能跟着去;

(3)若 D 去,则 E 也去;

(4)A 去或 D 去;

因为某种原因,C 不能去执行这项任务。

试问:侦察连长应挑选哪两个人深入敌区? 请把结论写出来,并以此作为论题加以论证,简要写论证过程。

答:侦察连长应挑选 D 和 E 这两位侦察员去。(论题)(用 A 表示"A 去",B、C、D、E 分别表示"B 去"、"C 去"、"D 去"、"E 去")。

论证:(1)$\overline{B}$→$\overline{A}$(已知前提)

　　　　(2)$\overline{C}$→$\overline{B}$(已知前提)

　　　　(3)D→E(已知前提)

　　　　(4)A∨D(已知前提)

　　　　(5)$\overline{C}$(已知前提)

　　　　(6)$\overline{B}$〔(2)、(5)充分条件假言推理肯定前件式〕

　　　　(7)$\overline{A}$〔(1)、(6)充分条件假言推理肯定前件式〕

　　　　(8)D〔(4、(7)相容选言推理否定肯定式)〕

　　　　(9)E〔(3)、(8)充分条件假言推理肯定前件式〕

所以,D∧E〔(8)、(9)联言推理组合式〕。

二、单元练习题

(一)　第一至三章考查作业题

1.填空题

①形式逻辑的学科性质,可概括为:第一,普通逻辑是一门_____的科学;第二,_____。

②概念的两个最主要的逻辑特征是_____和_____,这两个逻辑特征间具有_____关系。

③任何概念的概括与限制都必须在_____关系的概念之间进行。_____概念不能限制。

④划分的母项与子项之间必须是_____关系的概念,_____概念不能划分。

⑤"推理是由一个或几个判断出发得出另一个新判断的思维形式",从这个定义的逻辑结构来分析:"推理"是_____概念(项),"由一个或几个判断出发得出另一个新判断的思维形式"是_____概念(项),"思维形式"是_____概念,"由一个或几个判断出发得出另一个新判断的"是_____。

⑥判断的特征是_____和_____。

⑦不能同真、可以同假的两个判断之间的关系叫_____关系,已知"SEP 真",可推知"并非 SIP"为_____;"SAP"为_____。

⑧对演绎推理来说,推理有逻辑性(形式正确)的条件是_____,演绎推理的前提和结论之间有_____关系。

⑨运用判断变形法的直接推理,$\overline{SEP}$ 可换质为_____,$\overline{PAS}$ 可换位为_____,$\overline{SOP}$ 可换质为_____。

⑩在括号内填入适当的符号,使之成为一个正确的(有效的)三段论。

M　O　P	（　）（　）（　）
（　）（　）（　）	S　I　M
∴S（　）P	∴S　I　P
（　）（　）（　）	（　）（　）（　）
S　O　M	（　）（　）（　）
∴S（　）P	∴S　A　P

2.是非判断题(对者打"√",错者打"×")

①"北京"和"中华人民共和国的首都"是同一个概念。（　　）

②"山西省"和"太原市"这两个概念外延间是属种(真包含)关系,前者是属概念,后者是种概念。　　　　（　　）

③"中国人是聪明的"中的"中国人"是集合概念。（　　）

④SIP的谓项不周延,所以不能换位。　　　　（　　）

⑤"8 大于 2"中的"大于"关系是或对称性关系。（　　）

⑥任何分类都是划分,所以所有划分都是分类。（　　）

⑦如果一个演绎推理的结论是真实的,那么它的推理形式就不会有错误。　　　　　　　　　　　　　　　(　　)

⑧大项在前提中周延,在结论中变为不周延的正确的三段论式是不存在的。　　　　　　　　　　　　　(　　)

⑨地球可以划分为南半球和北半球。　　　　(　　)

⑩一个语词如果表达集合概念,它就不能又表示普遍概念。
　　　　　　　　　　　　　　　　　　　(　　)

3.用欧拉图表示下列画线的概念之间的关系

①文艺工作者有青年演员,也有女高音歌唱家。

②珠穆朗玛峰是世界上最高的山峰。它比其他任何山峰都要高。

③李白、杜甫、白居易都是唐代的大诗人,也都是中国古代的大文学家。

④人可以分为中国人和外国人,也可以分为男人和女人。

⑤公里、千米、米、厘米、毫米都是长度单位。

4.选择题

①"无产阶级"和"资产阶级"这两个概念属于(　　)
　　A.矛盾关系　　　　B.对立关系(反对关系)
　　C.相容关系　　　　D.全异关系

②形式逻辑就是关于思维的科学。这属于(　　)逻辑错误。
　　A.定义过宽　　　　B.定义过窄
　　C.划分不全　　　　D.属种并列不当

③"有些干部是不称职的"所以"有些干部不是称职的"属于直接推理的(　　)形式。
　　A.换质法　　　　B.换位法
　　C.对当关系法　　D.判断变形法

④"马克思主义是真理,而真理是驳不倒的。"这是一个(　　)推理。

A.省略三段论　　　B.直接推理

C.演绎推理　　　　D.不正确的三段论

⑤将"性质判断"概括为"简单判断",限制为"主项"(或"谓项")是否正确?

A.概括限制都正确　　　B.概括限制都错误

C.概括正确,限制错误　D.概括错误,限制正确

5.用三段论知识回答下列问题

①以 I 判断为小前提,E 判断为大前提,进行三段论推理,其结论应该是什么判断? 为什么?

②为什么结论是否定的三段论,其大前提不能是 I 判断?

③以 A 判断为大前提,以 E 判断为小前提,进行三段论推理,它的结论是什么? 为什么?

④为什么第二格的三段论大前提必全称?

⑤第一格的三段论为什么小前提不能否定。

(二)第四章考查作业题

1.填空

①联言判断是由_____和_____两部分组成的。

②当联言判断"A 并且 B"为真时,相容的选言判断"A 或者 B"为真_____,不相容的选言判断"要么 A,要么 B"为_____。

③当充分条件假言判断"如果 A,那么 B"为假时,联言判断"A 并且 B"为_____,相容选言判断"A 或者 B"为_____,不相容选言判断"要么 A,要么 B"为_____。

④有 p 就有 q,p 就是 q 的_____条件,无 p 就无 q,p 就是 q 的_____条件。

⑤p 是 q 的充分条件,q 就是 p 的_____条件,非 p 就是非 q 的_____条件。p 是 q 的必要条件,q 就是 p 的_____条件;非 p 就是非 q 的_____条件。

⑥"没有共产党就没有新中国"属于_____判断,"官僚主义、无政府主义、宗派主义都不是利于四化建设的"属于_____判断。

⑦"并非所有人都是干部"和"有些人不是干部"分别属于_____判断和_____判断,二者是_____关系的两个判断。

⑧由肯定一部分选言肢到否定另一部分选言肢,对_____选言推理来说是正确的,对_____选言推理来说是错误式。

⑨充分条件假言推理的正确式有_____式和_____式。否定前件式、肯定后件式是_____推理的正确式。

⑩复杂构成式的二难推理的结论是一个_____判断。

2. 是非判断题

①既然 A 和 B 都是假的,充分条件假言判断"如果 A,那么 B"就不可能是真的。　　　　　　　　　　　　　(　　)

②"并非有的人不会犯错误"和"所有人都会犯错误"是等值判断。　　　　　　　　　　　　　　　　　(　　)

③如果 p,那么 q,非 p,所以非 q。　　　　　　(　　)

④不相容的选言推理不能有肯定否定式。　　　　(　　)

⑤一个相容的选言推理只有否定肯定式,才是正确式。
　　　　　　　　　　　　　　　　　　　　　　(　　)

⑥一个充分条件的假言推理只有肯定前件式才是正确式。
　　　　　　　　　　　　　　　　　　　　　　(　　)

⑦一个必要条件的假言推理,如果是否定前件式,则是正确式。　　　　　　　　　　　　　　　　　(　　)

⑧二难推理复杂构成式的公式是:如果 p 则 q;如果 r 则 s;q 或 s,所以 p 或 r。　　　　　　　　　　(　　)

⑨二难推理复杂式的结论是一个选言判断而不是一个性质判断。　　　　　　　　　　　　　　　(　　)

⑩充分条件假言推理没有否定后件式。　　　　(　　)

3.**选择题**

①"老舍和侯宝林是朋友","老舍和侯宝林是满族人",这两个判断的类型是(　　　)

A.都是关系判断；　B.都是联言判断；

C.前者是联言判断,后者是关系判断；

D.前者是关系判断,后者是联言判断。

②只要鼓足勇气,就能克服困难,这个论断犯了(　　　)错误。

A.搞错条件关系　　　　　B.判断虚假

C.充分误做必要条件　　D.概括不当

③"只要甲去,乙就去"这个判断是(　　　)判断。

A.相容选言　　　　B.充分条件假言

C.必要条件假言　　D.充要条件假言

E.复合判断

④一个演绎推理如果结论虚假,那么(　　　)

A.前提可能不真实

B.推理形式可能有错误

C.前提不真实并且推理形式有错误

D.前提真实,推理形式正确

⑤在"不入虎穴,焉得虎子"中,前者是后者的(　　　)

A.充分条件　　　　B.必要条件

C.充要条件　　　　D.什么条件都不是

4.**判定下列判断是否等值,请用公式表示**

①或者你去,或者他去。

并不是你也不去,他也不去。

②如果你来,那么他来。

要么你不来,要么他不来。

③马儿跑,马儿还不吃草,没有这种事。

或者马儿跑,或者马儿要吃草。

④只有刻苦学习,才能取得好成绩。

　　决不会不刻苦学习而能取得好成绩。

⑤小王爱好体育,又爱好文娱,这是不可能的。

　　小王既不爱好体育,又不爱好文娱。

5.回答下列问题

①以"概念 S 与 P 之间或者是全同关系,或者是从属(属种)关系,或者是交叉关系,或者是全异(不相容)并系"为一前提;

A.加上"S 与 P 之间是从属关系"能否必然推出结论? 如能推出,请写出结论;如不能推出,请说明理由。

B.加上"S 与 P 之间不是全同关系,也不是从属关系"能否必然推出结论? 如能推出,请写出结论;如不能推出,请说明理由。

②以"某作家或写小说,或写剧本,或写散文,或写诗歌"为一前提:

A.加上"某作家写小说和剧本"能否得出必然结论? 若能,请写出结论;若不能,请说明理由。

B.加上"某作家既不写小说,也不写剧本和散文"能否得出必然结论? 若能,请写出结论;若不能,请说明理由。

③某甲在车站偷了乙的提包被发现,却硬说提包是他自己的,围观的旅客有人对他说:"如果你是提包的主人,那就请你说说包内装有什么东西。"甲很快说出了包内的物品,人们打开提包一看,与他说的完全相符,于是都相信提包确实是某甲的,反而说乙看错了提包,错怪了人。

请分析,旅客在判定甲是提包的主人时,运用了一个什么推理? 写出这个推理过程,并说明它为什么是错误的。

(三)第五至八章考查作业题

1.下列各题是否有逻辑错误? 如有,请指出

(1)讨论《红楼梦》的时候,有人认为这是一部杰出的古典文学

作品,有人认为不是,另一个人对这两种意见发表评论说:我既不同意前者,也不同意后者,因为他们都未讲到小说的缺点,没有采取一分为二的态度。

(2)南极沿岸地带鸟的种类很少,但鸟儿却很多。

(3)就在这充满生气、希望的季节,第一个文明礼貌月又来到了人间。

(4)巍巍长城,雄伟壮观,它是我国劳动人民智慧的结晶,是伟大祖国的天然屏障。

(5)他们之间的矛盾既不属于敌我矛盾,又不属于人民内部矛盾。

(6)甲:你没有完成任务吗?

乙:谁说我没有完成任务?

甲:这么说,你完成任务了?

乙:我并不是说我完成了任务呀!

2.能否借助完全归纳推理得出下列结论

(1)这200台电视机都是合格的。

(2)专业户是当前农村新的生产力的代表。

(3)今年果园摘下来的桃子都很甜。

(4)本省用了新高粱品种,产量大增。

3.阅读下文,试分析幼儿的思维是否正确,包含什么推理

某幼儿见老王穿了一件白大褂,就说:"老王叔叔是医生"。幼儿的爸爸问:"你是怎么知道的?"幼儿答:"张大夫穿白大褂,李大夫穿白大褂,吴大夫穿白大褂,医生都穿白大褂,穿白大褂的就是医生嘛,老王叔叔穿白大褂,所以他是医生。"

4.下列甲、乙、丙三人各用了什么推理

在总结工作的会议上,甲说:"某反革命案的侦破,主要是很好地贯彻了群众路线,某抢劫案的侦破,也因为贯彻了群众路线,某盗窃案的侦破,也是贯彻了群众路线的结果,所以要破案,就要很好地贯彻党的群众路线。"乙说:"你那件案子很好贯彻了群众路线,顺利地侦破了。我手头的案子,现在也很注意充分发动群众,看来也是可以侦破的。"丙讲:"是的,经验证明,凡是很好贯彻群众路线,就能顺利破案,你经手的那个案子现在正在深入群众摸清情况,所以我认为是一定可以顺利破案的。"

5. 下列各例运用了求因果方法中的哪一种

(1)太阳系大行星的运行位置都是由其他星球对它的作用决定的。1781年天王星被发现后,人们发现它的实际运行位置与计算位置有偏差,这种偏差无法用当时已知行星对它的作用来解释。因此,科学家们认为一定还有一个尚未发现的大行星存在。1846年,果然发现了这颗行星,命名为海王星。

(2)种植豌豆、胡豆、黄豆等豆类植物,不仅不要施氮肥,还能使土壤增加氮,但是种植其他植物就没有这种现象。经研究发现,因为豆类植物的根部长有根瘤,其他植物则没有。所以,人们得出结论,豆类植物的根瘤能使土壤增加氮。

(3)小张家的电视机经常受到电波干扰,引起干扰的有街上电车的电动机发出的电波,有附近工厂电机的电波,也有附近钢筋结构大楼的反射波。不久,小张搬了家,但他的电视机仍然受到电波干扰。他想,新房子远离大街,附近也没有工厂,这干扰可能是附近钢筋结构大楼的反射波引起的。于是,小张调整了电视机天线的角度,果然干扰排除了。

6. 下列各段话包含的是归纳推理还是类比推理

(1)据有关资料报道,野鸭往往单脚独立,用另一只脚敲地面,使之发生震动,感觉灵敏的蚯蚓受到震动后便爬出地面,结果成了野鸭的美餐。于是,当地面并未受到外力的敲击又是晴天的条件下,蚯蚓也爬出地面,人们便想到这是不是意味着蚯蚓受到了来自地球内部震动的影响呢? 后来人们就用蚯蚓在异常情况下爬出地面来预报震动。

(2)冬天,某地质队员在何大爷的带领下,来到了一片"霜花地",发现这里情况非同一般。这里的水带咸味儿,早上土地湿润时看不出白色,可是一到中午,原来潮湿的地面在暴晒后就会出现一层薄薄的"白霜"。由此人们想到盐是咸的,溶于水后无色,一旦水分蒸发,使其盐分浓缩到一定限度,就会出现白色的结晶体,那么"霜花地"的那层"白霜",是不是含盐的水在太阳的照射下,水分蒸发后留下食盐的结晶呢? 后来把水取回来加以熬制,果然是食盐。

7.分析下列论证

(1)人民靠我们去组织,中国的反动分子,靠我们组织起人民去打倒。凡是反动的东西,你不打,他就不倒。这也和扫地一样,扫帚不到,灰尘照例不会自己跑掉。陕甘宁边区南面有条介子河。介子河南是洛川,河北是鄜县。河南河北两个世界,河南是国民党的,因为我们没有去,人民没有组织起来,龌龊的东西多得很。……世界上的事情,都是这样。钟不敲是不响的,桌子不搬是不走的。

上面这段话要证明的思想是什么? 用了什么论据? 是用什么论证方法和推理形式来进行论证的?

(2)《晏子春秋》里有一段记载:某年齐国大旱,齐景公想祭祀河神祈求降雨。国相晏婴知道求雨是无益的,但是不便直接反对国君。晏婴善于辞令,他对景公说,江水好比是河神的国土,鱼鳖好比是河神的百姓。如果河神能够降雨,他为自己的利益,早就降雨了,现在久旱不雨,河神的国将亡,民将灭,可见河神是没有本事降雨的。祈求又有什么用呢? 齐景公见他说得有理,便放弃了求雨的打算。——齐景公认为"河神能降雨",晏婴是用了什么方法委婉地驳斥了这个论题的? 试列式表示这个推理。

(3)据说,偏爱长发者认为留长发风度优美,蓄长发是个人偏爱,无可指责。这一说,笔者不敢苟同。日本影星高仓健、德国球星鲁梅尼格,他们的头发是短短的,但他们的出色表演和高超球艺却使群众倾倒。

上面这个反驳是否正确,人们有如下意见:①正确②转移论题③证据不足④证明过少⑤循环论证⑥不相干。你的意见呢?

(4)三段论的大、中、小项不可能各周延两次。因为如果大、中、小项各周延两次,就必须要求充当前提和结论的判断都是 E 判断,根据推理规则,两个否定的前提不能得出结论。所以,三段论大、中、小项各周延两次不能成立。

请回答:

①这段议论是证明还是反驳?

②这段议论的论题和论据是什么?

③运用了什么论证方式?

8.智力测试题

小王拾到一个装有三万元的手提包,几经努力,终于钱归原主。事后,失主想给小王的单位写封感谢信,可当时忘记了问小王的工作单位。多方打听,知小王的单位必是甲、乙、丙三厂之一,可是甲厂说:"本厂无此人。"乙厂说:"小王在甲厂。"丙厂说:"本厂无此人。"现在已知三厂中只有一个厂说的是真话。问哪个厂说的是真话? 小王是哪个厂的? 你是怎样推出来的? 如果三厂中只有一个厂说的是假话,问小王是哪个厂的?

9.请用反证法论证"我们必须要走改革开放的道路"(不要用省略式)。

(参考答案略)

三、模拟自测题

自测题(一)

一、填空题(每空 1 分,共 10 分)

1.任何一种逻辑形式都是由两部分组成的,即_____和_____。

2."非宾馆服务员"是_____概念,它属于_____这一领域,它的外延是指宾馆服务员以外的服务员。

3.当 SEP 为假时,SAP_____。

4."SAP 并且 SIP",这个联言判断_____。

5.若 p∧q 真,则(p∨q)→q 为_____。

6.如果三段论的前提中有一个否定判断,则它的结论应是_____判断。

7.根据模态方阵,由"可能 p"可推出_____。

8.在论证过程中,如果论据的真实性要依靠论题来证明,就会犯_____的逻辑错误。

二、单项选择题(每小题 1 分,共 10 分)

1.普通逻辑是研究(　　)的科学。

A.思维内容　　　B.思维形式　　　C.思维形式及其规律

D.思维形式及其规律和简单逻辑方法

2.a."占世界人口总数四分之一的中国人民是热爱和平的";b."中国人都要遵守中华人民共和国的法律";c."中国人民是有骨气的",这三个判断中的"中国人民"哪个是集合概念,哪个不是集合概念　　　　　　　　　　　　　　　　　　(　　　)

A.a 不是,b 和 c 是　　　　　B.b 不是,a 和 c 是

C.a 是,b 和 c 不是　　　　　D.b 是,a 和 c 不是

3."岛就是海洋中面积比大陆小的陆地"这一定义所犯的逻辑
错误是　　　　　　　　　　　　　　　　　　（　　）

A.定义过宽　　　　　　　B.定义过窄

C.定义含混　　　　　　　D.循环定义

4.可以驳倒"凡是植物都是绿色的"这个假判断的判断是
　　　　　　　　　　　　　　　　　　　　　　（　　）

A.凡植物都不是绿色的　　B.有的植物是绿色的

C.有些植物不是绿色的　　D.有些绿色的东西是植物

5."或 p 或 q 或 r"这个相容选言判断的含义是　　（　　）

A.p、q、r 三者中必有一真,也可能同真

B.p、q、r 三者中必有一假,也可能同假

C.p、q、r 三者中至少有一真,而且只能有一真

D.p、q、r 三者中至少有一假且只有一假

6."并非有的 S 必然是 P"等于说　　　　　　　（　　）

A.可能所有 S 都不是 P　　B.不可能所有 S 都是 P

C.所有的 S 都必然是 P　　D.所有的 S 都必然不是 P

7.下列断定中违反逻辑规律要求的是　　　　　（　　）

A.SAP 假并且 $\overline{\text{SEP}}$ 假　　　　B.SEP 真并且 $\overline{\text{SAP}}$ 假

C.SOP 假并且 $\overline{\text{SIP}}$ 假　　　　D.SEP 假并且 $\overline{\text{SOP}}$ 真

8.既断定 p∧q 为假,又断定 $\bar{p}$∨q 为假,则　　（　　）

A.违反同一律　　　　　　B.违反矛盾律

C.违反排中律　　　　　　D.并不违反逻辑规律

9.下列三段论中的有效式是　　　　　　　　　（　　）

A.MIP∧SAM→SIP　　　　　B.SOM∧MAP→SOP

C.MAS∧MEP→SOP　　　　　D.PAM∧SIM→SIP

10.农谚得出"牛马年,好种田"的结论运用的推理是　（　　）

A.完全归纳推理　　　　　　　B.简单枚举归纳推理

C.科学归纳推理　　　　　　　D.探求因果联系法

三、双项选择题(每小题1分,共10分)

1.下列各组概念中具有交叉关系的是　　　　　　　　(　　)

A.或然模态判断,必然模态判断

B.三段论,形式正确的推理

C.全称判断,否定判断

D.反传递关系推理,混合关系推理

E.对称关系推理,演绎推理

2.当S类与P类具有下列哪种关系时,SIP和SOP同真

(　　)

A.同一关系　B.交叉关系　C.全异关系　D.真包含关系

E.真包含于关系

3.下列各组判断中,具有矛盾关系的判断有　　　　　(　　)

A.“$\bar{p}\leftarrow q$”与“$p\wedge q$”　　　　　B.“$\bar{p}\rightarrow q$”与“$q\rightarrow p$”

C.“$p\vee q$”与“$\bar{p}\wedge\bar{q}$”　　　　　D.“$\bar{p}\leftarrow q$”与“$p\rightarrow\bar{q}$”

4.下列违反普通逻辑基本规律的是　　　　　　　　(　　)

A.SAP 并且 SOP　　　　　　　B.SEP 并且 SOP

C.$\overline{SAP}$并且$\overline{SIP}$　　　　　　　D.SIP 并且 SOP

E.$\overline{SEP}$并且$\overline{SIP}$

5.下列各组判断是在同一思维过程中的断定,其中违反排中

律的是　　　　　　　　　　　　　　　　　　　(　　)

A.{小王不可能没受贿 / 小王不一定受贿}　　　B.{小王可能受贿了 / 小王一定没受贿}

C.{小王不一定没受贿 / 小王不可能受贿}　　　D.{小王不一定受贿 / 小王一定没受贿}

E.{小王可能受贿 / 小王可能没受贿}

6.下列推理形式中,有效的是　　　　　　　　　　　　(　　)

A.SEP→SA̅P　　　　　　　　B.SO̅P→PO̅S

C.SIP→SOP　　　　　　　　D.SAP→PAS

7.三段论有效的 AII 式属于　　　　　　　　　　　　(　　)

A.第一格　　　B.第二格　　　C.第三格　　　D.第四格

8.对提出的若干初始假定进行选择所用的推理形式有(　　)

A.归纳推理　　　　B.选言推理　　　　　C.类比推理

D.假言推理　　　　E.直接推理

9.简单枚举归纳推理是　　　　　　　　　　　　　　(　　)

A.完全归纳推理　　　　　　　B.不完全归纳推理

C.必然性推理　　　　　　　　D.或然性推理

E.结论断定的知识范围未超出前提所断定的范围

10.充分条件假言推理的有效式是　　　　　　　　　(　　)

A.$(p→q)∧q→p$　　　　　B.$(p→q)∧p→q$

C.$(p→q)∧\bar{q}→\bar{p}$　　　　　D.$(p→q)∧\bar{p}→\bar{q}$

四、多项选择题(每小题 2 分,共 10 分。正确答案至少有三个)

1.在下列各题中,概括错误的是　　　　　　　　　　(　　)

A.“一排战士”概括为“一连战士”

B.“矛盾关系”概括为“全异关系”

C.“苏州”概括为“江苏”

D.“负概念”概括为“矛盾关系的概念”

E.“背后议论”概括为“恶言中伤”

2.判断和语句的关系是　　　　　　　　　　　　　　(　　)

A.所有语句都表达判断

B.一切判断都要靠语句表达

C.有的语句不表达判断

D.同一个语句可以表达不同的判断

E.同一个判断可以用不同语句表达

3.下列判断中,具有等值关系的是　　　　　　　　　　（　　）

A. $\begin{cases} 如果非\,P,那么\,q \\ 只有\,p,才非\,q \end{cases}$　　　　B. $\begin{cases} 必然非\,p \\ 不可能\,p \end{cases}$

C. $\begin{cases} 并非有\,S\,不是\,p \\ 所有\,S\,是\,q \end{cases}$　　　　D. $\begin{cases} 没有\,S\,是\,p \\ 并非有\,S\,是\,p \end{cases}$

E. $\begin{cases} p\,并且\,q \\ 并非只有非\,p\,才\,q \end{cases}$

4.下列违反逻辑规律的断定是　　　　　　　　　　（　　）

A.SAP 并且 SOP　　　B.SOP 并且 SEP　　　C.SAP 并且 $\overline{SIP}$

D.SIP 并且 $\overline{SOP}$　　　E.$\overline{SAP}$ 并且 $\overline{SOP}$

5.类比推理与演绎推理的区别表现有　　　　　　　　（　　）

A.思维进程不同　　　　　　B.结论性质不同

C.前提与结论之间的联系性质不同

D.结论断定的思维范围不同　　　E.作用不同

五、图解题(每小题2分,共6分)

1.党员(A)　干部(B)　优秀党员干部(C)　中层党员干部(D)　高级知识分子(E)

2.上海产品(A)　手表(B)　非名牌产品(C)　上海产的名牌女式手表(D)

3.山西大学(A)　山西师范大学(B)　高等院校(C)　山西大学哲学系(D)　山西师大中文系(E)

六、表解题(每小题3分,共6分)用真值表来判定下列各组判断的真值关系

1.$p \wedge q$

$\overline{p} \vee \overline{q}$

2.如果想要攀登科学文化高峰,那么就要努力学习。

并非不努力学习,也能攀登科学文化高峰。

七、分析题(36分)

(一)下列议论是否违反逻辑规律?如果是,违反哪一条?(每小题3分,共12分)

1.某人这次自学考试一定及格,因为他很聪明。

2.他的意见是正确的,我完全同意。不过有几个地方还需要商榷。

3.不能说这个人老实,也不能说这个人不老实。

4.她已经年过半百,不年轻了。对于演员,年龄是大了些,可是,只要听她唱,人们便觉得她很年轻。

(二)下列推理是否正确?为什么?(每小题4分,共24分)

1.我的表演并不是每次都成功,但从来还没有失败过。

2.有些身残者不是意志消沉的,所以有些意志消沉的不是身残者。

3.$\overline{S}IP \rightarrow \overline{P}O\overline{S}$

4.肯定判断的谓语都是不周延的,这个项是不周延的;可见,这个项是肯定判断的谓语。

5.$PIM \land SEM \rightarrow SOP$

6.“$p \rightarrow q$”等值于“$q \leftarrow p$”,并且“$q \leftarrow p$”等值于“$\overline{p} \lor q$”,所以“$p \rightarrow q$”等值于“$\overline{p} \lor q$”。

八、证明题(4分)

试用A与I、A与O的真假制约关系来证明I与O的真假制约情况。

九、综合题(8分)

一天夜里,某商店被盗。经刑警反复侦察掌握了如下事实:

①盗贼可能是A,也可能是B,不可能是其他人

②如果A的证词可靠,则作案时间必在子夜零点以前。

③只有零点时,商店灯光未灭,A的供词才不可靠

④如果B是盗贼,作案时间必在子夜零点以后

⑤零点时商店灯光已灭,B 此时尚未回家

请问:A、B 二人中究竟谁是盗贼? 并写出推理过程。

参考答案

一、1.逻辑常项　逻辑变项　2.负　服务员　3.真假不定
4.真　5.真　6.否定

7.并非必然非 P　8.循环论证

二、1.D　2.B　3.B　4.C　5.A　6.A　7.B　8.C　9.C
10.B

三、1.BC　2.BD　3.AC　4.AE　5.AC　6.BC　7.AC　8.BD
9.BD　10.BC

四、1.ACDE　2.BCDE　3.ABCDE　4.ACE　5.ABCDE

五、六答案见技能训练题

七、(一)1.违反充足理由律

　　　2.违反了矛盾律

　　　3.违反了排中律

　　　4.不违反

(二)1.S $\overline{A}$ P ≡ SOP　　　SE $\overline{P}$ →SAP二者不是等值判断
　　　+　　　+　　　　　　　　+

同时断定 S $\overline{A}$ P 和 SAP 为真,违反矛盾律

2~6答案略。

八、九题答案略。

自测题(二)

一、填空题(每空 1 分,共 10 分)

1."如果 p,那么 q"这一逻辑形式中的逻辑常项是_____,变项是_____。

2.a、b 两个概念,如果所有的 a 是 b,并且_____,那么 a 对 b 的关系是真包含于关系。

3.当 S 和 P 处于_____、_____关系时,全称判断假,特称判断真。

4."SEP 并且 SOP",这个联言判断为_____。

5.若 P 为任意时,要使"p←q"真,q 应取_____值。

6.三段论中的_____是大项。

7.完全归纳推理结论所断定的范围没有超出前提所断定范围,前提与结论之间的联系是_____。

8.反驳论证,就是指出某一论证的论据和论题之间没有逻辑联系,犯了_____的逻辑错误。

二、单项选择题(每小题1分,共10分)

1.演讲要有说服力,要打动听众,就必须合乎逻辑。这里"逻辑"一词的含义是　　　　　　　　　　(　　)

A.客观事物发展规律　　　B.思维的规律、规则

C.逻辑科学　　　　　　　D.某种思想、观点

2.下列的逻辑特征不为单独概念所具有的是　　(　　)

A.不能限制和划分　　　　B.反映的对象是惟一的

C.有种概念　　　　　　　D.与其他概念无交叉关系

3.在下列各题中正确的划分是　　　　　　　　(　　)

A.定义可分为被定义项、定义项和定义联项

B.定义可分为发生定义、功用定义和关系定义等

C.定义的组成部分有被定义项、定义项和定义联项

D.定义可分为属加种差定义、真实定义、语词定义

4."任何困难都不是不能克服的"这个判断的 （　　）

A.主项周延,谓项也周延　　　B.主项周延,谓项不周延

C.主项不周延,谓项周延　　　D.主项不周延,谓项不周延

5.与"p并且非q"有矛盾的判断是 （　　）

A.非p则q　　　　　　　　B.只有p,才q

C.如果p则q　　　　　　　D.只有p,才非q

6."并非所有的S必然不是P"这个判断等值于 （　　）

A.所有的S不可能都不是P　　B.有的S必然是P

C.有的S可能是P　　　　　　D.有的S可能不是P

7.下列断定违反排中律的是 （　　）

A.$\overline{SAP}$并且$\overline{SEP}$　　　　　　B.SIP并且SEP

C.$\overline{SOP}$并且$\overline{SAP}$　　　　　　D.SIP并且SOP

8."有人说小王还不够共产党员的标准,我不大同意。有人说小王已经达到了共产党员的标准,我看也不妥。"这段话所表达的思想 （　　）

A.违反同一律　　　　　　　B.违反矛盾律

C.违反排中律　　　　　　　D.并不违反逻辑规律

9.正确的三段论OAO式属于 （　　）

A.第一格　　B.第二格　　C.第三格　　D.第四格

10.下列选言推理中的有效式是 （　　）

A.$(p \lor q \lor r) \land p \rightarrow \overline{q} \lor \overline{r}$　　　　B.$(p \lor q \lor r) \land \overline{p} \rightarrow q \land r$

C.$(p \lor q \lor r) \land \overline{p} \rightarrow q \lor r$　　　　D.$(p \lor q \lor r) \land p \rightarrow \overline{q \land r}$

三、双项选择题(每小题1分,共10分)

1.下列各组概念中具有全异关系的是 （　　）

A.无效推理,纯关系推理　　B.假言选言推理,二难推理

C.负判断,关系判断　　　　D.真包含关系,真包含于关系

E.对当关系的直接推理,差等关系的推理

2.“只要功夫深,铁杵磨成针”这个判断是 （　　）

A.联言判断　　　　　　　　B.充分条件假言判断

C.复合判断　　　　　　　　D.相容选言判断

3.下列各组判断中,具有等值关系的判断有 （　　）

A.“$\overline{\overline{p}\wedge q}$”与“$\overline{q}\vee p$”　　　B.“$\overline{r}\rightarrow(\overline{p}\wedge\overline{q})$”与“$\overline{r\wedge(p\vee q)}$”

C.“$\overline{p}\wedge q$”与“$\overline{q}\wedge p$”　　　D.“$\overline{p\leftrightarrow q}$”与“$\overline{p\rightarrow q}\wedge\overline{p\leftarrow q}$”

4.矛盾律的适用范围是 （　　）

A.具有差等关系的判断　　　B.具有矛盾关系的判断

C.具有下反对关系的判断　　D.具有反对关系的判断

E.具有等值关系的判断

5.下列违反矛盾律的是 （　　）

A.既肯定 SEP 真,又肯定 SAP 假

B.既肯定 SOP 真,又肯定 SIP 真

C.既肯定 SAP 真,又肯定 SOP 真

D.既肯定 $p\leftarrow q$ 真,又肯定 $\overline{p}\wedge q$ 真

E.既肯定 $p\rightarrow q$ 真,又肯定 $\overline{p}\vee\overline{q}$ 真

6.以“所有 P 是 M”、“所有 S 不是 M”为大小前提的三段论,可以推出 （　　）

A.所有 S 不是 P　　　　　B.所有 S 是 P

C.有 S 是 P　　　　　　　D.有 S 不是 P

7.依据下反对关系而进行的有效直接推理是 （　　）

A.SIP→$\overline{\text{SOP}}$　　　　B.$\overline{\text{SIP}}$→SOP

C.$\overline{\text{SIP}}$→SOP　　　　D.$\overline{\text{SOP}}$→SIP

8.“甲村支援乙村;乙村支援丙村;可见甲村也支援丙村”这个

推理是 ( )

A.错误的对称性关系推理　　B.错误的传递性关系推理

C.错误的纯关系推理　　　　D.错误的混合关系推理

9.“文学艺术也要实行民主。这是因为如果不实行民主就没有不同意见的争论,这样,文学艺术就不能发展,不能进步了。”这段议论运用的论证方法是 ( )

A.反证法　　　　B.选言证法

C.归纳论证　　　D.直接论证　　　E.间接论证

10.必要条件假言推理的非有效式有 ( )

A.$(p \leftarrow q) \wedge p \rightarrow q$　　　　B.$(p \leftarrow q) \wedge \bar{q} \rightarrow \bar{p}$

C.$(p \leftarrow q) \wedge \bar{p} \rightarrow \bar{q}$　　　　D.$(p \leftarrow q) \wedge q \rightarrow p$

四、多项选择题(每小题2分,共10分。正确答案至少有3个)

1.种概念和属概念的关系在内涵方面的正确表述应该是 ( )

A.种概念必然具有属概念的内涵

B.属概念不具有种概念的所有内涵

C.属概念不具有的内涵,种概念可能具有,可能不具有

D.属概念不具有的内涵,种概念必不具有

E.种概念不具有的内涵,属概念必不具有

2.下列判断中具有非对称关系的判断有 ( )

A.张三忌妒李四　　　B.小刘和小梅是恋人

C.甲方不信任乙方　　D.A 包含 B　　　E.原告指责被告

3.与“如果非 P,那么 q”等值的判断有 ( )

A.如果非 q 那么 p　　　　B.并非(非 p 并且非 q)

C.只有 q 才非 p　　　　　D.只有 p 才非 q

E.非 p 并且非 q

4.下列违反排中律的断定是 ( )

A.SEP 假并且 SIP 假　　　　　　B."$p \wedge q$"假并且"$\bar{p} \vee \bar{q}$"假

C."$p \vee q$"假并且"$\bar{p} \wedge \bar{q}$"假　　　D."$p \rightarrow q$"假并且"$p \wedge \bar{q}$"假

E."$\bar{p} \wedge \bar{q}$"假并且"$\overline{p \vee q}$"假

5.归谬法与反证法的区别在于　　　　　　　　　　　(　　)

A.反证法用于反驳　　　　B.反证法用于论证

C.归谬法用于反驳

D.反证法的目的在于确定某一判断为真

E.归谬法的目的在于确定某一判断为假

五、图解题(每小题 2 分,共 6 分)

1.运动员(A)　中国运动员(B)　女子(C)　女子体操运动员(D)　冠军(E)

2.中国(A)　山西省(B)　太原市(C)　临汾市(D)

3.用欧拉图表示出当大、中、小项具有什么关系时,三段论第一格的 EAE 式和 EIO 式同时有效。

六、表解题(每小题 3 分,共 6 分。用真值表来判断下列各组判断的真值关系)

1.一个人不努力钻研业务而能成为专家,这是不会有的。

　　只有努力钻研业务,才能成为专家。

2.并非(非 p 并且 q)

　　如果 q,那么 p

七、分析题(36 分)

(一)下列议论是否违反逻辑规律? 如果是,违反哪一条? (每小题 3 分,共 12 分)

1.一位妇女患了不孕症,她问医生:"我这种病会不会遗传给后代?"

2.他因为书读得太多,所以思想复杂,进步也就慢了。

3.凡不采用的来稿一律退还,但油印、复印或铅印的稿件不退。

4.甲:你看见张荣了吗?

　乙:我和张荣是好朋友。

(二)下列推理是否正确? 为什么? (每小题4分,共20分)

1.没有一个不珍惜时光的人是有高深造诣的;所以,并非有的不珍惜时光的人不是有高深造诣的。

2.凡是相信鬼神的人都不是唯物主义者;他不相信鬼神;所以他是唯物主义者。

3.只有触犯刑律,才会构成犯罪;他没有触犯刑律;所以,他不会构成犯罪。

4.某市的炼钢厂、造纸厂、食品厂、制笔厂都实行了奖金制,而且都增产增收了。所以凡实行奖金制的企业单位都能增产增收。

5.这个人犯的错误,就像出了窑的砖,已经定型了,他的错误不能改了。

(三)下题运用了哪种因果联系法? 结论是什么? (4分)

反常的气候会加重人体负载,影响人的健康;反常的情绪会损害人的健康,甚至使人夭亡;反常的嗜好会影响人的健康,甚至引起致命的疾病。……

八、证明题(4分)

三段论 AOO 式属于第几格? 为什么?

九、综合题 (8分)

甲、乙、丙、丁是某案的证人。法庭决定:

①只有当甲和乙出庭作证时,丙才出庭作证:

②如果乙出庭作证时,那么丁不出庭作证。

试问:当丙出庭时,丁是否要出庭? 请写出推理过程。

参考答案

一、1.如果……那么　　p　q　　2.有的b不是a　　3.真包含　交叉　　4.真　5.假　6.结论中的谓项　7.必然的　　8.推不出

二、1.B　2.C　3.C　4.A　5.C　6.C　7.C　8.C　9.C　10.C

三、1.CD　2.BC　3.AB　4.BD　5.CD　6.AD　7.BD　8.BC　9.AE　10.AB

四、1.ABCE　2.ACE　3.ABC　4.ABCD　5.BCDE

五~九题答案略。

自测题(三)

一、填空题(每空1分,共10分)

1."有S不是P"这一逻辑形式的逻辑常项是_____,变项是_____。

2.如果把"火车是现代重要交通工具"作为一个定义,犯了_____的错误。

3.当"有的S不是P"为假时,则"任何S都是P"_____。

4."SEP∨SIP"这个选言判断的值为_____。

5.若SAP真,则"如果SAP,那么SIP"为_____。

6.关系推理是_____的推理。

7.不完全归纳推理由于结论断定的范围超出前提所断定的范

围,结论是_____。

8.反证法是通过确定与原论题_____的判断(即反论题)的虚假来确定原论题真实性的间接论证。反证法的论证过程要运用_____律。

二、单项选择题(每小题1分,共10分)

1.普通逻辑研究思维的特点是,它研究 （　）

A.反映在概念、判断和推理中的对象及其属性

B.思维的具体内容　　　　C.思维的逻辑形式

D.各类思维形式所共有的逻辑形式

2."青年是祖国的未来"和"参加今天会议的大多数是青年"这两个判断中的概念"青年" （　）

A.都是非集合概念　　　　B.都是集合概念

C.前者是集合概念,后者是非集合概念

D.前者是非集合概念,后者是集合概念

3.下列各组概念中,具有反变关系的是 （　）

A.自行车、机动车　　　　B.专家、外科医生

C.宽阔、宽阔的胸怀　　　D.抒情散文、文章

4.当 SIP 为真时,可以得知 （　）

A.SAP 真　　　　　　　B.SAP 假

C.SEP 真　　　　　　　D.SEP 假

5."只有非 q,才非 P"的等值判断是下列判断中的 （　）

A.如果 p,那么 q　　　　B.如果非 p,那么非 q

C.p 并且非 q　　　　　　D.非 p 或者非 q

6."p∧q"和"p∨q"这两个判断具有 （　）

A.等值关系　　　　　　　B.矛盾关系

C.差等关系　　　　　　　D.反对关系

7.下列断定违反矛盾律的是   (   )

A.SEP 并且 SOP   B.SIP 并且 SAP

C.SAP 并且 $\overline{\text{SOP}}$ D.SEP 并且 SAP

8.下列各组判断中违反排中律的是   (   )

A.$\begin{cases} \text{并非全厂职工都不关心企业} \\ \text{并非全厂职工中有人不关心企业} \end{cases}$

B.$\begin{cases} \text{全厂职工都关心企业} \\ \text{全厂职工都不关心企业} \end{cases}$

C.$\begin{cases} \text{并非厂里有人不关心企业} \\ \text{并非全厂人都关心企业} \end{cases}$

D.$\begin{cases} \text{全厂职工都关心企业} \\ \text{全厂职工中有的关心企业} \end{cases}$

9.以 $\text{SO}\overline{\text{P}}$ 为前提,可以推出   (   )

A.PIS   B.$\overline{P}OS$

C.$SI\overline{P}$ D.$\overline{P}IS$

10.以"$(p \wedge q) \rightarrow r$"和"$\overline{r}$"为前提,可以推出结论   (   )

A.$\overline{p} \vee q$ B.$\overline{p} \wedge \overline{q}$

C.$\overline{p} \vee q$ D.$p \wedge q$

三、双项选择题(每小题 1 分,共 10 分)

1.当 S 类与 P 类具有下列哪种关系时,SAP 与 SEP 同假

                                 (   )

A.同一关系   B.交叉关系   C.全异关系

D.真包含关系   E.真包含于关系

2."论证可分为演绎论证、归纳论证、直接论证和间接论证"这一划分犯的错误是   (   )

A.多出子项   B.划分标准不同一   C.划分不全

D.子项相容   E.定义项外延与被定义项外延不全同

3.与"$(\bar{p}\wedge\bar{q})\rightarrow(\bar{r}\vee s)$"等值的判断有　　　　　　（　　）

A.$(\bar{p}\wedge\bar{q})\wedge(r\wedge s)$　　　　B.$(p\wedge q)\wedge(\bar{r}\wedge\bar{s})$

C.$(p\vee q)\vee((\bar{r}\vee\bar{s}))$　　D.$(r\wedge s)\rightarrow(p\vee q)$

4.与"如果甲队获胜,则乙队败北"这个判断相矛盾的判断有

（　　）

A.如果乙队败北,那么甲队获胜

B.甲队获胜,并且乙队也获胜

C.并非甲队不获胜或者乙队也不获胜

D.只有甲队获胜,乙队才败北

5.下列违反普通逻辑基本规律的是　　　　　　（　　）

A."$p\wedge q$"假并且"$-p\vee q$"假

B."$-p\vee-q$"假并且"$-p\wedge-q$"假

C."$p\rightarrow q$"假并且"$p\wedge-q$"假

D."$-p\wedge-q$"假并且"$-(p\vee q)$"假

E."$-p\leftarrow q$"假并且"$p\wedge q$"假

6.由 SEP 可以推出　　　　　　（　　）

A.$\overline{P}O\overline{S}$　　　B.$\overline{P}E\overline{S}$　　　C.$\overline{S}E\overline{P}$　　　D.$\overline{S}O\overline{P}$

7.三段论"有 M 是 P,所有 S 不是 M,所以有 S 不是 P"所犯的
逻辑错误有　　　　　　（　　）

A.中项不周延　　　　　　B.大项不当周延

C.小前提否定　　　　　　D.小项不当周延

8.从$\Diamond P$假,可以推出　　　　　　（　　）

A.$\Diamond\overline{P}$假　　B.$\Box\overline{P}$假　　C.$\Diamond\overline{P}$真　　D.$\Box\overline{P}$真

9.下列推理形式中的非有效式有　　　　　　（　　）

A.$(\bar{p}\leftarrow q)\wedge\bar{q}\rightarrow p$　　　　B.$(p\rightarrow\bar{q})\wedge p\rightarrow\bar{q}$

C.$\overline{\Box p}\rightarrow\Diamond p$　　　　　D.$(p\vee q)\wedge p\rightarrow\bar{q}$

10.以(p∧q)→(r∨s)为前提进行正确的假言推理,再增加适当的前提,可推出的结论有　　　　　　　　　　　　　　（　　）

　　A.p∧q　　　　　　B.r∨s　　　　　　C.$\bar{p}$∨$\bar{q}$　　　　　　D.$\bar{r}$∧$\bar{s}$

四、多项选择题(每小题2分,共10分。正确答案至少有三个)

　　1.我校去年非行政开支是行政开支的一倍,其中概念"我校去年非行政开支"是　　　　　　　　　　　　　　　　（　　）

　　A.单独概念,非集合概念　　　　B.负概念,普遍概念

　　C.非正概念,集合概念　　　　　D.单独概念,负概念

　　E.单独概念,集合概念

　　2."和平小学的有些老师是女同志"这个判断的　　　　（　　）

　　A.主项是"和平小学的有些老师"

　　B.主项是"和平小学的老师"

　　C.主项周延　　　D.主项不周延

　　E.谓项"女同志"不周延

　　3 下列各组判断中不具有反对关系的判断有　　　　　（　　）

　　A.$\begin{cases}SAP\\SEP\end{cases}$　B.$\begin{cases}p\wedge q\\\bar{p}\wedge\bar{q}\end{cases}$　C.$\begin{cases}p\rightarrow q\\p\leftarrow q\end{cases}$　D.$\begin{cases}p\vee q\\\bar{p}\vee\bar{q}\end{cases}$　E.$\begin{cases}p\rightarrow q\\q\rightarrow p\end{cases}$

　　4.若p∨$\bar{q}$为假,那么下列判断中其值为真的是　　　（　　）

　　A.p→$\bar{q}$　　B.p→q　　C.$\bar{p}$→q　　D.$\bar{p}$∨$\bar{q}$　　E.p∨q

　　5.求异法的特点表现有　　　　　　　　　　　　　　（　　）

　　A.是除同求异的方法　　　　B.是除异求同的方法

　　C.结论是或然的　　　　　　D.结论是必然的

　　E.在被研究现象出现和不出现的正反场合中只有一个情况不同

五、图解题(每小题2分,共6分)

　　1.茶盘(A)　玻璃制品(B)　不锈钢茶盘　(C)　皮箱(D)

2.教师(A)　语文教师(B)　非中学教师(C)

特级教师(D)　中学教师(E)　中学特级语文教师(F)

3.有 A、B、C 三个概念,已知 A 真包含 B,B 真包含于 C,请问 A 与 C 与外延上有哪几种关系,并分别用欧拉图表示出来。

六、表解题(每小题 3 分,共 6 分)

用真值表来判定下列各组判断的真值关系

1.如果非 p 则非 q

　q 非者非 p

2.并非只有男人才能成为企业家

　不是男人也能成为企业家

七、分析题(36 分)

(一)下列议论是否违反逻辑规律? 如果是,违反哪一条? (每小题 3 分,共 12 分)

1.我是有信心把这项工作搞好的,但是我并没有把握。

2.认为他既能文又能武是不对的,不过认为他不能文或者不能武也是不对的。

3.两天两夜没停的毛毛细雨,又下起来了。

4.下雨既是好事,又是坏事。

(二)下列推理是否正确? 为什么? (每小题 4 分,共 20 分)

1.SAP→$\overline{P}$OS

2.有的小说是描写农村生活的;所有的剧本都不是小说;所以所有的剧本都不是描写农村生活的。

3.MAP∧SOM→SIP

4.性质判断对当关系告诉我们或者 SAP 假,或者 SEP 假;已知 SAP 假;所以 SEP 真。

5.此人不是一个真正的马克思主义者;因为他信仰宗教,

而一个人如果是真正的马克思主义者,那么他是不信仰宗教的。

(三)下题运用了哪种因果联系法,结论是什么? (4分)

竺可桢于 1925 年研究中国降水与太阳黑子的相互关系时指出,黑子多时,长江流域雨量也多;黑子少时,长江流域雨量也少。黄河流域则相反。

八、证明题(4分)

用反证法证明第二格的三段论为什么"大前提必全称"。

九、综合题(8分)

法官问 A、B、C 三人:

A:我不是罪犯　　　　　B:我不是罪犯

C:……　　　　　　　法官听不懂 C 的话,问 A、B。

A:C 说他不是罪犯　　　B:C 说他是罪犯

法官说,B 是罪犯。为什么? 请写出推理过程。

参考答案

一、1.有……不是　S　P　2.定义过宽　3.真　4.真　5.真.
6.前提中至少有一个关系判断　7.或然的　8.相矛盾,排中律

二、1.D　2.C　3.D　4.D　5.B　6.C　7.D　8.C　9.A
10.A

三、1.BD　2.BD　3.CD　4.BC　5.CE　6.AD　7.BC　8.CD
9.AC　10.BC

四、1.CDE　2.BDE　3.CDE　4.ABCDE　5.ACE

五~九题答案见技能训练题。

(一)山西省 1994 年下半年高等教育自学考试

普通逻辑试题

一、填空题(每空 1 分,共 10 分)

1.逻辑常项是指逻辑形式中( )的部分,逻辑变项是指逻辑形式中( )的部分。

2.判断是( )的思维形式。

3.“SAP 并且 SOP”这个联言判断的值为( )。

4.若 p 为任意值,要使“p→q”真;q 应取( )。

5.若 p∨q 假,则(p∨q)→q 为( )。

6.三段论的格是指( )。

7.一个正确的三段论,其小前提为 SEM,结论为 SEP,它的大前提应为( )。

8.SEP→( )→( )→$\overline{S}$IP。

二、单项选择题(每小题 1 分,共 10 分。在每小题的四个备选答案中,只有一个正确,请把正确答案的序号写在题干后的括号内。)

1.逻辑形式之间的区别,取决于 ( )

A.思维内容   B.语言表达形式

C. 逻辑常项　　　　　　　　D. 逻辑变项

2. "非军事区域是不驻扎任何武装部队的区域",这一判断中的概念"非军事区域"是　　　　　　　　　　　　　（　　）

A. 正概念、非集合概念　　　B. 集合概念、普遍概念

C. 负概念、普遍概念　　　　D. 单独概念、负概念

3. "企业就是从事现代化生产的经济活动部门",这一定义所犯的逻辑错误是　　　　　　　　　　　　　　　　　（　　）

A. 循环定义　　　　　　　　B. 含混定义

C. 定义过宽　　　　　　　　D. 定义过窄

4. 当 SOP 为真时,S 与 P 的外延之间不能有　　　　（　　）

A. 全异　　　　　　　　　　B. 真包含

C. 真包含于　　　　　　　　D. 交叉

5. "没有一个 S 是 P"和"没有一个 S 不是 P"这两个判断间具有　　　　　　　　　　　　　　　　　　　　　　（　　）

A. 差等关系　　　　　　　　B. 下反对关系

C. 反对关系　　　　　　　　D. 矛盾关系

6. 如果 p 真 q 假时,那么　　　　　　　　　　　　（　　）

A. $\bar{p} \vee q$ 为真　　　　　　　　B. p→q 为真

C. p→q 为假　　　　　　　　D. $p \vee \bar{q}$ 为假

7. 既肯定 SEP,又肯定 SIP 则　　　　　　　　　　（　　）

A. 违反同一律　　　　　　　B. 违反矛盾律

C. 违反排中律　　　　　　　D. 并不违反逻辑规律

8. 下列断定违反排中律的是　　　　　　　　　　　（　　）

A. SAP 并且 SEP

B. 并非必然 P 且并非必然非 P

C. $p \wedge q$ 且 $\bar{p} \vee \bar{q}$　　　　　D. $\overline{p \rightarrow q}$ 且 $\bar{p} \wedge \bar{q}$

9. 运用直接推理由 SOP 可以推出　　　　　　　　（　　）

A. SEP　　　B. SAP　　　C. SIP　　　D. $S\bar{I}\bar{P}$

10. 现代科学技术,人们依据青蛙的眼睛能跟踪飞机设计制造了"电子蛙眼"跟踪天上的飞机和卫星。这在思维过程中运用了 （ ）

    A. 寻求因果联系法   B. 概率推理

    C. 统计推理   D. 类比推理

三、双项选择题(每小题 1 分,共 10 分。每小题有五个备选答案,其中只有二个是正确的,请把正确答案的序号写在题干后面的括号内)

1. 下列各组概念,具有属种关系的是 （ ）

    A. 负判断,复合判断

    B. 必要条件,充分必要条件

    C. 真包含关系,真包含于关系

    D. 划分的母项,划分的子项

    E. 概念,概念的内涵

2. 当 S 类与 P 类具有下列哪种关系时,SEP 与 SOP 同假 （ ）

    A. 同一关系   B. 交叉关系   C. 矛盾关系

    D. 真包含于关系   E. 反对关系

3. 性质判断中不周延的概念是 （ ）

    A. 全称判断的主项   B. 特称判断的主项

    C. 肯定判断的谓项   D. 否定判断的谓项

    E. 肯定判断的主项

4. 下列各组判断中,具有矛盾关系的判断有 （ ）

    A. $\bar{p} \leftarrow q$ 与 $p \wedge q$ B. $\bar{p} \leftarrow q$ 与 $q \rightarrow p$

    C. $p \vee q$ 与 $\bar{p} \wedge \bar{q}$ D. $\bar{p} \leftarrow q$ 与 $p \rightarrow \bar{q}$

5. 下列各组判断是同一思维过程中的断定,因此违反逻辑基本规律的是 （ ）

A. $\begin{cases} 并不是如果开快车就会出交通事故 \\ 并不是开快车且没出交通事故 \end{cases}$

B. $\begin{cases} 只有开快车才不会出交通事故 \\ 没开快车且没出交通事故 \end{cases}$

C. $\begin{cases} 并不是或者开快车或者出交通事故 \\ 不开快车并且没出交通事故 \end{cases}$

D. $\begin{cases} 并不是如果开快车就不出交通事故 \\ 不开快车并且没出交通事故 \end{cases}$

E. $\begin{cases} 不开快车并且没出交通事故 \\ 或者不开快车或者没出交通事故 \end{cases}$

6. 由 SEP 可以推出　　　　　　　　　　　　　(　　)

A. $\overline{POS}$　　　B. $\overline{PES}$　　　C. $\overline{SEP}$

D. $\overline{SOP}$　　　E. $\overline{POS}$

7. 一个有效推理的前提之一为 P,结论为 $\overline{q}$,它的另一前提可以是　　　　　　　　　　　　　　　　　　(　　)

A. $p \vee q$　B. $p \wedge q$　C. $p \leftarrow q$　D. $\overline{p} \leftrightarrow q$　E. $\overline{p} \rightarrow q$

8. 类比推理与简单枚举法的相同点有　　　　　　(　　)

A. 都是由特殊到特殊的推理

B. 结论没有超出前提范围

C. 都是或然性推理

D. 前提不蕴涵结论

E. 都是由一般到特殊的推理

9. 下面议论所犯的逻辑错误是　　　　　　　　　(　　)

张三是北京人,因为他会说北京话,他平时说话北京腔很浓,就连不常用的北京方言词语他也掌握很多。

A. 转移论题　　　B. 证明过少　　　C. 论据虚假

D. 推不出　　　E. 论题不清

10. 在提出初步假定时,常用的作用比较突出的推理形式有

(　　)

　　A. 演绎推理　　B. 归纳推理　　C. 类比推理

　　D. 假言推理　　E. 选言推理

四、多项选择题(每小题 2 分,共 10 分。每小题有五个备选答案,其中有三至五个是正确的,请把正确的序号写在题干后面的括号内)

　　1. 关于划分、分解、分类、列类之间的关系,下列的说明中正确的是　　　　　　　　　　　　　　　　　　　( )

　　A. 分类不是分解,也不同于列举,它是划分的一种形式

　　B. 划分要遵守的规则,分类和列举不必全部遵守

　　C. 分类、列举是划分的特殊形式,它们和划分都不同于分解

　　D. 列举不等于划分,而分类却属于划分,但划分不都是分类

　　E. 列举要遵守的规则,分类和划分都必须遵守

　　2. 已知 SIP 为假,可推知　　　　　　　　　　( )

　　A. SAP 真　　　B. SAP 假　　　C. SEP 真

　　D. SEP 假　　　E. SOP 真

　　3. 下列五组判断中,具有矛盾关系的判断有　　　( )

　　A. $\begin{cases} p \wedge q \\ \overline{p} \vee \overline{q} \end{cases}$　　B. $\begin{cases} p \rightarrow q \\ \overline{q} \wedge p \end{cases}$　　C. $\begin{cases} p \vee q \\ \overline{p} \vee \overline{q} \end{cases}$

　　D. $\begin{cases} q \leftarrow r \\ \overline{q} \wedge \overline{r} \end{cases}$　　E. $\begin{cases} (p \wedge \overline{q}) \rightarrow (r \wedge \overline{s}) \\ (\overline{p} \wedge \overline{q}) \wedge (r \vee s) \end{cases}$

　　4. 违反同一律要求,出现的逻辑错误是　　　　　( )

　　A. 模棱两可　　B. 混淆概念　　　C. 偷换概念

　　D. 转移论题　　E. 偷换论题

　　5. 求同法的特点表现有　　　　　　　　　　　( )

　　A. 是除同求异的方法

　　B. 是除异求同的方法

C. 被研究现象在各个场合中只有一个情况是相同的

D. 被研究现象在各个场合只有一个情况是不同的

E. 结论具有或然性

五、图解题(每小题2分,共6分)用欧拉图表示下列各组概念间的关系

1. 工人　　　　妇女　　　　　共青团员
    (a)　　　　(b)　　　　　　(c)

2. 公里　　　　米　　　　　　厘米
    (a)　　　　(b)　　　　　　(c)

3. 高等院校　　　山西大学　　　山西大学哲学系
    (a)　　　　　(b)　　　　　　(c)

六、表解题(每小题3分,共6分)

1. 用真值表说明"要端正党风就要领导干部以身作则"与"只有领导干部以身作则,才能端正党风"及"如果领导干部不以身作则,那么就不能端正党风"这三个判断间的逻辑关系。

2. 用真值表判定下列一组判断是否等值。

$$\begin{cases} -(p \rightarrow q) \\ -p \rightarrow -q \end{cases}$$

七、分析题(共36分)

(一)下列议论是否违反普通逻辑的基本规律? 如果是,违反哪一条? (每小题3分,共12分)

1. 在我们国家里,有些人自私,但并非人人都自私。

2. 我不一定去太原,也不一定不去太原。

3. 本厂产品质量全优,发现次品,保证退换

4. 甲:你喜欢我吗? 乙:不能说喜欢,也不能说不喜欢。

(二)下列推理是否正确? 为什么? (每小题4分,共24分)

1. 有的四边形不是矩形,所以有的矩形不是四边形。

2. 有些人参加自学考试,并非所有人不参加自学考试。

3．MAP∧MES→SEP

4．MAS∧MAP→SIP

5．不是快车是不带邮件的,下次列车是快车,故下次列车是带邮件的。

6．商品生产不必然是资本主义生产,所以商品生产可能不是资本主义生产。

八、证明题(4分)

试用 A 和 E、A 和 O 的真假制约关系来证明 E 与 O 的真假制约情况。

九、综合题(8分)

已知:①如果甲、乙、丙三人都是盗窃犯,则 ABC 三个案件都能破获;②A 案件没有破获;③如果甲不是盗窃犯,则甲的供词是真的,而甲说乙不是盗窃犯;④如果乙不是盗窃犯,则乙的供词是真的,而乙说他和丙是好朋友;⑤现已查明,丙根本不认识乙。

问:三个人中谁不是盗窃犯,并写出推理过程。

附山西省 1994 年下半年高等教育自学考试

普通逻辑试题答案与评分标准

一、填空题(每空 1 分,共 10 分)

1．保持不变,可变　2．对思维对象有所断定　3．假　4．真

5．真　6．由于中项在前提中位置不同而形成的三段论的不同形式　7．PAM　8．PES.PA$\overline{S}$

二、单项选择题(每小题 1 分,共 10 分)

1．C　2．C　3．D　4．C　5．C

6.C　7.B　8.D　9.D　10.D

三、双项选择题(每小题1分,共10分)

1.AD　2.AD　3.BC　4.AC　5.AB

6.AD　7.BD　8.CD　9.BD　10.BC

四、多项选择题(每小题2分,共10分)

1.ACDE　2.BCE　3.ABE　4.BCDE　5.BCE

五、图解题(每小题2分,共10分)(图略)

六、表解题(3分,共6分)

1. 这三个判断的逻辑形式是:p→q;q←p,$\bar{q}$→$\bar{p}$ 用真值表验证,它们之间具有等值关系。列表如下:

p q	-p	-q	p→q	q←p	-q→-p
真 真	假	假	真	真	真
真 假	假	真	假	假	假
假 真	真	假	真	真	真
假 假	真	真	真	真	真

2.

p q	-p	-q	-(p→q)	-q←-p
真 真	假	假	假 真	真
真 假	假	真	真 假	真
假 真	真	假	假 真	假
假 假	真	真	假 真	真

答:这组判断不等值。

七、分析题(共36分)

(一)(每小题3分,共12分)

1. 没有违反逻辑规律

2. 没有违反逻辑规律

3. 违反了逻辑规律,违反了矛盾律

4. 违反了逻辑规律,违反了排中律

(二)(每小题 4 分,共 24 分)

1. 不正确,违反了换位法推理:"在前提中不周延的概念到结论中不得周延"的规则。

2. 正确,这两个判断具有等值关系。

3. 不正确,违反了三段论"在前提中不周延的概念到结论中不得周延"的规则。

4. 正确,没有违反三段论的规则。

5. 不正确,违反了三段论"中项至少应周延一次"的规则。

6. 正确,不必然 p 等值于可能非 p。

八、证明题(4 分)(答案略)

九、综合题(8 分)(答案略)

(二)山西省 1995 年下半年高等教育自学考试

普通逻辑试题

一、填空题(每空 1 分,共 10 分)

1.在"当且仅当 P,才 q"中,逻辑常项是(　　　)。

2.外延反映子类的概念称为(　　　)概念。

3.当 S 和 P 处于同一关系时(　　　)、(　　　)这两个判断是真的。

4.类比推理与不完全归纳推理都是前提(　　　)结论的推理,属于(　　　)推理。

5.SEP 为假时,同素材的 SAP(　　　)、SIP(　　　)、SOP(　　　)。

6.若 P∨q 假,则(p→q)→p(　　　)。

二、单项选择题(每小题 1 分,共 10 分。在每小题的四个备选答案中,只有一个是正确的,请把正确答案的序号写在题干后面的括号内)

1."青年是祖国的未来和希望"和"参加今天自学考试的大多数是青年"这两个判断中的"青年"　　　　　　　　(　　　)

A.都是集合概念

B.都是非集合概念

C.前者是集合概念,后者是非集合概念

D.前者是非集合概念,后者是集合概念

2.下面几组概念中,具有属概念和种概念之间的关系是(　　)

A.第三世界,中国

B.月亮,水中的月亮

C.照片,相片

D.黄河,奔腾不息的黄河

3."岛是海洋中的面积比大陆小的陆地"这一定义所犯的逻辑错误是　　　　　　　　　　　　　　　　　　　(　　)

A.定义过宽

B.定义过窄

C.定义含混

D.循环定义

4.当 SOP 为真,可以得知　　　　　　　　　　　(　　)

A.SEP 真　　B.SEP 假　　　C.SAP 真　　　D.SAP 假

5.在"甲和乙是朋友"和"甲和乙是学生"这两个判断中(　　)

A.前者和后者都是联言判断

B.前者和后者都是关系判断

C.前者是关系判断,后者是联言判断

D.前者是联言判断,后者是关系判断。

6.已知 q 为任意值,要使"只有 p 才 q"为真,则 p 应取(　　)

A.真值　　B.假值　　C.既可真也可假　　　D 既为真值,又为假值

7."并非所有 S 必然不是 P"这个判断等值于　　　(　　)

A.所有 S 不可能都不是 P　　B.有的 S 必然是 P

C.有的 S 可能是 P　　　　　　D.有的 S 可能不是 P

8.考察了一类事物的全部对象,从而得出一般性结论的推理

属于　　　　　　　　　　　　　　　　　　　　　（　　）

　　A.或然性推理　　　B.必然性推理

　　C.直接推理　　　　D.等值推理

　9.类比推理的结论是　　　　　　　　　　　　　（　　）

　　A.不必然可靠　　　B.不可能不可靠

　　C.必然不可靠　　　D.必然可靠

　10."李白能喝酒。这是因为历史上的诗人都能喝酒。"这段议论是　　　　　　　　　　　　　　　　　　　　　　　（　　）

　　A.正确的归纳推理　　　　B.正确的演绎推理

　　C.错误的演绎推理　　　　D.错误的归纳推理

三、双项选择题(每小题 1 分,共 10 分。每小题有五个备选答案,其中只有二个是正确的,请把正确答案的序号写在题干后面的括号内)

　1.下面各组概念中,具有交叉关系的是　　　　　（　　）

　　A.或然模态判断,必然模态判断

　　B.三段论,形式正确的推理

　　C.全称判断,否定判断

　　D.反传递关系推理,混合关系推理

　　E.联言推理,选言推理

　2."论证可分为演绎论证、归纳论证、直接论证和间接论证"这一划分犯的错误是　　　　　　　　　　　　　　（　　）

　　A.多出子项　　　B.划分标准不同一　　　C.划分不全

　　D.子项相容　　　E.定义项外延与被定义项外延不全同

　3.具有差等关系的一对判断　　　　　　　　　　（　　）

　　A.可以同真　　　B.不能同真　　　C.可以同假

　　D.不能同假　　　E.必然同真

　4.下列各组判断中,具有等值关系的有　　　　　（　　）

　　A.$\bar{p} \wedge \bar{q}$ 与 $\bar{q} \vee p$　　　　　B.$\overrightarrow{\bar{p} \rightarrow q}$ 与 $\bar{p} \wedge q$

C.$\bar{p}\vee\bar{q}$ 与 $\bar{p}\wedge\bar{q}$ 　　　　D.$p\rightarrow q$ 与 $q\rightarrow p$

E.$p\vee q$ 与 $\bar{p}\vee\bar{q}$

5.下列违反矛盾律的是　　　　　　　　　　　　　（　　）

A.既肯定 SEP 真,又肯定 SAP 假

B.既肯定 SOP 真,又肯定 SIP 真

C.既肯定 SAP 真,又肯定 SOP 真

D.既肯定 P←q 真,又肯定 $\bar{p}\wedge q$ 真

E.既肯定 p→q 真,又肯定 $\bar{p}\rightarrow\bar{q}$ 真

6.下列推理形式中,有效的是　　　　　　　　　　（　　）

A. SEP →SAP　　B.SO$\bar{P}$→PO$\bar{S}$　　　C. SIP →SOP

D.SAP→PAS　　E.SOP→POS

7.判断的"等值"关系属于　　　　　　　　　　　（　　）

A.对称关系　　B.传递关系　　C.反对称关系

D.反传递关系　E.非对称关系

8.下列推理形式中的非有效式有　　　　　　　　（　　）

A.$(\bar{p}\leftarrow q)\vee\bar{q}\rightarrow p$　　　　B.$(p\rightarrow\bar{q})\wedge p\rightarrow\bar{q}$

C.$\square\bar{p}\rightarrow\diamondsuit p$　　　　　　D.$(p\dot{\vee}q)\wedge p\rightarrow\bar{q}$

E.$(p\vee q)\wedge\bar{p}\rightarrow q$

9.以"p→r""q→s"为前提,再增加适当前提,正确进行二难推理,可以得出的结论有　　　　　　　　　　　　　　　（　　）

A.r∨s　　B.r∧s　　C.$\bar{p}\wedge\bar{q}$　　D.$\bar{p}\vee\bar{q}$　　E.r→s

10.假说具有的特点是　　　　　　　　　　　　　（　　）

A.随意的联想　　　B.不可靠的主观臆断

C.推测的性质　　　D.以事实材料和科学原理为依据

E.无需进行检验

四、多项选择题(每小题2分,共10分。每小题有五个备选答案,其中有三至五个是正确的,请把正确答案的序号写在题干后面的

括号内)

1.下列五组概念中,不属于连续限制的是　　　　　　　　(　)

　　A.华北地区——山西省——太原市

　　B.上层建筑——艺术——文学

　　C.棉布——棉纱——棉花

　　D.省人民政府——县人民政府——乡人民政府

　　E.米——厘米——毫米

2.若 $p \vee \bar{q}$ 为假,那么下列判断中为真的是　　　　　　(　)

　　A.$p \rightarrow q$　　B.$\bar{p} \rightarrow q$　　C.$p \rightarrow \bar{q}$　　D.$\bar{p} \vee \bar{q}$　　E.$p \vee q$

3.下列违反普通逻辑基本规律的断定是　　　　　　　　(　)

　　A.SAP 并且 SOP　　　　　　B.SOP 并且 SEP

　　C.SAP 并且 $\overline{SIP}$　　　　D.SIP 并且 SOP

　　E.$\overline{SAP}$并且$\overline{SOP}$

4.从 SEP 可以推出　　　　　　　　　　　　　　(　)

　　A.$\overline{SIP}$　　B.SOP　　C.$\overline{SIP}$　　D.PES　　E.$\overline{SAP}$

5.在逻辑论证中,违反关于论题的规则,就可能犯　　　(　)

　　A.推不出的错误　　B.论题不清的错误

　　C.偷换概念的错误　　D.证明过少的错误

　　E.证明过多的错误

五、图解题(共6分)

(一)用欧拉图表示下列概念间的关系(每小题2分,共4分)

1.城市　　　太原市　　　山西省

(A)　　　(B)　　　(C)

2.坚强　　年轻人　　坚强的人　　坚强的战士

(A)　　　(B)　　　(C)　　　　(D)

(二)用欧拉图将三段论第二格 AEE 式和 AEO 式的概念间关系表示出来(2分)

六、表解题(每小题 3 分,共 6 分)

用真值表判定下列各组判断间的真值关系

1. $\begin{cases} 如果非 p 则非 q \\ p 或者非 q \end{cases}$

2. $\begin{cases} p \land q \\ p \lor q \end{cases}$

七、分析题(共 36 分)

(一)下列议论是否违反普通逻辑的基本规律? 如果是,违反哪一条? (每小题 3 分,共 12 分)

1.关于宗教信仰问题,有信仰的自由,也有不信仰的自由,所以,我们既不禁止,也不提倡。

2.能否搞好家庭卫生,不仅直接有助于我们每个家庭成员的身心健康,而且也是精神文明方面的一个表现。

3.这件事我没过问,不过是从侧面了解一下情况,提了点个人的意见。

4.这次考试有些人及格,但并非人人都及格。

(二)下列推理是否正确? 为什么? (每小题 4 分,共 20 分)

1.并非一切中药都是苦味的,故有些中药不是苦味的。

2.$SIP \rightarrow \overline{SOP}$

3.$MIP \land SEM \rightarrow SOP$

4.不适合于你做的也是不适合于我做的,这件事是适合于你做的,所以,这件事也是适合于我做的。

5.不可能违反了推理规则而推理不出错,所以,如果违反了推理规则那么推理会出错是必然的。

(三)下列题中运用了哪种寻求因果联系的逻辑方法? 结论是什么? (4 分)

辣椒能慢慢变红,香蕉能慢慢变黄,葡萄能慢慢变紫……它们为什么能变呢? 这是由于这些东西和空气接触而发生氧化的结果。

八、证明题(4分)

请用反证法证明三段论第一格的规则"小前提必须肯定"。

九、综合题(8分)

已知:

①只有 A 不值班,B 才值班

②如果 C 不值班或 B 不值班则 D 值班

③或者 E 不值班或者 F 不值班

④如果 A 不值班,则 B 和 E 都值班

⑤D 不值班

问:A、B、C、E、F 五人中谁值班? 谁不值班? 并写出推理过程。

附山西省 1995 年下半年高等教育自学考试

普通逻辑试题答案与评分标准

一、填空题(每空 1 分,共 104 分)

1.当且仅当……才　　2.种　　3.SAP;SIP　　4.不蕴涵;或然性　　5.真假不定;真;真假不定　　6.假(原标准答案错为真)

二、单项选择题(每小题 1 分,共 10 分)

1.C　2.C　3.B　4.D　5.C　6.A　7C　.8B　.9A　.10.C

三、双项选择题(每小题 1 分,共 10 分。多选、少选、错选均不得分)

1.BC　2.BD　3.AC　4.AB　5.CD　6.BC　7.AB　8.AC　9.AD　10.CD

四、多项选择题(每小题 2 分,共 10 分。多选、少选、错选均不得分)

　　1．ACDE　2．ABCDE　3．ACE　4．ABCDE　5．BCDE

五、图解题(共 6 分)

　　(一)(每小题 2 分,共 4 分)

　　(二)(2 分)

六、表解题(每小题 3 分,共 6 分)(答案见技能训练)

　　答:这组判断既可同真也可同假,它们具有差等关系。

七、分析(36 分)

(一)(每小题 3 分,共 12 分)

　　1．答:没有违反逻辑规律。

　　2．答:违反了逻辑规律,违反了矛盾律。

　　3．答:违反了逻辑规律,违反了矛盾律。

　　4．答:没有违反逻辑规律。

(二)(每小题 4 分,共 20 分)

　　1．答:正确。二者具有等值关系。

　　2．答:不正确。二者是下反对关系一个真,另一个真假不定。

　　3．答:不正确。违反了三段论"在前提中不周延的概念到结论中不得周延"的规则。

　　4．答:不正确。违反了三段论"中项至少应周延一次"的规则。

　　5．答:正确。"不可能(P 并且非 Q)"等值于"必然(若 P 则 Q)"。

(三)(4 分)

　　答:求同法。

　　结论为"氧化是这些东西逐渐变色的原因"。

八、证明题(4 分)

　　答:假设小前提是否定的,那么根据三段论规则五,结论也是否定的,结论否定,则大项在结论中周延。大项在结论中周延,根据规则三,在前提中必然也周延,否则就要犯"大项扩大"的错误。

在第一格中,大项是大前提的谓项,大项在大前提中周延则大前提必否定。由假设,小前提也是否定的,这样,根据规则四,两否定前提不能得出结论。所以,假设不能成立,小前提必须是肯定的。

九、综合题(8分)

答:由②和⑤推出⑥"C 和 B 都值班"

（充分条件假言推理否定后件式）

由①和⑥推出⑦"A 不值班"

（必要条件假言推理肯定后件式）

由④和⑦推出⑧"B 和 E 都值班"

（充分条件假言推理肯定前件式）

由③和⑧推出⑨"F 不值班"

（选言推理否定肯定式）

答:B、C、E 值班,A、F 不值班。

(三)山西省 1996 年下半年高等教育自学考试

普通逻辑试题

一、单项选择题(每小题1分,共20分)

1. a、b 两个概念,如果所有的 b 都是 a,但是,有的 a 不是 b,那么,a 与 b 之间的关系就是　　　　　　　　(　　)

　　A.同一关系　　　　　　B.真包含(属种)关系

　　C.真包含于(种属)关系　　D.交叉关系

2. "先进"与"先进工作者"这两个概念之间,有　　(　　)

　　A.全异关系　　　　　　B.真包含关系

　　C.真包含于关系　　　　D.交叉关系

3. 在下列图形中,哪个图形正确地表示了"前提"(A)、"结论"(B)、"推理"(C)这三个概念之间的关系　　　　(　　)

　　A.AB 矛盾　　　　　　B.AB 反对

　　C.A 包含于 C,CB 全异　　D.ABC 全异

4. "基础自然科学就是研究自然现象和物质运动的基本规律的科学。"这个语句是表达　　　　　　　　　　(　　)

　　A.概念的概括　　　　　　B.属加种差定义

C.规定的语词定义　　　　　　D.说明的语词定义

5.如果将"气体就是可以流动的物体"这个语句看做是定义,那么,它犯了　　　　　　　　　　　　　　（　　）

　　A."定义过宽"的错误　　　　B."定义过窄"的错误

　　C."同语反复"的错误　　　　D."定义含混"的错误

6.如果划分后的各子项外延之和大于母项外延,就会犯（　　）

　　A."多出子项"的错误　　　　B."划分不全"的错误

　　C."划分标准不同一"的错误D."子项相容"的错误

7.依次从（　　）代入 S、P,则 SIP 与 SOP 成为真判断　　（　　）

　　A."水生动物"、"食肉动物"B."鱼"、"水生动物"

　　C."鲸"、"水生动物"　　　　D."鱼"、"鲸"

8.（　　）的主项不周延,而谓项周延　　　　　　　　　　（　　）

　　A.SAP　　　　B.SEP　　　　C.SIP　　　　D.SOP

9.根据对当关系,可以用（　　）来驳斥在常温下,"没有金属不是固体"　　　　　　　　　　　　　　　　　　　　（　　）

　　A."所有的金属都是固体"　B."有的金属是固体

　　C."有的金属不是固体"　　D."所有的金属都不是固体"

10.与 SIP 逻辑等值的判断是　　　　　　　　　　　　　　（　　）

　　A.(SAP)　　　　　　　　　B.￢(SEP)

　　C.￢(SIP)　　　　　　　　　D.￢(SOP)

11."并非如果读书过多就伤大脑"这是一个　　　　　　　（　　）

　　A.假言判断　　　　　　　　B.选言判断

　　C.联言判断　　　　　　　　D.负判断

12."并非(p 或者 q)"等值于　　　　　　　　　　　　　（　　）

　　A.非 p 并且非 q　　　　　　B.非 p 或者非 q

　　C.如果 p,那么非 q　　　　　D.只有 p,才 q

13.与 □p 具有反对关系的判断是　　　　　　　　　　　（　　）

　　A.◇p　　　　　　　　　　　B.◇￢p

  C. □ ¬ p   D. ¬ □p

14. 从 SAP 可以推出   (   )

  A. PAS   B. $\overline{S}$A $\overline{P}$

  C. $\overline{P}$A $\overline{S}$ D. PE $\overline{S}$

15. 三段论第三格的有效式只能以( )作为结论 (   )

  A. 否定判断   B. 肯定判断

  C. SIP   D. 特称判断

16. 从"p∨q"真与"¬ p"真, 可推出   (   )

  A. "q"真假不定   B. "¬ q"真

  C. "q"假   D. "q"真

17. 归纳推理是   (   )

  A. 以普遍性知识为前提得出以特殊性知识为结论的推理

  B. 以普遍性知识为前提得出以普遍性知识为结论的推理

  C. 以特殊性知识为前提得出以普遍性知识为结论的推理

  D. 以特殊性知识为前提得出以特殊性知识为结论的推理

18. 间接论证的主要逻辑根据是   (   )

  A. 同一律   B. 矛盾律

  C. 排中律   D. 充足理由律

19. 根据反驳的目的, 下列哪种反驳是主要的   (   )

  A. 反驳论题   B. 反驳论据

  C. 反驳论证方式

  D. 以上三种反驳都是主要的

20. 在运用归谬法进行反驳的过程中, 使用了充分条件假言推理的   (   )

  A. 肯定前件式   B. 肯定后件式

  C. 否定前件式   D. 否定后件式

二、**多项选择题**(每小题 1 分, 共 20 分)正确答案没有选全或有错选的, 该题无分。

1. 下列各题中标有横线的语词,有哪些是在集合意义下使用的

（　　）

  A. <u>四川大学的学生</u>都是有一定的文化水平的

  B. <u>四川大学的学生</u>有近一万人

  C. <u>四川大学的学生</u>都在他所属的专业学习

  D. 李华是<u>四川大学的学生</u>

  E. <u>四川大学的学生</u>来自全国各地

2. "无锡市"这个概念是 （　　）

  A. 普遍概念　　　　　　B. 被定义概念

  C. 单独概念　　　　　　D. 正概念　　　E. 负概念

3. 概念间的不相容关系有 （　　）

  A. 交叉关系　　　　　　B. 真包含(属种)关系

  C. 全异关系　　　　　　D. 矛盾关系

  E. 反对(对立)关系

4. 概念的限制不适用于 （　　）

  A. 有同一关系的概念　　B. 有真包含(属种)关系的概念

  C. 有交叉关系的概念　　D. 有全异关系的概念

  E. 有矛盾关系的概念

5. "电视机可分为彩电、黑白、进口的三种",这个划分的错误有

（　　）

  A. 标准不同一　　　　　B. 多出子项

  C. 子项相容　　　　　　D. 越级划分

  E. 以分解当作划分

6. 由对当关系可知,当 SOP 为假时 （　　）

  A. SEP 必假　　　　　　B. SIP 必假

  C. SIP 可真可假　　　　D. SIP 必真　　　E. SEP 可真可假

7. 在"有的金属是导体"这个判断中 （　　）

  A. 主项"金属"周延　　　B. 主项"金属"不周延

C.谓项"导体"不周延　D.谓项"导体"周延

E.主项不周延而谓项周延

8.表达必要条件假言判断的语句有 （　　）

A.只要你来,他就来　B.只有你来,他才来

C.必须敢于斗争,才能取得胜利

D.除非敢于斗争,否则不能取得胜利

E.虽然你来,但是,他不来

9.复合判断"若患肺炎,则必发烧"等值于 （　　）

A.或者没患肺炎,或者发烧

B.只有患肺炎,才发烧

C.除非发烧,才患肺炎

D.没患肺炎而没发烧

E.不是患肺炎,就是发烧

10.当◇p真时,则 （　　）

A."□p"真　　　　　B."◇¬p"真

C."□¬p"假　　　　D."¬□¬p"真

E."¬□p"真

11.若"骄傲不可能不落后"真,则 （　　）

A."骄傲必落后"真　B."骄傲可能落后"真

C."骄傲必不落后"假　D."骄傲可能落后"真假不定

E."骄傲可能不落后"假

12.设 p、q 都假,则 （　　）

A.(p∨q)假　　　　B.(p→q)假

C.(p←q)真　　　　D.(p∨q)假

E.(p↔q)真

13.从（　　）可以推出 PIS （　　）

A.SAP　　　　　　B.SA$\overline{P}$

C.SIP　　　　　　D.并非"SOP"　　E.$\overline{P}$ES

14.(　　)可以作为三段论第二格有效式的结论　　　　(　　)

    A.SAP   B.SEP

    C.SIP   D.SOP   E.PIS

15.否定肯定式是　　　　　　　　　　　　　　　　(　　)

    A.充分条件假言推理的有效式

    B.相容选言推理的有效式

    C.不相容选言推理的有效式

    D.必要条件假言推理的有效式

    E.充分必要条件假言推理的有效式

16.遵守普通逻辑的基本规律,就可以使我们的思维　　(　　)

    A.保持同一和确定   B.保持首尾一贯

    C.有明确性   D.有论证性   E.有真实性

17.对矛盾律的下列看法中,有哪些是正确的　　　　(　　)

    A.矛盾律排斥自相矛盾或逻辑矛盾

    B.矛盾律排斥客观事物的内在矛盾

    C.矛盾律排斥思想认识中的辩证矛盾

    D.矛盾律并不排斥在不同时间、不同方面对同一对象作出

    的相反的判断

    E.矛盾律并不排斥在同一时间、同一方面、对同一事物作出

    的两个相反的判断

18.在下列议论中,有哪些是违反排中律要求的　　　(　　)

    A.同时否定"p→q"与"￢(p→q)"

    B.同时否定"p←q"与"￢p∧q"

    C.同时否定"p"与"￢p"

    D.同时否定"SAP"并非"SIP"

    E.同时否定"这个 S 是 P"与"这个 S 不是 P"

19."亲眼见过的黄鱼是有鳍的,鲤鱼、鲫鱼、草鱼、鲢鱼也是有
    鳍的,未见过没有鳍的鱼,所以,所有的鱼都是有鳍的。"上

述这个推理属于 （　　）

　　A.演绎推理　　　　　B.完全归纳推理

　　C.不完全归纳推理　　D.简单枚举归纳推理　　E.归纳推理

20.如果我们驳倒了对方的论据,就说明 （　　）

　　A.驳倒了对方的论题

　　B.对方的论证方式不能成立

　　C.对方的论题没有得到论证

　　D.对方的论据不能成立

　　E. 对方犯了"预期理由"的错误

三、名词解释题(每小题2分,共10分)

1.概念的内涵

2.性质判断的下反对关系

3.模态判断

4.模棱两可(亦称模棱两不可)

5.简单枚举法

四、写出与下列判断的负判断相等值的判断,并写出等值所依据的公式。(每小题4分,共8分)

1.只要发生七级以上地震,这所房屋就倒塌。

2.小张不是国家干部,也不是自学成才者。

五、将下列判断改写成等值的必要条件假言判断,并写出等值公式。(每小题4分,共8分)

1.只要他是罪犯,他就到过作案现场。

2.老刘不是税务干部,或不是司法干部。

六、用真值表方法判定下列两个判断是否等值。(4分)

　　①并非甲与乙都及格

　　②只有乙不及格,甲才及格

七、下列推理是否正确? 为什么? 并写出推理的逻辑形式。(每小题4分,共20分)

1.有的不发光的不是恒星,因为恒星都是发光的。

2.有的非金属不是导体,所以,有的导体不是金属。

3.凡固体都是有一定形状的,有的金属不是固体,所以,有的金属不是有一定形状的。

4.只有这块地不种西瓜,这块地才种南瓜;这块地不种西瓜,所以这块地种南瓜。

5.如果老刘努力工作或勤奋学习,那么老刘受到上级表扬;老刘工作努力,所以老刘受到上级表扬。

八、说明由下列前提能否得出结论,如果能得出结论,请写出结论及推理形式,并指出其格与式。(5分)

语言是社会现象。语言不是经济基础。

九、论证分析题(5分)

确定一个正确的三段论,它的大项在前提中周延,而在结论中不周延。

附:山西省 1996 年下半年高等教育自学考试

普通逻辑试题答案与评分标准

一、单项选择题(每小题1分,共20分)

1.B   2.A 3.D 4.B 5.A   6.A   7.A

8.D   9.C 10.B 11.D 12.A 13.C 14.C

15.D 16.D 17.C 18.C 19.A 20.D

二、多项选择题(每小题1分,共20分)

1.BE   2.CD   3.CDE   4.ACDE

5.AC   6.AD   7.BC   8.BCD

9. AC   10. CD   11. ABCE   12. ACDE

13. ACDE   14. BD 15. BC 16. ABCD

17. AD   18. ABCE   19. CDE 20. CD

三、名词解释题(每小题2分,共10分)(略)

四、写出与下列判断的负判断相等值的判断,并写出等值依据的公式。(每小题4分,共8分)

1、设 p:发生七级以上地震;q:这所房屋倒塌。

等值公式: $\neg(p{\rightarrow}q){\leftrightarrow}(p{\wedge}\neg q)$ （2分）

等值判断:虽然发生了七级以上地震,但是,这所房子没有倒塌。(2分)

2. 设 p:小张是国家干部;q:小张是自学成才者。

等值公式: $\neg(\neg p{\wedge}\neg q){\leftrightarrow}(p{\vee}q)$ （2分）

等值判断:小张是国家干部或者小张是自学成才者。(2分)

五、将下列判断改写为等值的必要条件假言判断,并写出等值公式。(每小题4分,共8分)

1. 设 p:他是罪犯;q:他到过作案现场。

等值公式: $(p{\rightarrow}q){\leftrightarrow}(q{\leftarrow}p)$ （2分）

等值判断:只有他到过作案现场,他才是罪犯。(2分)

2. 设 p:老刘是税务干部;q:老刘是司法干部。

等值公式: $(\neg p{\vee}\neg q){\leftrightarrow}(\neg p{\leftarrow}q)$ （2分）

等值判断:只有老刘不是税务干部,他才是司法干部。(2分)

六、用真值表方法判定下列两个判断是否等值(4分)

设 p:甲及格;q:乙及格。

①的逻辑形式: $\neg(p{\wedge}q)$ ②的逻辑形式: $\neg q{\leftarrow}p$

列出真值表:

p q $\neg q$ $\neg q{\leftarrow}p$ $p{\wedge}q$ $\neg(p{\wedge}q)$

真真假　　　　假　　　真　　　　假

真假真　　　　真　　　假　　　　真

假真假　　　　真　　　假　　　　真

假假真　　　　真　　　假　　　　真　　　（3分）

所以,两判断等值。（1分）

七、下列推理是否正确？为什么？并写出推理的逻辑形式。（每小题4分,共20分）

1.设 S:恒星;P 发光的。

给出推理的形式是:SAP→$\overline{\text{POS}}$　（1分）

这个推理正确。（1分）

因为:SAP→SE$\overline{\text{P}}$→$\overline{\text{P}}$ES→$\overline{\text{P}}$A$\overline{\text{S}}$→$\overline{\text{S}}$I$\overline{\text{P}}$→$\overline{\text{PI}}$$\overline{\text{S}}$→$\overline{\text{POS}}$　（2分）

另一种答案是:SAP→SE$\overline{\text{P}}$→$\overline{\text{P}}$ES→$\overline{\text{POS}}$（2分）

2.设 S:金属;P:导体。

给出推理的形式是:$\overline{\text{S}}$OP→POS　（1分）

这个推理不正确。（1分）

因为:POS→$\overline{\text{PIS}}$→$\overline{\text{SIP}}$;（1分）

但是,$\overline{\text{S}}$OP 与 $\overline{\text{SIP}}$ 之间是下反对关系,当 O 真时,I 真假不定,所以,$\overline{\text{S}}$OP→POS 不是有效式。（2分）

3.设 S:金属;P:有一定形状的;M:固体。给出推理的形式是:

MAP

$\dfrac{\text{SOM}}{\therefore \text{SOP}}$　（1分）

因犯"大项不当周延"错误（或答:因违反第一格的规则"小前提必须肯定"）(2分)

所以,推理不正确。（1分）

4.设 p:这块地种西瓜;q:这块地种南瓜。

给出推理的形式是:￢p←q

$\dfrac{\quad\quad\neg p}{\therefore q}$　（1分）

这个推理不正确。(1分)

因为必要条件假言推理肯定前件不能肯定后件(或答:肯定前件推不出结论)。(2分)

5.设 p:老刘努力工作;q:老刘勤奋学习;r:老刘受到上级表扬。

给出的推理形式是:$(p \lor q) \to r$

$$\frac{p}{\therefore r} \quad (1分)$$

这个推理正确。(1分)

因为当 p 真时,$(p \lor q)$必真。这是肯定前件式的充分条件假言推理,符合"肯定前件必然肯定后件"的规则。(2分)

八、说明下列前提能否得出结论?如果能得出结论,请写出结论及推理形式,并指出其格与式。(5分)

设 M:语言;P:社会现象;S:经济基础。

推理形式为:MES

$$\frac{MAP}{\therefore POS}(1分)$$

此推理形式有效,能得出结论。(1分)

结论是:"有的社会现象不是经济基础。"(1分)

这是第三格的 EAO 式。(2分)

九、论证分析题(5分)

论证过程:

①根据已知条件,大项在结论中不周延,则结论必为肯定判断(因为肯定判断的谓项都不周延,而大项是结论的谓项);(1分)

②故两个前提都是肯定判断(根据"两否定前提推不出结论"

和"若前提有一否定,结论必为否定"的规则);(1分)

③根据已知条件,大项在大前提中周延,故大前提必为 PAM(因为 A 判断的主项周延而谓项不周延);(1分)

④中项在大前提中不周延,因而在小前提中必须周延(根据"中项在前提中至少周延一次"的规则),故小前提为 MAS;(1分)

⑤所以,所求的三段论为:PAM

$$\frac{MAS}{\therefore SIP}(1分)$$

这是三段论的有效式。

(四)山西省 1997 年下半年高等教育自学考试

普通逻辑试题

一、填空题(每小题 1 分,共 10 分)

1.区分逻辑形式主要是根据(　　)。

2.从定义的结构看,在定义"概念是反映思维对象本质属性或特有属性的思维形式"中,"反映思维对象本质属性或特有属性的"是(　　)。

3.属概念与种概念内涵和外延之间的反变关系,是对概念进行(　　)的逻辑根据。

4.在"中国在亚洲"中,"中国"与"亚洲"在外延上具有(　　)关系。

5.判断"s 都不是 p"与"s 不都是 p"具有(　　)关系。

6.已知"所有的金属都不是液体"假,根据判断间的对当关系,则"有的金属不是液体"为(　　)。

7.与"只有天下雨,才路滑"的负判断等值的联言判断是(　　)。

8.进行归纳推理时,若前提中考察了某类中的每一个对象,然后得出一般性的结论,这个推理是(　　　)。

9.探求因果联系的五种方法是(　　　)。

10.论证是由(　　　　　　)组成的。

二、单项选择题(每小题1分,共15分)

1.在"森林遍布世界各地"与"森林可分为人造林与自然林"两
个判断中的"森林" 　　　　　　　　　　　　(　　)

　　A.前者是集合概念,后者不是

　　B.前者不是集合概念,后者是

　　C.都是集合概念

　　D.都不是集合概念

2.在性质判断中,决定判断形式的是 　　　　　　　 (　　)

　　A.主项和量项　　　　　B.主项和谓项

　　C.联项和量项　　　　　D.谓项和量项

3.已知"有的大学生是团员"真,则 　　　　　　　 (　　)

　　A."有的大学生不是团员"假

　　B."有的大学生不是团员"真

　　C."所有的大学生都是团员"真

　　D."所有大学生都不是团员"假

4.如果(　　),则 SIP 与 SOP 均真。 　　　　　 (　　)

　　A.S 与 P 全同　　　　　B.S 与 P 全异

　　C.S 真包含于 P　　　　　D.S 与 P 交叉

5.下列属于关系判断的是 　　　　　　　　　　 (　　)

　　A.张三与李四是青年

　　B.张三是教师又是作家

　　C.张三比李四大两岁

　　D.张三与李四去开会

6.与"并非如果张三来则李四不去"相等值的判断为 (　　)

　　A.张三来并且李四去

B.张三来但李四不去

C.张三不来并且李四不去

D.张三不来但李四去

7.与"如果不努力学习,就不会取得好成绩"相等值的判断是

（　　）

A.只有不努力学习,才不会取得好成绩。

B.只有努力学习,才会取得好成绩。

C.只有取得好成绩,才是努力学习。

D.不努力学习也会取得好成绩。

8.以 SE$\overline{P}$为前提进行判断变形法推理,推出的正确结论是

（　　）

A.$\overline{S}$IP　　　　　　　B.PIS

C.$\overline{P}$AS　　　　　　　D.$\overline{S}$AP

9.由并非 SOP,可推出 SIP,其根据是逻辑方阵中的　　（　　）

A.矛盾关系　　　　B.反对关系

C.差等关系　　　　D.下反对关系

10.以"只有 P,才 q 且 r"和"非 P"为前提,可必然推出结论

（　　）

A.非 q 且非 r　　　B.非 q 且 r

C.非 q 或非 r　　　D.非 r 或 q

11.下列推理形式正确的是　　　　　　　　　　（　　）

A.必然 p→p　　　　B.不必然 p→必然 $\overline{p}$

C.可能 p→必然 p　　D.不必然 $\overline{p}$→不可能 $\overline{p}$

12.同时否定必然 $\overline{p}$ 与必然 p,则　　　　　　　（　　）

A.违反矛盾律　　　B.违反排中律

C.违反同一律　　　D.不违反基本规律

13.下列断定中,违反逻辑基本规律要求的是　　　（　　）

A.SAP 真且 SIP 真　B.SAP 与 SI$\overline{P}$ 都真

　　C.SE$\overline{P}$真且 SEP 假　D.SOP 真且 SIP 假

14.求同求异并用法的特点是　　　　　　　　　　　（　　）

　　A.同中求异　　　　　B.异中求同

　　C.两次求同一次求异

　　D.求同求异相继运用

15.类比推理与简单枚举归纳推理的相同点是　　　（　　）

　　A.从个别到一般　　　B.前提蕴涵结论

　　C.从个别到个别　　　D.结论是或然的

三、双项选择题(每小题 2 分,共 20 分)

1.下列概念的限制或概括正确的有　　　　　　　　（　　）

　　A.性质判断——性质判断的主项

　　B.国——家　　　　C.人——男人

　　D.中国——地球　　　E.地球——天体

2."小丁与小于是好学生"和"小丁与小于是好朋友"（　　）

　　A.都是关系判断

　　B.前者是联系判断,后者是关系判断

　　C.前者是关系判断,后者是性质判断

　　D.前者是复合判断,后者是简单判断

　　E.都是复合判断

3.已知 p→q 取值为假,则(　　)取值为真　　　　（　　）

　　A.p←q　　　　　　　B.p∧q

　　C.p∨q　　　　　　　D.p↔q　　　E.q←p

4.已知 SAP 假,则同素材的下列判断中为真的是　（　　）

　　A.SE$\overline{P}$　　　　　　　　B.SIP

　　C.SOP　　　　　　　D.$\overline{SAP}$　　　E.SEP

5.与"不必然 P"等值的判断有　　　　　　　　　　（　　）

　　A.必然 $\overline{P}$　　　　　　　B.可能 P

　　C.可能 $\overline{P}$　　　　　　D.不可能 P　　　E.必然 P 假

6.下列断定违反排中律要求的有 （　　）

A.同时否定同素材的必然 P 与必然 $\overline{P}$

B.同时否定同素材的 SAP 与 SEP

C.同时否定同素材的 SAP 与 SOP

D.同时否定 p→q 与 p∧q

E.同时否定同素材的 SAP 与 SIP

7.下列违反同一律的逻辑错误有 （　　）

A.转移论题　　　　B.两不可

C.三段论四概念的错误

D.自相矛盾　　　　E.预期理由

8.反证法属于 （　　）

A.直接论证　　　　B.间接论证

C.归纳论证　　　　D.演绎论证　　　E.类比论证

9.以"所有 P 是 M"与"所有 S 不是 M"为前提,进行三段论推理,可必然推出 （　　）

A.所有 S 不是 P　　　B.所有 S 是 P

C.有 S 是 P　　　　D.没有 S 不是 P　　　E.有 S 不是 P

10."某校某系共有四个班,甲班外语考试都及格,乙班外语考试都及格,丙班外语考试都及格,丁班外语考试都及格,因此某校某系所有班外语考试都及格了。"这一推理属于 （　　）

A.必然性　　　　　B.或然性

C.完全归纳推理

D.简单枚举归纳推理

E.演绎推理

四、多项选择题(每小题 2 分,共 10 分。每小题至少三个正确答案,请穷尽所有正确答案)

1.下列划分正确的有 （　　）

A.概念分为内涵和外延

B.思维形式分为概念、判断、推理

C.概念分为正概念与负概念

D.判断分为简单判断与复合判断

E.思维的逻辑形式的项分为逻辑常项与变项

2.下列判断具有等值关系的有　　　　　　　　　　（　　　）

A.$\overline{p \wedge q}$与$\overline{p} \vee \overline{q}$　　　　　　B.$p \wedge \overline{q}$与$\overline{p \to q}$

C.$p \to q$与$q \leftarrow p$　　　　　　D.$\overline{SAP}$与SOP

E.必然P与不必然$\overline{P}$

3.下列推理式有效的有　　　　　　　　　　　　　（　　　）

A.$\overline{SAP} \to \overline{SEP}$　　　　　　B.$SEP \to SA\overline{P}$

C.$\overline{SIP} \to \overline{POS}$　　　　D.$SAP \to \overline{SOP}$　　　　E.$SOP \to \overline{PIS}$

4.下列推理无效的有　　　　　　　　　　　　　　（　　　）

A.如果p,那么q,如果q,那么r,所以如果r,那么p

B.只有$\overline{p}$才q,$\overline{p}$,所以q

C.p或q,q,所以$\overline{p}$

D.p并且q,所以$\overline{p}$

E.p则q,p则r,q或r,所以p

5.下列断定违反逻辑基本规律要求的有　　　　　（　　　）

A.必然P真且必然$\overline{P}$真

B.可能P真且可能$\overline{P}$真

C.SAP真且SO$\overline{P}$真

D.可能P真且不可能P真

E.SAP假且SI$\overline{P}$假

五、图表解题(7分)

1.写出与下面判断等值的联系判断,并用真值表加以验证。
(4分)

并非如果所有的金属是导电体,那么所有的导电体是金属。

2.用欧拉图式表示概念间的关系(3分)

①城市、太原市、太原市五一广场

②五讲四美、讲文明

③地球、西半球、美洲

六、分析题(20分)

(一)下列推理是否正确？为什么？

1.非本单位人员不得入内,所以,本单位人员可以入内。

2.并非所有的金属都不是液体,而没有金属不是导电体,所以有的导电体是液体。

3.马烽深入生活,因为他写出了好小说,而只有深入生活,才能写出好小说。

(二)下列议论是否违反逻辑基本规律？为什么？

1.我有一个最大的优点就是从来不讲自己的优点。

2.我不敢肯定一定有外星人,我也不敢肯定一定没有外星人。

七、证明题(4分)

用反证法证明三段论第三格的特殊规则"小前提必须是肯定判断"。

八、综合题(每小题7分,共14分)

1.已知:①若张三与李四出席会议,则王五不出席会议

②只有张三出席会议,丁一才出席会议

③并非李四或者王五不出席会议

问:张三与丁一是否出席会议？请写出推导过程。

2.请在下列三段论结构式的括号内,填入恰当的符号,使其成为三段论的有效式,请写出推导过程。

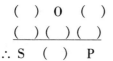

附:山西省 1997 年下半年高等教育自学考试

普通逻辑试题答案与评分标准

一、填空题(每空中的一个或几个内容有一错误扣 1 分,全正确得
1 分,共 10 分)

1.是不同的逻辑常项(没有"不同的"也可)   2.种差

3.限制与概括   4.全异   5.差等   6.真假不定

7.天不下雨但路也滑   8.完全归纳推理

9.求同法(或契合法)、求异法(或差异法)、求同求异并用法(或
契合差异并用法)、共变法、剩余法

10.论题、论据、论证方式

二、单项选择题(每小题选出一个正确答案得 1 分,共 15 分,有错
则无分)

1.A   2.C   3.D   4.D   5.C   6.A   7.B

8.B   9.D   10.C   11.A   12.D   13.B   14.C

15.D

三、双项选择题(每小题选出两个正确答案得 2 分,共 20 分,有一
个错误则无分)

1.CE   2.BD   3.AC   4.CD   5.CE   6.CD

7.AC   8.BD   9.AE   10.AC

四、多项选择题(每小题选出三个或三个以上的正确答案得 2 分,
共 10 分,有一处错误则无分)

1.BCDE   2.ABCD   3.BDE

4.ABCE   5.ADE

五、图表解题(4分)

1.等值的联言判断为"所有的金属都是导电体但有的导电体不是金属。"(1分)

原判断结构式为 p→q　等值的判断为 p∧q̄(真值表略),经验证:二者等值。

结构式符号化(1分),真值表(2分),真值表有一处错误则不得分。

2.每一题欧拉图全部正确1分,共3分

六、分析题(20分)

(一)1.不正确(1分)　这是判断变形的直接推理,其结构式可表示为 S̄A P̄→SEP→PE S̄→PAS→SAP(推不出,主项扩大)　最后一步换位时违反了换位法"前提中不周延的项到结论中不得周延"的规则(3分)

2.正确(1分),此推理可标准化为如下三段论:

有的金属是液体　　　　所有金属都是导电体　　　　所以有的导电体是液体

符合三段论的所有一般规则或第三格的特殊规则。(3分)

3.正确(1分),此推理整理为:"只有深入了生活,才能写出好小说,马烽写出了好小说,所以马烽深入了生活。"符合必要条件假言推理"肯定后件就要肯定前件"的规

则。(3分)

（二）1.此议论违反逻辑基本规律。它违反了矛盾律（或不矛
盾律）的要求，犯了自相矛盾的逻辑错误。因为它实际上
同时肯定了两个互相矛盾的判断。(4分)

2.不违反逻辑基本规律的要求(1分)，因为一定有外星
人与一定没有外星人是必然肯定判断与必然否定判断的
关系，是反对关系，对二者都不作肯定，不违反规律
(3分)

七、证明题(4分，步骤不全则适当扣分)

①论题：三段论第三格小前提必须是肯定判断

②反论题：小前提是否定判断

③如果小前提是否定判断，根据前提中有一个是否定判断，则
结论是否定判断。结论是否定判断，则大项在结论中周延，这
就要求大项在大前提中周延，而大项在大前提中是谓项，谓项
周延则必为否定判断，而大小前提都是否定判断则不能得出结
论，所以小前提是否定判断不能成立，所以小前提必须是肯定
判断，或者：

如果小前提是否定判断，则大前提必为肯定判断（因为两个否
定前提不能得结论）

④根据前提中有一个否定则结论否定，大项在结论中周延，而
大项在大前提中不周延，违反了"前提中不周延的项在结论中
不得周延"的规则，犯了"大项扩大"的错误。

⑤小前提否定假，所以小前提必须肯定。

八、综合题(每小题7分，共14分)

1.（一）由③得"李四与王五都出席会议"

$(\overline{p \vee q} \leftrightarrow p \wedge q)$…④

（二）由④得"李四出席会议"…⑤$(p \wedge q \rightarrow p)$

（三）由④得"王五出席会议"…⑥$(p \wedge q \rightarrow q)$

（四）由①与⑥得⑦"并非张三与李四都出席会议"（充分条件假言推理否定后件式）

（五）由⑦得："张三不出席会议或李四不出席会议"（$\overline{p \wedge q}$↔$\overline{p} \vee \overline{q}$)…⑧

（六）由⑧与⑤得"张三不出席会议"…⑨（选言推理否定肯定式）

（七）由②与⑨得"丁一不出席会议"（必要条件假言推理否定前件式）

　　所以张三不出席会议,丁一不出席会议。

说明:共七步:每步1分,共7分,无括号内的注释也给分。

2.$\underline{(M) \ O (P)}$

　$\underline{(M)(A)(S)}$

　∴S（O）P　　（推理过程略）

(五)山西省 1998 年上半年高等教育自学考试

普通逻辑试题

一、填空题(每空 1 分,共 10 分)

1.概念的(　　　　)是通过增加概念的内涵以缩小概念外延的一种逻辑方法。

2.根据普通逻辑的(　　　　　　　)律,若"王强是党员"为假,则"王强不是党员"为真;根据(　　　　　　)律,若"王强是党员"为真,则"王强不是党员"为假。

3.若同时肯定"甲班学生都是学英语的",和"甲班学生都不是学英语的"这两个判断,则违反(　　　　　)律的要求。

4."(p∧q)→p"这个推理是联言推理的(　　　　　)式。

5.根据包含复合判断的模态判断之间的等值关系进行推演,"不可能(p 并且非 q)等值于"必然(　　　　　)。

6.反证法是先论证与原论题相矛盾的判断为假,然后根据(　　　　　)确定原论题为真的论证方法。

7.当 S 与 P 的外延之间具有(　　　　)或(　　　　)关系时,SAP 和 SEP 都是假的。

8.在概念间的外延关系"全同、真包含于、交叉、矛盾"中,属于反对称关系的是(　　　　　),属于反传递关系的则应该是(　　　　　)。

二、单项选择题(每小题1分,共12分)

1. 如 A 是一个正概念,B 是一个负概念,则 A 与 B 的外延关系　　　　　　　　　　　　　　　　(　　　)
   A.必定是矛盾关系　　　　　B. 必定不是矛盾关系
   C.可能不是矛盾关系　　　　D. 不可能是矛盾关系

2. 在 a"青年是祖国的希望"和 b"青年应当又红又专"中,"青年"　　　　　　　　　　　　　　　(　　　)
   A.都是集合概念
   B. 在 a 中是集合概念,在 b 中不是
   C.都不是集合概念
   D. 在 a 中不是集合概念,在 b 中是

3. 如果甲判断与乙判断是矛盾关系,乙判断与丙判断也是矛盾关系,那么甲判断与丙判断是　　　　　　(　　　)
   A.可同真,可同假　　　　　B. 可同真,不可同假
   C.不可同真,可同假　　　　D. 不可同真,不可同假

4. "中国农民是热爱社会主义祖国的"这个性质判断是什么判断　　　　　　　　　　　　　　　　(　　　)
   A. 全称肯定　　　　　　　　B. 特称肯定
   C. 单称肯定　　　　　　　　D. 或全称肯定或特称肯定

5. 如果同时肯定"p∨q"和"p∧q",则(　　　)的逻辑要求
   　　　　　　　　　　　　　　　　　　　　　　　　　　(　　　)
   A. 违反同一律　　　　　B. 违反矛盾律
   C. 违反排中律　　　　　D. 不违反普通逻辑基本规律

6. 同时否定 SEP 和 SOP 则　　　　　　　　　　　　(　　　)
   A. 违反同一律　　　　B. 违反矛盾律

C. 违反排中律　　　D. 不违反逻辑基本规律的要求

7. "有的哺乳动物是有尾巴的,因为老虎是有尾巴的"是一有
效的省略三段论,其省略的判断可以是　　　　　（　　）

A. 有的哺乳动物不是老虎

B. 有的有尾巴的是哺乳动物

C. 有的哺乳动物没有尾巴

D. 所有老虎都是哺乳动物

8. 已知"甲队可能会战胜乙队",可推出　　　　　（　　）

A. 甲队必然战胜乙队

B. 并非"甲队必然不会战胜乙队"

C. 并非"甲队可能不会战胜乙队"

D. 并非"甲队必然会战胜乙队"

9. 以"□SAP"为前提,可以推出　　　　　　　　　（　　）

A. ◇SOP　　　　　　　B. $\overline{◇SAP}$

C. □SOP　　　　　　　D. $\overline{□SEP}$

10. "I 与 O 至少一真。因为若 A 判断真,则 I 判断真;若 A 判
断假,则 O 判断真;而 A 判断真或 A 判断假"。这个论证
　　　　　　　　　　　　　　　　　　　　　　　（　　）

A. 正确　　　　　　　B. 偷换论题

C. 论据虚假　　　　　D. 犯有"推不出"的错误

11. "如果二角对项,那么二角相等"可变换为等值于它的判断
是　　　　　　　　　　　　　　　　　　　　　（　　）

A. 如果二角不对项,那么二角不相等

B. 只有二角相等,二角才对项

C. 如果二角不相等,那么二角对项

D. 只有二角对项,二角才相等

12. 若"p∧q"与"p∨q"均假,则(　　)为真　　　　（　　）

A. p∧q　　　　　　　B. p∧$\bar{q}$

C.$\bar{p} \wedge q$　　　　　　　　D.$\bar{p} \wedge \bar{q}$

三、双项选择题(每小题2分,共20分)

1. 下列逻辑形式特征相同的判断组是　　　　　　　(　　)
   A. SEP 与 SIP　　B. $\overline{SAP}$ 与 SOP　　C. SAP 与 PAS
   D. SOP 与 POS　　E. $SA\bar{P}$ 与 SEP

2. 下列各组概念中,具有属种关系的是　　　　　　(　　)
   A. 判断——概念　　　　B. 逻辑常项——量项
   C. 太阳系——地球　　　D. 工人——矿工
   E. 《鲁迅全集》——《祝福》

3. 若"A 可以分为 B、C"是一正确的划分,则 B 与 C 的外延一
   定不能是　　　　　　　　　　　　　　　　　(　　)
   A. 全异关系　　　　　　B. 反对关系
   C. 矛盾关系　　　　　　D. 交叉关系
   E. 非属种关系

4. 断定一个性质判断的主项(S)周延而谓项(P)不周延,也就
   判定了该判断主项与谓项外延是(　　或　　) (　　)
   A. 全同关系　　　　　　B. S 真包含 P
   C. 交叉关系　　　　　　D. 全异关系
   E. S 真包含于 P

5. 下列具有反对称而传递性质的是　　　　　　　(　　)
   A. 全同关系　　　　　　B. 真包含于关系
   C. 全异关系　　　　　　D. 交叉关系
   E. 真包含关系

6. 下列不违反逻辑规律的断定是　　　　　　　(　　)
   A.SIP $\wedge$ SOP　　　B.$\Box P \wedge \overline{\diamondsuit P}$　　　C.$\overline{SAP \wedge SIP}$
   D.SEP $\wedge$ PAS　　　E.$\overline{(p \rightarrow q)} \wedge \bar{P}$

7. 下列推理形式中的有效式　　　　　　　(　　)
   A.或 p 或 q;非 p;所以 q

B.要么 p 要么 q;非 p;所以非 q

C.如果非 p 那么 q,p;所以 q

D.只有 p 才非 q;非 p;所以 q

E.只有 p 才 q;非 p;所以 q

8.以 $\bar{p} \wedge \bar{q}$ 为前提,再补上(或)为另一前提,则可以得出
结论 r   (   )

A.p∨q∨r   B.$\bar{r}$→(p∨q)

C.r→($\bar{p} \wedge \bar{q}$)   D.$\bar{p} \wedge \bar{q} \wedge \bar{r}$

E.p∨q∨$\bar{r}$

9.我国只有北京、天津、上海和重庆四个直辖市,北京人口超
过 700 万,天津人口超过 700 万,上海人口超过 700 万,重庆
人口也超过 700 万,因此,我国所有直辖市的人口都超过
700 万,这一推论属于(   )推理   (   )

A.必然性   B.或然性   C.假言

D.完全归纳   E.简单枚举归纳

10.类比推理是(   )的推理   (   )

A. 前提不蕴涵结论   B. 由个别到一般

C. 由一般到个别

D. 由个别到个别或是由一般到一般

E. 前提与结论有必然联系

四、多项选择题(每小题 2 分,共 6 分)

1. 下列关系判断中关系项既具有或对称性,又具有或传递性
的有   (   )

A. 张三批评李四   B. 张三认识李四

C. 张三喜欢李四   D. 张三不喜欢李四

E. 张三比李四高

2. 下列各式作为三段论第一格推理形式,有效的是   (   )

A. AAA   B. AEE   C. EAA

　　D. AII　　　　　E. EIO

3. 以下各组推理中有效的是　　　　　　　　　　（　　）

　　A. 他爱好足球,不爱好网球,所以他爱好足球不爱好网球

　　B. 要么他爱足球,要么他爱网球,他爱足球,所以他不爱网球

　　C. 他爱足球,或爱网球,他爱足球,所以他爱网球

　　D. 若他爱足球,那么他爱网球,他爱网球,所以他爱足球

　　E. 只有他爱足球才爱网球,他爱网球,所以他爱足球

五、图解题(每小题 3 分,共 6 分)

1. 用欧拉图表示下列标有横线概念间的外延关系:
《祝福》(A)是鲁迅(B)写的,不是巴金(C)写的,巴金是《家》的作者(D)。

2. 设 SAP 假,试用欧拉图表示 S 与 P 可能的各种外延关系。

六、表解题(6 分)

　　设命题 A 为"如果甲不是木工,则乙是泥工";B 为"只有乙是泥工,甲才是木工";命题 C 与 A 相矛盾。现要求用 P 代表"甲是木工",q 代表"乙是泥工",列出 A、B、C 三个命题形式的真值表,并回答当 B、C 同真时,甲是否为木工,乙是否为泥工?

七、分析题(每小题 4 分,共 20 分)

1. 断定一个复合判断为真,是否断定了其所有的肢判断为真? 试以两个肢判断的相容选言判断为例加以说明。

2. 若 S 真包含 P,试问以 S 为主项,P 为谓项的四个性质判断中,哪几个取值为真? 这些取值为真的判断中,哪几个可以进行有效的换位法推理? 请用公式表示这些换位推理。

3. 由下列(1)(2)两前提能否推演出结论(3)? 并用符号表示推理步骤。

(1)如果这次春游或去九寨沟,或去小三峡,那么小王要去,小李也要去。

(2)或者小王不要去,或者小李不要去。

(3)这次春游不去九寨沟。

4.下列公式是否正确表达了共变法? 为什么?

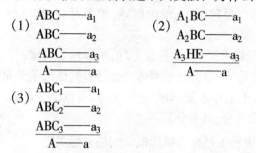

(1)
$$\begin{array}{l}\text{ABC}\text{——}a_1\\\text{ABC}\text{——}a_2\\\underline{\text{ABC}\text{——}a_3}\\\text{A}\text{——}a\end{array}$$

(2)
$$\begin{array}{l}A_1\text{BC}\text{——}a_1\\A_2\text{BC}\text{——}a_2\\\underline{A_3\text{HE}\text{——}a_3}\\\text{A}\text{——}a\end{array}$$

(3)
$$\begin{array}{l}\text{ABC}_1\text{——}a_1\\\text{ABC}_2\text{——}a_2\\\underline{\text{ABC}_3\text{——}a_3}\\\text{A}\text{——}a\end{array}$$

5.指出下列证明的论题和论据,并分析它是否正确?

"在有效三段论式中,凡前提中周延的项在结论中是周延的。因为 AAA 式在第一格是有效的,它的小项在前提和结论中都周延,EIO 式在四个格都有效,它的大项在前提和结构中都周延,所以前提中周延的项在结论中必周延"。

八、证明题(8分)

设 A 表示判断"所有精通逻辑的都精通英语",B 表示"所有精通英语的不精通数学",C 表示"有些精通数学的是精通逻辑的"。试证明:若 A 与 B 均真,则 C 假。

九、综合题(每小题6分,共12分)

1.已知下列四句中二真二假。请问:甲与乙是否考上大学? (写出推导过程)

(1)或者甲考上大学,或者乙考上大学。

(2)并非甲必然考不上大学。

(3)乙考上大学。

(4)并非甲可能考上大学。

2.已知下列(1)和(2)假,(3)和(4)真,问:D 是否获胜?

(1)A 和 B 两人中只有一人能获胜。

(2)如果 A 没有获胜,那么 B 就获胜。

(3)如果 C 未获胜,那么 A 就获胜。

(4)只有 D 获胜,C 才获胜。

　(写出推理过程)

附:1998 年上半年全国高等教育自学考试

普通逻辑试题答案与评分标准

一、填空题(第 1—6 小题,每小题 1 分,第 7、8 小题,每小题 2 分,
　共 10 分。)

1.限制　　　2.排中、矛盾　　　3.矛盾律　　　4.分解

5.如果 p,那么 q。或"并非(p 且非 q)"　　6.排中律

7.交叉、真包含

8.真包含于、矛盾(说明:第 7、8 小题每空 1 分)

二、单项选择题(每小题 1 分,共 12 分)

1.C　　2.B　　3.A　　4.C　　5.D　　6.C

7.D　　8.B　　9.A　　10.A　　11.B　　12.D

三、双项选择题(每小题 2,共 20 分)

1.CD　　2.BD　　3.BD　　4.AE　　5.BE

6.AC　　7.AD　　8.AB　　9.AD　　10.AD

四、多项选择题(每小题 2 分,共 6 分)

1.ABCD　　　2.ADE　　　3.ABE

五、图解题(每小题 3 分,共 6 分)

1.(图略)说明:画错一图扣 1 分,画错两图不给分。

2.(图略)说明:共四图。画对两图给 1 分;画对三图给 2 分,画

对四图给 3 分。

六、表解题(6分)

(1)列表略。列对前四列、$\overline{p} \rightarrow q$、$q \leftarrow p$、$\overline{p} \rightarrow q$ 各给 1 分,共 4 分。

(2)当 B、C 同真时,P 假,q 假,即甲不是木工(1分),乙不是泥工。(1分)

七、分析题(每小题4分,共20分)

1.(1)并未断定其所有肢判断为真。(1分)

(2)断定一有两个肢判断的相容选言判断为真,只是断定了下列三种情况之一:第一肢与第二肢均真;第一肢真而第二肢假;第一肢假第二肢真。后两种情况肢判断并未被断定均真。(3分)

2.(一)当 S 真包含 P 时 SIP 与 SOP 取值为真(2分)

(二)其中 SIP 可以换位推理,即 $SIP \rightarrow PIS$(2分)

3. $(p \vee p) \rightarrow (r \wedge s)$

$\overline{(r \wedge s)} \equiv \overline{r} \vee s$

$\therefore \overline{p \vee q} \equiv \overline{p} \wedge \overline{q}$

$\therefore \overline{p}$

能得结论(3)(1分)　　推理过程(3分)

4.均没有正确表达共变法(1分)。因为(1)式中,先行情况未发生变化(1分);(2)式中第三行先行情况出现了 HE(1分);(3)式中,先行情况 C 的量变引起后续现象 a 的量变,结论却断定先行情况 A 与 a 有因果联系(1分)。

5.论题:在有效三段论中,凡前提周延的项在结论中周延。(1分)

论据:AAA 式一例.EIO 式一例.(1分)

论证无效。(2分)

八、证明题(8分)

证明:(1)以 A 为大前提,B 为小前提进行三段论推理,可推出

D"所有精通数学的不精通逻辑"(3分)

(2)D 与 C 矛盾(3分)

PAM　　　　MES　　　　∴SEP　　　　(与 SIP 矛盾)

(3)所以,A 与 B 均真,则 C 假。(2分)

说明:以上步骤必须顺序出现,方可得分。

九、综合题(每小题6分,共12分)

1.a.(2)与(4)矛盾,必为一真一假。(2分)

　b.据 a 与题设、则(1)、(3)必为一真一假;

　c.若(3)真,则(1)真;这不合题意。(2分)

　d.(3)假,则乙未考上大学;(1分)

　据 c.(1)真,则甲考上大学。(1分)

2.a.根据充分条件假言判断的性质,(2)为假,则"A 与 B 均未获胜",由此可推出"A 未获胜"(2分)

　b.根据充分条件假言推理否定后件式,由(3)和(5)得出"C 获胜"(6)(2分)

　c.根据必要条件假言推理肯定后件式,由(4)和(6)得出"D 获胜"(2分)

　或:(1)假,即:$\overline{A \lor B} \equiv A \leftrightarrow B$

　(2)假,即:$\overline{A \to B} \equiv \overline{A} \land \overline{B} \therefore \overline{A}$(2分)

　(3)$\overline{C} \to A$　$\overline{A}$　　　∴C(2分)

　(4)D←C　　　C　　∴D(2分)

（六）山西省1999年上半年高等教育自学考试

普通逻辑试题

一、填空题(每小题1分,共10分)

1.在"并非如果p,那么q"中,逻辑常项是(　　　　　)。

2.若SAP取值为真,则SIP取值为(　　　　);若SOP取值为假,则SEP取值为(　　　　)。

3.在概念外延间的"同一"、"交叉"、"矛盾"关系中,属于反传递关系的是(　　　　　)关系。

4.用p表示"小王是大学生",q表示"小李是大学生",与"如果小王不是大学生,那么小李不是大学生"相等值的选言判断的逻辑形式是(　　　　　)。

5.由"$p \vee \bar{q}$"为假,可知P为(　　　　),q为(　　　　)。

6.已知$p \wedge (q \rightarrow r)$与$\bar{r}$均真,则p取值为(　　　　),q取值为(　　　　)。

7."$(p \wedge q) \rightarrow r$"和$\bar{r}$为前提进行充分条件假言推理,可必然得出结论(　　　　)。

8.间接反驳时,人们先论证与被反驳论题相矛盾或相反对的论题为真,然后根据(　　　　　　　)律确定被反驳的论题为假。

9.根据普通逻辑基本规律中的(　　　　)律,当"只有小王上场,甲队才能获胜"为真时,联言判断(　　　　　　)为假。

10.遵守三段论所有一般规则,是三段论形式有效的(　　　)条件。

二、单项选择题(每小题1分,共12分)

1."只有q才p"与"如果q则p"这两个判断形式含有　　(　　)
   A.相同的逻辑常项和变项
   B.不同的逻辑常项、相同的变项
   C.相同的逻辑常项、不同的变项
   D.不同的逻辑常项和变项

2."联言判断"可以概括为　　　　　　　　　　　(　　)
   A.联言推理　　　　B.复合判断
   C.选言判断　　　　D.负判断

3.如两个性质判断的变项完全相同,而常项完全不同,则这两个性质判断　　　　　　　　　　　　　　　(　　)
   A.可同真、可同假　　　　B.可同真,不同假
   C.不同真、可同假　　　　D.不同真,不同假

4.判断间的蕴涵关系,就其对称性和传递性看是　　(　　)
   A.对称但非传递　　　　B.对称但反传递
   C.反对称但传递　　　　D.非对称但传递

5.已知$p \leftarrow q$为假,则p与q的取值情况必为　　(　　)
   A.p与q都真　　B.p与q都假　　C.p真且q假　　D.p假且q真

6."张方不是钢铁工人,又不是石油工人"与"如果张方是钢铁工人,那么张方不是石油工人"这两个判断　　(　　)
   A.不可同真但可同假　　B.不可同假但可同真

C.可同真并且可同假　　　　D.不同真并且不同假

7.由前提"(p→q)∧(r→s)"和"p∨r",则可得出的结论是

（　　）

　　A.q∧s　　　　　　　　B.$\overline{q}$∧$\overline{s}$

　　C.q∨s　　　　　　　　D.$\overline{q}$∧$\overline{s}$

8.以"A∧B"和"B∨C"为前提进行演绎推理,可得出的结论是

（　　）

　　A.A∨B　　　　B.B∧C　　　　C.$\overline{C}$∧B　　　　D.C∧A

9.简单枚举归纳推理和类比推理都属于（　　）推理。

　　A.演绎　　　B.直接　　　C.必然性　　　D.或然性

10.下列公式中,恰当地表达了 A 与 I 的真假关系的是　（　　）

　　A.A→I　　　　B.A∨I　　　　C.A←I　　　　D.A∨I

11.下列属于逻辑划分的是　　　　　　　　　　　　　（　　）

　　A.三段论分为大前提、小前提和结论

　　B.思维形式分为概念、判断和推理

　　C.关系判断分为关系项、关系者项和量项

　　D.定义分为被定义项、定义项和定义联项

12."所有 P 不是 M,有的 S 是 M,所以有的 S 不是 P"这一推理
　　形式是　　　　　　　　　　　　　　　　　　　　（　　）

　　A.第一格的 EIO 式

　　B.第二格的 EIO 式

　　C.第三格的 AII 式

　　D.第四格的 EIO 式

三、双项选择题（每小题 2 分,共 20 分。）

1.在"中国人死都不怕,还怕困难吗?"中,"中国人"是　（　　）

　　A.单独概念　　　　　　　B.集合概念

　　C.非集合概念　　　　　　D.普遍概念　　　　　E.负概念

2.若"A 可以分为 B、C、D"是一正确的划分,则 B 与 C 的外延一

定是　　　　　　　　　　　　　　　　　　（　　）

A.矛盾关系　　　　　　　　B.属种关系

C.交叉关系　　　　　　　　D.反对关系　　　E.全异关系

3.下列关系概念中属于非传递关系的是　　　　　　　（　　）

A.概念间的全同关系　　　B.判断间的不同真关系

C.概念间的矛盾关系　　　D.判断间的蕴涵关系

E.概念间的交叉关系

4.当 S 与 P 具有（　　）或（　　）时,SIP 与 SAP 同真　　（　　）

A.全同关系　　　　　　　　B.S 真包含于 P 关系

C.交叉关系　　　　　　　　D.S 真包含 P 关系　　　E.全异关系

5.在下列五个判断中,与"非 p 或者非 q"等值的判断是（　　　）

A.并非(非 p 并且非 q)　　　B.并非(p 并且 q)

C.如果 p,那么非 q　　　　　D.如果非 q,那么 p

E.如果非 p,那么 q

6.同时断定"明天必定刮风"和"明天可能不刮风"则　　（　　）

A.违反了矛盾律　　　　B.违反了排中律

C.既违反了矛盾律,又违反了排中律

D.或者违反矛盾律,或者违反排中律

E.既不违反矛盾律,又不违反排中律

7.由前提"$(p \wedge q) \leftarrow r$"再加上前提（　　）,可必然推出结论 $\overline{r}$

　　　　　　　　　　　　　　　　　　　　　　　　（　　）

A.$p \wedge q$　　　　　　　　B.$p \vee q$　　　　　　　C.$\overline{p} \vee \overline{q}$

D.$\overline{p \vee q}$　　　　　　　E.$\overline{p \wedge q}$

8.以"不可能 P"为前提,可推出　　　　　　　　　　（　　）

A.不必然非 P　　B.可能 P　　　　　C.必然 P

D.可能非 P　　　E.必然非 P

9."科学是有用的,逻辑学是科学,所以,逻辑学是有用的"这一

推理不是（　　）也不是　　　　　　　　　　　　（　　）

A.演绎推理　　　　B.必然性推理　　　　C.间接推理

D.直接推理　　　　E.或然性推理

10.下列断定中,作为正确论证的必要条件的是　　　　　　　(　　)

　　A.论题必然保持同一

　　B.论据中不能包含假言判断

　　C.论据必须真实可靠

　　D.论证方式必须是演绎推理

　　E.论题不能是或然判断

四、多项选择题(错选、多选、漏选均不得分。每小题2分,共6分)

1.下列主项或谓项属于负概念的判断是　　　　　　　　(　　)

　　A.尼泊尔不是非洲国家　　B."批评"是非传递关系

　　C.脚踏车是非机动车　　　D.非集合概念都是概念

　　E.非模态判断是不含模态词的判断

2.一个有效的三段论,如果它的结论是否定的,则它的大前提
　　不能是　　　　　　　　　　　　　　　　　　　　(　　)

　　A.MAP　　　　　B.MIP　　　　　C.PIM

　　D.POM　　　　　E.PEM

3.以 SEP 为推理前提,不能推出　　　　　　　　　　(　　)

　　A.PA$\bar{\text{S}}$　　　　　B.SIP　　　　　C.$\bar{\text{S}}$OP

　　D.PE$\bar{\text{S}}$　　　　　E.SOP

五、图解题(每小题3分,共6分)

1.设 S 与 P 交叉,M 与 P 全异。用欧拉图表示 S、M、P 三概念
　　间各种外延关系。

2.设 M 真包含于 S,所有 M 不是 P。用欧拉图表示 S、M 与 P 的
　　各种外延关系。

六、表解题(共6分)

用真值表回答,当下面 A、B、C 三判断不同真时,可否断言小金
是否当选班长,可否断言小赵是否当选学习委员?

A.小金不当选班长或小赵当选学习委员。

B.小赵当选学习委员。

C.小金当选班长或小赵当选学习委员。

(p为"小金当选班长",q为"小赵当选学习委员")

七、分析题(每小题4分,共20分)

1.试分析下列两个二分法是否正确? 为什么?

(1)关系可分为对称关系与非对称关系;

(2)判断可分为模态判断与非模态判断。

2.下列议论是否有逻辑错误? 为什么?

并非一切判断都是真的,但我认为有些判断是真的。

3.列出下列推理的形式结构,并分析是否有效?

人只有坚定才能出成就,他出了成就,所以他是坚定的。

4.日本奥平雅彦教授用180只老鼠分三组实验,第一组投用含有黄曲霉素BI的食物和普通饮用水;第二组投用同样的食物和稀释的酒精;第三组投用不含黄曲霉素BI的食物和普通饮用水。一段时间后将这些老鼠解剖,第三组没有一只老鼠患肝癌,第一组和第二组肝癌发生率很高,第一组老鼠一年零三个月以后出现前癌病变,而第二组一年以后就出现前癌病变。可见,黄曲霉素BI是强烈的致肝癌物,与酒精并用就更强烈。奥平雅彦教授得出如上结论使用了那些求因果联系方法。

5.指出下列论证的论点和论据,并分析此论证是否正确。

对于有效三段论而论,如果一个项在结论中不周延,那么该项在前提中也不周延。因为,在有效三段论中,如果一个项在前提中不周延,那么该项在结论中不得周延。

八、证明题(8分)

用选言证法证明:小前提是O判断的有效三段论必定是第二格。

九、综合题(每小题6分,共12分)

1.A、B、C三人从政法大学毕业后,一个当上了律师,一个当上了法官,另一个当上了检察官。但究竟担任什么司法工作,人们开始不清楚,于是作了如下猜测:

甲:A当上了律师,B当上了法官。

乙:A当上了法官,C当上了律师。

丙:A当上检察官,B当上了律师。

后来证实,甲、乙、丙三人的猜测都只对了一半。请问:A、B、C各担任什么司法工作?写出推导过程。

2.根据下列已知条件,请问,小张与小王谁的年龄大?写出推导过程。

(1)要么小张和小李同岁(p),要么小张比小李大(q)。

(2)只有小李比小王大(r),小张才和小李同岁。

(3)如果小张比小李大,则小赵比小李大(s)。

(4)小赵不比小李大。

附:山西省 1999 年上半年高等教育自学考试

普通逻辑试题答案与评分标准

一、填空题(每小题1分,若1题中有两空,须全对才给分,共10分)

1.并非(如果…那么…)   2.真、假   3.矛盾

4.p∨q̄   5.假、真   6.真、假   7.p̄∨q̄(或p̄∧q̄)

8.矛盾   9.矛盾、小王不上场而甲队获胜   10.充分必要

二、单项选择题(每小题1分,共12分)

  1.B   2.B   3.D   4.D   5.D   6.C

  7.B   8.C   9.D   10.A   11.B   12.B

三、双项选择题(每小题2分,共20分)

  1.AB   2.DE   3.BE   4.AB   5.BC   6.AD

  7.CE   8.DE   9.DE   10.AC

四、多项选择题(每小题2分,共6分)

  1.CDE   2.ABCD   3.BCD

五、图解题(每小题3分,共6分) 说明:每图1分(图略)

六、表解题(共6分)(表略)

    据表,不可断言小金是否当选班长(1分)。可断言小赵没当选学习委员(2分)。

    说明:列对"$\overline{p} \vee q$""$\overline{q}$""$p \vee q$"各给1分。

七、分析题(每小题4分,共20分)

  1.(1)不正确(1分),子项之和不等于母项 (1分)。

      (2)正确(1分),符合划分规则 (1分)。

  2.此议论没有逻辑错误。(1分)

    因为"并非一切判断都是真的"等值于"有些判断不是真的"。(1分)"有些判断不是真的"与"有些判断是真的"具有下反对关系,可以同真。(2分)

  3.$(p \leftarrow q) \wedge q \rightarrow p$(2分)   有效(1分)   必要条件假言推理肯定后件式。(1分)

  4.运用求同求异并用法得出结论:黄曲霉素BI是强烈致肝癌物。(3分)

    再求异,得出结论:黄曲霉素BI与酒精并用,致癌作用更强烈。(1分)

  5.论点:有效三段论中,在结论中不周延的,在前提中不周延。(1分)

论据:有效三段论中,在前提中不周延,在结论中不周延。
(1分)

方式:不正确,当 p→q 真时,q→p 不必然真。(2分)

八、证明题(共8分)

小前提是 O 判断的有效三段论,或是第一格,或是第二格,或是第三格,或是第四格。(1分)

小前提是 O 判断的有效三段论不能是第一格,也不能是第三格,因为如果是第一格或第三格,则根据第一、三格的规则,小前提必须肯定,而 O 判断是否定的;否则犯大项扩大的错误。(4分)

小前提是 O 判断的有效三段论不能是第四格,因为如是第四格,则根据第四格的规则,O 判断不能做前提,否则犯中项不周延或大项扩大的错误。(2分)

此三段论既然不是第一、三、四格,所以只能是第二格。(1分)

九、综合题(每小题6分,共12分)

1.设:律师为1,法官为2,检察官为3。

则:甲:A1∧B2　　乙:A2∧C1　　丙:A3∧B1(1分)

如 A1 为真,则 A2 与 C1 都假,不合题意。∴ A1 为假,则 B2 为真。(2分)

如 B2 为真,则 B1 为假,A3 为真。(2分)A3,B2 则 C1 为真。(1分)

答:A3,A 为检察官。B2,B 为法官。C1,C 为律师。

2.将条件符号化为(1)p∨q　　(2)r←p　　(3)q→s　　(4)s̄
(1分)

由(3)+(4)得(5)q̄(1分)　由(1)+(5)得(6)p(1分)　由(6)+(2)得(7)r(1分)由(6)+(7)得小张比小王大。(2分)

(七)山西省 2000 年上半年高等教育自学考试

普通逻辑试题

本试题分两部分,第一部分为选择题,1 页至 4 页,第二部分为非选择题,4 页至 8 页,共 8 页;选择题 36 分,非选择题 64 分,满分 100 分。考试时间 150 分钟。

第一部分　选择题

一、单项选择题(本大题共 10 小题,每小题 1 分,共 10 分。在每小题列出的四个选项中只有一个选项是符合题目要求的,请将正确选项前的字母填在题后的括号内)

1. 如果 A 与 B 两个判断的变项相同,则它们的常项　　　(　　)
　　A. 可能相同　　　　　　　　B. 不可能相同
　　C. 不可能不同　　　　　　　D. 一定相同

2. 如两个性质判断的变项完全相同,而常项完全不同,则这两个性质判断　　　　　　　　　　　　　　　(　　)
　　A. 可同真,可同假　　　　　B. 可同真,不同假

C. 不同真,可同假　　　　　　D. 不同真,不同假

3. 已知"甲队可能会战胜乙队",可推出　　　　　　　　(　　)

A. 甲队必然战胜乙队

B. 并非"甲队必然不会战胜乙队"

C. 并非"甲队可能不会战胜乙队"

D. 并非"甲队必然会战胜乙队"

4. 在(a)p∧q→p∨q和(b)(p→q)→($\overline{q}$→$\overline{p}$)两个推理形式中,其是否有效的情况是　　　　　　　　　　　　　　　　(　　)

A.(a)(b)均有效　　　　　　B.(a)(b)均无效

C.(a)为有效,(b)为无效　　　D.(a)为无效,(b)为有效

5. 求同求异并用法的特点是　　　　　　　　　　　　(　　)

A. 先求同后求异　　　　　　B. 先求异后求同

C. 两次求同,一次求异　　　　D. 两次求异,一次求同

6. 与简单枚举归纳推理相比,科学归纳推理可靠性程度

(　　)

A. 降低　　B. 提高　　C. 相同　　D. 有高有低

7. 南极的企鹅是"滑雪健将",每小时能滑雪 30 千米。人们观察企鹅滑雪时让肚皮贴在雪面上,雪面承受全身重量,双脚作"滑雪杖"蹬动。人们由此设计了"极地汽车",车身贴在雪面上,两边的"轮勺"做"滑雪杖",这样,极地越野汽车试制成功了,时速可达 50 千米,比企鹅还快。这一陈述中包含了(　　)推理。(　　)

A. 演绎　　　B. 归纳　　　C. 类比　　　D. 模态

8. 反证法与间接反驳　　　　　　　　　　　　　　　(　　)

A. 根据的都是矛盾律

B. 前者根据矛盾律后者根据排中律

C. 根据的都是排中律

D. 前者根据排中律后者根据矛盾律

9."I 与 O 至少一真。因为若 A 判断真,则 I 判断真;若 A 判

断假,则 O 判断真;而 A 判断真或 A 判断假"。这个论证　　(　　)

    A. 正确　　　　　　　　　　B. 偷换论题

    C. 论据虚假　　　　　　　　D. 犯有"推不出"的错误

10."如果二角对顶,那么二角相等"可变换为等值于它的判断

是　　　　　　　　　　　　　　　　　　　　　　　　(　　)

    A. 如果二角相等,那么二角对顶

    B. 只有二角相等,二角才对顶

    C. 如果二角不相等,那么二角对顶

    D. 只有二角对顶,二角才相等

二、双项选择题(本大题共 10 小题,每小题 2 分,共 20 分。在每小题列出的五个选项中有二个选项是符合题目要求的,请将正确选项前的字母填在题后的括号内)

    11. 下列逻辑形式特征相同的判断组是　　　　　　　(　　)

    A.SEP 与 SIP　　B. $\overline{SAP}$ 与 SOP　　C.SAP 与 PAS

    D.SOP 与 POS　　E.SA$\overline{P}$ 与 SEP

    12. 若"A 可以分为 B、C"是一正确的划分,则 B 与 C 的外延一定不能是　　　　　　　　　　　　　　　　　　　　(　　)

    A. 全异关系　　B. 反对关系　　C. 矛盾关系

    D. 交叉关系　　E. 非属种关系

    13. 下列表示"划分"概念内涵的语句是　　　　　　(　　)

    A. 什么是划分

    B. 划分是把一个属概念,按一定的标准分成若干种概念,以明确该属概念外延的逻辑方法

    C. 划分包括母项、子项和根据三个要素

    D. 划分按层次可分为一次划分和连续划分

    E. 正确的划分是遵守划分规则的

    14. 断定一主项与谓项均周延的性质判断为真,则断定了主项与谓项具有(　　)关系或(　　)关系　　　　　　(　　)

A. 同一 　　　　B. 交叉 　　　　C. 真包含

D. 矛盾 　　　　E. 反对

15. 下列公式中，与 $\bar{p} \wedge q$ 等值的有 　　　　　　（　　）

A. $\overline{\overline{p} \rightarrow \overline{q}}$ 　　　　B. $\overline{p} \wedge \overline{q}$ 　　　　C. $\overline{p \leftarrow q}$

D. $\overline{\bar{p} \rightarrow q}$ 　　　　E. $\overline{p \leftarrow \rightarrow q}$

16. 如 $p \rightarrow q, p \leftarrow q$ 和 $p \leftarrow \rightarrow q$ 都真，则（　　）或（　　）　（　　）

A. p 真 q 真 　　　　B. p 真 q 假 　　　　C. p 假 q 真

D. p 假 q 假 　　　　E. p 与 q 至少一真

17. 下列违反矛盾的断定是 　　　　　　　　　　　　（　　）

A. $SAP \wedge SE\overline{P}$ 　　　　B. $SIP \wedge SO\overline{P}$ 　　　　C. $\square P \wedge \diamondsuit \overline{P}$

D. $\overline{SAP} \wedge \overline{SEP}$ 　　　　E. $SAP \wedge \overline{SIP}$

18. 设 SOP 假，则下列为真的是 　　　　　　　　　　（　　）

A. $SI\overline{P}$ 　　　　B. $SE\overline{P}$ 　　　　C. SIP

D. $\overline{SAP}$ 　　　　E. SEP

19. 完全归纳推理是一种（　　）、（　　）推理。　　　（　　）

A. 必然性 　　　　B. 或然性 　　　　C. 科学归纳

D. 求因果 　　　　E. 从个别到一般的

20. 下列判断中，作为正确论证的必要条件的是 　　　　（　　）

A. 论题必须保持同一 　　B. 论据中不能包含假言判断

C. 论据必须真实可靠 　　D. 论证方式必须是演绎推理

E. 论题不能是或然判断

三、多项选择题(本大题共 3 小题，每小题 2 分，共 6 分。在每小题列出的五个选项中有二至五个选项是符合题目要求的，请将正确选项前的字母填在题后的括号内。多选、少选、错选均无分)

21. 概念外间的下列关系中，属于对称关系的是 　　　（　　）

A. 同一关系 　　　　　　B. 真包含关系

C. 真包含于关系 　　　　D. 交叉关系

E. 全异关系

22. 在下列断定中,违反矛盾律要求的有 （ ）

    A. $(p \rightarrow q) \land (p \land \bar{q})$ B. $(p \leftarrow q) \land (\bar{p} \land q)$

    C. $(p \land q) \land (\bar{p} \lor \bar{q})$ D. $(p \lor q) \land (\bar{p} \lor \bar{q})$

    E. $(p \land q) \land (\bar{p} \land \bar{q})$

23. 下列不属于违反论证规则"论据应当是已知为真的判断"的逻辑错误是 （ ）

    A. 论据虚假   B. 论证过多   C. 论题模糊

    D. 预期理由   E. 论证过少

第二部分 非选择题

四、填空题(本大题共10小题,每小题1分,共10分)

24. 就概念的外延关系而言,"青年教师"与"中年律师"具有（　　　）关系,"非对称关系"与"传递关系"具有（　　　）。

25. 当S与P的外延间具有（　　　）关系或（　　　）关系时,并非SOP为真。

26. "必然"、"可能"是逻辑常项,称为（　　　）词。

27. 若p为任意值(真或假),要使 $p \rightarrow q$ 真,则q应取值为（　　　）;要使 $p \leftarrow q$ 真则q应取值为（　　　）。

28. 根据普通逻辑基本规律中的（　　　）律,当"只有小王上场,甲队才能获胜"为真时,联言判断（　　　）为假。

29. 已知R为反对称关系,由aRb为前提,可必然推出结论（　　　）。

30. 已知一有效第四格三段论的结论为E判断,则这一三段论的式是（　　　）式。

31. 根据包含复合判断的模态判断之间的等值变形规则,进行推演的模态推理,"不可能(p并且非q)"等值于"必然（　　　）"。

32. "$(\overline{p \land q}) \rightarrow r$"和 $\bar{r}$ 为前提进行充分条件假言推理,可必然得出结论（　　　）。

33. 假说就是以(　　　　　　)和(　　　　　　)为依据,对于未知的事物规律性所作的假定解释。

五、图解题(本大题共2小题,每小题3分,共6分)

34. 用欧拉图表示下列标有横线概念间的外延关系:

《祝福》(A)是<u>鲁迅</u>(B)写的,不是<u>巴金</u>(C)写的,巴金是《<u>家</u>》的<u>作者</u>(D)。

35. 设SAP̄假,试用欧拉图表示S与P各种外延关系。

六、表解题(本大题共1小题,共6分)

36. 设命题A为"如果甲不是木工,则乙是泥工";命题B为"只有乙是泥工,甲才是木工"命题C与A相矛盾。现要求用P代表"甲是木工",q代表"乙是泥工","列出A、B、C三个命题形式的真值表,并回答当B、C同真时,甲是否为木工,乙是否为泥工?

p　q			
真　真			
真　假			
假　真			
假　假			

七、分析题(本大题共6小题,共22分)

37.(3分)试分析说明"甲班学生"在下列语句中,哪些表示集合概念,哪些不表示集合概念。

(1)甲班学生是从华东六省来的;

(2)小刘是甲班学生;

(3)甲班学生都应当努力学习。

38.(4分)下列各组概念中,哪些不具有属种关系?为什么?

A 判断—复合判断　　　B 联言判断—联言肢

B 三段论—大前提　　　D 中国—江苏省

39.(4分)甲断定"全班都学英语"为真,乙断定"全班同学都不学英语"为假,甲的断定和乙的断定是不是等值？为什么？

40.(4分)圈出下述多重复合判断中的逻辑常项,并用 p、q、r 等作为变项,写出它们的逻辑形式。

(1)若气体质量不变且压力不变,则气体的绝对温度与体积成正比。

(2)只有发展教育才能提高国民素质,并且只有发展教育才能发展科技事业。

41.(4分)根据普通逻辑基本规律的知识,分析下述对问题的回答犯有什么逻辑错误,为什么？

在一个荒野上没有一个人,一棵大树突然倒在了野地上。

问:在大树倒下时,有没有响声？

答:没有。因为没有一个人在哪儿,当然听不到什么响声。

42.(3分)写出下列推理的形式结构,并分析其是否有效。

如果他基础好并且学习努力,那么他能取得好成绩;他没有取得好成绩,所以,他基础不好,学习也不努力。

八、证明题(本大题共 1 小题,共 8 分)

43.用反证法证明:有效三段论第四格的大小前提都不能是 O 判断。

九、综合题(本大题共 2 小题,每小题 6 分,共 12 分)

44.已知下列四句中恰有两句是真的。

(1)甲班所有人是上海人。

(2)甲班赵云是上海人。

(3)甲班有人是上海人。

(4)甲班有人不是上海人。

问:能否确定甲班赵云是否是上海人？写出推理过程。

45.已知:(1)"只有张明没得奖或李东没得奖,王洪和高亮才得奖"。

(2)"王洪没得奖或高亮没得奖"是不真的。

　　(3)"李东得奖了"。

　　问:由上述议论能确定张明、王洪、高亮谁得奖? 谁未得奖?
(写出推导过程和推导根据)

附:山西省 2000 年上半年高等教育自学考试

普通逻辑试题答案与评分标准

一、单项选择题(本大题共 10 小题,每小题 1 分,共 10 分)

　　1.A　2.D　3.B　4.A　5.C　6.B　7.C　8.D　9.A　10.B

二、双项选择题(本大题共 10 小题,每小题 2 分,共 20 分)

　　11.CD　12.BD　13.BC　14.DE　15.AC　16.AD　17.AE
　　18.BC　19.AE　20.AC

三、多项选择题(本大题共 3 小题,每小题 2 分,共 10 分)

　　21.ADE　22.ABCE　23.BCE

四、填空题(本大题共 10 小题,每小题 1 分,共 10 分)

　　24. 全异　　交叉

　　25. 同一　　S 真包含于 P

　　26. 模态

　　27. 真　　　假

　　28. 矛盾　　小王不上场而甲队获胜

　　29. $\overline{bRa}$

　　30. AEE

　　31. 如果 p,那么 q。(或并非(p 且非 q))

　　32. $\overline{(p \lor q)}$　(或 $p \land q$)

　　33. 已有的事实材料、科学原理

五、图解题(本大题共2小题,每小题3分,共6分)

34. 答案略。

【评分标准】全对给3分,错一处扣1分。其他情况酌情给分。

35. 答案略。

【评分标准】全对给3分,少一个图扣1分。其他情况酌情给分。

六、表解题(本大题共1小题,共6分)

36. 1)列表:

p	q	$\bar{p}$	$\bar{q}$	$\bar{p}\rightarrow q$	$q\leftarrow p$	$\overline{\bar{p}\rightarrow q}$(或$\bar{A}$)	
1	1	0	0	1	1	0	
1	0	0	1	1	0	0	
0	1	1	0	1	1	0	(4分)
0	0	1	1	0	1	1	

2) 当B,C同真时,P=0,q=0,即甲不是木工,乙不是泥工。(2分)

七、分析题(本大题共6小题,共22分)

37.(1)是集合,(2)、(3)非集合。

38.B,C,D,都不是属种关系。

"联言判断"与"联言肢"是整体与其一部分的关系;"三段论"与"大前提","中国"与"江苏省"也是有机整体与部分关系。

【评分标准】(B,C,D)三者,答对1,2,3个,分别给1,3,4分)

39. 不等值(1分)

因为从甲的断定可必然推出乙的断定,但从乙的断定不能必然推出甲的断定(3分)

【评分标准】(注:若答甲的断定与乙的断定不具同等含义,并

正确说明理由,给满分)

40. (1)(p∧q)→r　(1分)

　　(2)(s←t)∧(s←h)　(1分)

其中(1)"若","且","则"及(2)中"只有","才","且","只有","才"为逻辑常项　(2分)

41. (1)违反同一律,,犯有转移论题的错误。(2分)

　　(2)因为"没有响声"与"听不到"不是同一问题。(2分)

42. (1)　$\dfrac{p\wedge q\to r}{\overline{r}}$

　　　　$\overline{\overline{p\wedge q}}$　　(2分)

　　(2)无效　　　　　　　(1分)

八、证明题(本大题共1小题,共8分)

43. (一)设第四格的大前提是 O 判断,即 POM,(1分)

　　　　则 P 在其中不周延　　　　　　　(1分)

　　(二)如大前提是 POM,则结论必否定,因为根据规则前提有一否定,结论必否定,(1分)

　　　　这样,P 在结论中就是周延的,于是犯大项 P 不当周延的错误,(1分)

　　　　所以,大前提不能是 O 判断。

　　(三)设第四格的小前提是 O 判断,即 MOS(1分)

　　　　则 M 在其中不周延　　　　　　　(1分)

　　(四)如小前提是 O 判断,是大前提必须肯定,因为两个否定前提不能得结论(1分)而大前提肯定的话,因为第四格中 M 在大前提中作谓项,所以 M 不周延,于是中项 M 两次不周延　　　(1分)

　　　　所以小前提也不能是 O 判断

九、综合题(本大题共2小题,每小题6分,共12分)

44. (一)(1)SAP

(2)SaP

(3)SIP

(4)SOP

(二)如(1)真,则(2),(3)都真,这样三句真,不合题意

　　∴(1)假　　　　　　　　　　　　　　(2分)

(三)∵(1)与(4)矛盾,必有一真一假

　　(1)假,则(4)真　　　　　　　　　　(1分)

(四)如(2)真,则(3)真,已证(4)真,这样有三句真

　　∴(2)假

　　∴(3)真　　　　　　　　　　　　　(2分)

(五)(2)假即(SaP),SeP

　　赵云不是上海人　　　　　　　　　　(1分)

或:(一)设(2)真,则(3)真;　　　　　　　(2分)

　　(二)(1)、(4)矛盾,其中必有一真;　　(2分)

　　(三)于是四句中有三句真,不合题意,即(2)为假,

　　赵云不是上海人。(2分)

45.(一)根据复合判断的负判断及其等值判断间关系(1

　　　分),由(2)得出(4)"王洪和高亮得奖了"(1分)

　　(二)根据必要条件假言推理肯定后件式(1分),由(1)

　　　和(4)得出(5)"张明没得奖或李东没得奖"(1分)

　　(三)根据相容选言推理否定肯定式(1分),由(3)和(5)

　　　得出:张明没得奖(1分)

(八)山西省 2001 年上半年高等教育自学考试

普通逻辑试题

一、单项选择题(在下列每小题四个备选答案中选出一个正确答案,并将其字母标号填入题干的括号内。每小题 1 分,共 15 分)

1."所有 S 都是 P"与"有 M 不是 N"这两个逻辑形式它们

( )

　A. 变项和逻辑常项都相同

　B. 变项不同但逻辑常项相同

　C. 逻辑常项不同但变项相同

　D. 变项和逻辑常项都不同

2. 属概念与种概念的内涵与外延之间的关系是　　　( )

　A. 反对关系　　　　　　　B. 真包含于

　C. 交叉　　　　　　　　　D. 反变

3. 相同素材的 A 判断与 I 判断之间的关系是　　　( )

　A. 反对关系　　　　　　　B. 矛盾关系

　C. 差等关系　　　　　　　D. 下反对关系

4. 判断间的矛盾关系,应是(　　　)关系

　　A. 对称且传递　　　　　　　B. 对称且非传递

　　C. 非对称且传递　　　　　　D. 对称且反传递

5. 对一充分条件假言判断来说,如果其(　　　),那么该判断一定为假　　　　　　　　　　　　　　　　　　　　　(　　　)

　　A. 前件真,后件真　　　　　　B. 前件真,后件假

　　C. 前件假,后件假　　　　　　D. 前件假,后件真

6. 在一次讨论中,某人说:"我虽然完全同意你的看法,但还有一点不同意见。"这一说法　　　　　　　　　　　　　(　　　)

　　A. 违反同一律　　　　　　　　B. 违反矛盾律

　　C. 违反排中律　　　　D. 不违反普通逻辑的基本规律

7. 直接推理"SAP→S$\overline{E}$P"属于(　　　)推理　　　(　　　)

　　A. 换质法　　　　　　　　　　B. 换位法

　　C. 换质位法　　　　　　　　　D. 换位质法

8. "$(p \rightarrow q) \wedge (r \rightarrow s) \wedge (p \vee r) \rightarrow q \vee s$"这一推理式是　　(　　　)

　　A. 二难推理的简单构成式　　B. 二难推理的简单破坏式

　　C. 二难推理的复杂构成式　　D. 二难推理的复杂破坏式

9. "明天必然刮风,所以,明天不可能不刮风。"该推理是

　　　　　　　　　　　　　　　　　　　　　　　　　(　　　)

　　A. 联言推理　　　　　　　　　B. 二难推理

　　C. 模态推理　　　　　　　　　D. 三段论推理

10. 类比推理不是一种(　　　)推理　　　　　　　　(　　　)

　　A. 必然性　　　　　　　　　　B. 或然性

　　C. 结论超出前提范围的　　　　D. 个别到个别的

11. "所有的朋友都相信我,你是我的朋友,所以你也相信我。"这一推理的结构与下列(　　　)推理结构相同　　　　(　　　)

　　A. 所有毒品对人类都是极端有害的,艾滋病对人类也是极端有害的,所以,艾滋病是毒品

B.所有的正常人都应有理性思维,你是正常人,所以,你应有理性思维

C.凡真理都是经过实验检验被证明为正确的,燃素说是经过实践检验被证明为错误的,所以,燃素说不是真理

D.如果你相信我,你就是我的朋友,你不相信我,所以你不是我的朋友

12.不可能所有的错误都能避免。以下最接近于上述断定的含义是　　　　　　　　　　　　　　　　　　　　(　　)

A.有的错误必然不能避免

B.有的错误必然能避免

C.所有的错误必然都不能避免

D.所有的错误可能都不能避免

13.某招待所报案失窃巨款。保安人员经过周密调查,得出结论是前台经理孙某作的案。所长说:"这是最不可能的。"保安人员说:"当所有其他的可能性都被排除了,剩下的可能性不管看来是多么不可能,都一定是事实。"以下各项如果为真,则最有力地动摇保安人员说法的项是　　　　　　　　　　　　(　　)

A.孙某是该招待所公认的优秀经理

B.保安人员事实上不可能比所长更了解自己的经理

C.保安人员无法穷尽所有的可能性

D.对非法行为惩处的根据,不能是逻辑推理,而只能是证据

14.大会主席宣布:"此方案没有异议,大家都赞同、通过。"如果大会主席宣布的不是事实,则下面必为事实的是　　(　　)

A.大家都不赞同此方案

B.有少数人不赞同此方案

C.至少有人不赞同此方案

D.至少有人赞同此方案

15. 小王和小李关于抽烟有如下对话：

小王："我想，你不应该反对我抽烟。"

小李："这很难说。"

小王："至少我没有反对你抽烟啊！"

小王的话中隐含的前提是 （ ）

A. 抽烟有害健康

B. 抽烟对健康没有多大危害

C. 抽烟者对不抽烟者没有多大影响

D. 如果我不反对你抽烟,那么你也不应该反对我抽烟

二、双项选择题(在下列每小题五个备选答案中选出二个正确答案,并将其字母标号填入题干的括号内。每小题2分,共20分)

1. 当S与P具有（ ）关系或（ ）关系时,SAP为假但SIP为真 （ ）

A. 全同　　　　B.S真包含P　　　　C.S真包含于P

D. 交叉　　　　E. 全异

2. "这个单位已发现有育龄职工违纪超生。"

如果上述断定是真的,则在下列断定中不能确定真假的是

（ ）

A. 这个单位没有育龄职工不违纪超生

B. 这个单位所有育龄职工都不违纪超生

C. 这个单位有的育龄职工没违纪超生

D. 这个单位有的育龄职工不是没有违纪超生

E. 这个单位没有一个育龄职工是违纪超生的

3. "甲班没有同学不是团员"和"甲班所有同学都不是团员",这两个性质判断 （ ）

A. 不能同真,可以同假　　　B. 不能同假,可以同真

C. 既不能同真,也不能同假

D. 至少有一假,可能全假

　　E. 至少有一真,可能全真

　　4. 要使判断 p∨q→r 为假,则可能的条件有　　　　　(　　)

　　　　A.p、q、r 皆真　　　B.p、q、r 皆假　　　C.p 真而 q、r 为假

　　　　D.q 真而 p、r 为假　　　E.r 真而 p、q 为假

　　5. 以 PAM 为大前提,再增补(　　)或(　　)为小前提,可有效推

出结论 SOP　　　　　　　　　　　　　　　　　　(　　)

　　　　A.SAM　　　　B.SEM　　　　C.SIM

　　　　D.SOM　　　　E.MOS

　　6. 判断"p←q"的负判断的等值判断是　　　　　　(　　)

　　　　A.p∧¬q　　　B.¬p∧q　　　C.¬p∧¬q

　　　　D.¬q∧p　　　E.¬(¬p→¬q)

　　7. 若 SEP 为真,则(　　)(　　)也为真　　　　　(　　)

　　　　A.SAP　　　　B.SIP　　　　C.SOP

　　　　D.$\overline{P}$A$\overline{S}$　　　　E.$\overline{P}$O$\overline{S}$

　　8. 由判断"任务必然完成"可推出　　　　　　　　(　　)

　　　　A. 任务不可能不完成　　　B. 任务不必然完成

　　　　C. 任务可能没完成　　　　D. 任务不可能完成

　　　　E. 任务可能完成

　　9. 以 p∨q∨r 和 ¬p 为前提,能有效推出结论　　　(　　)

　　　　A.q　　　　　B.r　　　　　C.¬q→r

　　　　D.q∨r　　　　E.q$\dot{\vee}$r

　　10. 在列各推理式中,有效的推理式为　　　　　　(　　)

　　　　A.(¬p∨q)∧¬p→q　　　　B.(¬p∨q)∧p→q

　　　　C.(¬p$\dot{\vee}$q)∧¬p→¬q　　　D.(¬p$\dot{\vee}$q)∧p→¬q

　　　　E.(¬p∨q∨r)∧p→q∧r

三、填空题(每空 1 分,共 10 分)

　　1. 普通逻辑是一门具有工具性和(　　　　　)性的科学。

　　2. 正确划分所得各子项之间必然是(　　　　　)关系。

3. 性质判断按质划分,可以分为(　　　　　)。

4. 在联言判断 p∧q 中,如果 p 真而 q 假,则该判断的值为(　　　　)。

5. 若 SAP 真,根据(　　　　)律,可断定 SEP 假。

6. 在性质判断换位中,O 判断不能换位。因为如果 O 判断能换位,则原判断不周延的主项在换位后,成为否定结论的谓项,而这谓项是(　　　　)的,这就违反了换位法的规则。

7. 联言推理的两种形式是分解式和(　　　　)。

8. 归纳推理就是以个别或特殊性知识为前提,得出以(　　　　)知识为结论的推理。

9. 科学假说就是以已有的事实材料和科学原理为依据,对于(　　　　)或规律性所作的假定解释。

10. 反证法是先论证与原论题相矛盾的论断为假,然后根据(　　　　)律确定原论题真。

四、图表题(第 1 小题 4 分,第 2 小题 6 分,共 10 分)

1. 请用欧拉图表示出下列概念间的关系:

　　A. 学校　　B. 大学教师　　C. 教师　　D. 女教师

2. 试用真值表方法判定下列 A、B 两个判断是否等值。

A:"要么小周当选为班长,要么小李当选为班长。"

B:"小周当选为班长,而小李没有当选为班长。"

p	q		
T	T		
T	F		
F	T		
F	F		

　　(设"小周当选为班长"表示为 p,"小李当选为班长"表示为 q,"真"表示为 T,"假"表示为 F)

五、分析题(每小题 5 分,共 25 分)

1.(1)"划分包括一次划分、二分法和连续划分。"该语句作为划分是否正确? 请说明理由。

(2)"笔是用来写字的工具。"该语句作为定义是否正确? 请说明理由。

2. 当概念 S 与概念 P 之间存在真包含关系时,请回答以 S 为主项,P 为谓项的四个性质判断中,什么判断取值为假? 什么判断取值为真? 取值为假的判断间具有何种关系?

3. 写出下列三段论的推理式,指出其格与式,并根据三段论规则,说明其是否有效:有些错误不是不可避免的,考试作弊是一种错误,所以,考试作弊是可以避免的。

4."棉花能保温,积雪也能保持地温。据测定,新降落的雪有 40%到 50%的空隙,棉花是植物纤维,雪是水的结晶,很不相同,但两者都是疏松多孔的。可见,疏松多孔的东西能够保温。"

分析此例运用了何种探求因果联系的方法,说明理由并写出该逻辑方法的公式。

5. 各行各业的成功经验证明,实行岗位学雷锋可以做到坚持不懈。例如:干部、战士岗位学雷锋可以做到坚持不懈;工人、农民岗位学雷锋可以做到坚持不懈;教师、学生岗位学雷锋可以做到坚持不懈。

分析此例论证的结构,指出其论题、论据、论证方式和论证方法。

六、证明题(8 分)

有一个正确的三段论,它的大前提是肯定的,大项在前提和结论中都周延,小项在前提和结论中都不周延。请证明这一三段论的推理形式是第二格 AOO 式。

七、综合题(每小题 6 分,共 12 分)

1. 警察抓住了 A、B、C、D、E 五名犯罪嫌疑人,经讯问,五人作了如下回答：

A："如果不是 C 干的,那么也不是 D 干的。"

B："是 D 或 E 干的"。

C："不是我干的"。

D："如果不是 B 干的,那么也不是 A 干的"。

E："不是 B 干的而是 A 干的"。

经进一步调查得知,作案者是这五名犯罪嫌疑人中的某一人,并知道其中一人说了假话,而其余四人说了真话。试问:谁说了假话? 是谁作的案?

（用 A 表示"是 A 干的",用 ¬A 表示"不是 A 干的",其余类同）

2.已知：①只有 A 没得奖或 B 没得奖,C 与 D 才得奖;

②"C 没得奖或 D 没得奖"是不真实的;

③B 得奖了

问:由上述已知前提能确定 A、C、D 中谁得了奖? 谁未得奖? 写出推导过程和推导根据。

（用 A 表示"A 得奖了",用 ¬A 表示"A 没得奖",其余类同）

附:山西省 2001 年上半年高等教育自学考试

普通逻辑试题答案与评分标准

一、单项选择题（每小题 1 分,共 15 分）

1.D　2.D　3.C　4.D　5.B　6.B　7.A　8.C　9.C　10.A

11.B　12.A　13.C　14.C　15.D

二、双项选择题（每小题 2 分,共 20 分）

1.BD　2.AC　3.AD　4.CD　5.BD　6.BE　7.CE　8.AE

9.CD　10.BC

三、填空题(每空 1 分,共 10 分)

1. 全人类
2. 全异
3. 肯定判断和否定判断
4. 假
5. 矛盾
6. 周延
7. 组合
8. 普遍性
9. 未知(的)事物
10. 排中

四、图表题(第 1 小题 4 分,第 2 小题 6 分,共 10 分)

1. 图略。

(表达出 A、B 全异,或 A、D 全异,1 分)

(表达出 C 真包含 B,或 C 真包含 D,1 分)

(表达出 A、C 全异,1 分)

(表达出 B、D 交叉,1 分)

2. ①A:p $\lor$ q

　　B:p $\land$ ¬q(1 分)

②列出真值表:

p	q	¬q	p $\lor$ q	p $\land$ ¬q	A↔B	(4 分)
T	T	F-	F	F	T	
T	F	T+	T	T	T	
F	T	F-	T	F	F	
F	F	T+	F	F	F	

③由真值表最后一列可看出,A、B 两个判断不等值。(1 分)

五、分析题(每小题 5 分,共 25 分)

1.(1)不正确(1 分)。违反了"划分的各子项应当互不相容"的规则(或犯了"子项相容"的错误)。(1 分)

(2)不正确。(1分)违反了"定义项与被定义项外延应全
　同"的规则(或犯了"定义过窄"的错误)。(2分)

2. 因为概念 S 与概念 P 之间存在真包含关系,所以可认定,
SAP、SEP 两判断取值为假,(2分)而 SIP、SOP 两判断取值
为真。(2分)取值为假的 SAP、SEP 间具有反对关系。(1
分)

3. ①设"错误"为 M,"可避的"为 P,"考试作弊"为 S
　则原三段论可符号化为:

$$M O \overline{P}$$
$$\underline{S A M}$$
$$S A P \qquad (1分)$$

②因为 $M O \overline{P} \leftrightarrow M I P$,所以上述三段论的推理式可转化为:

$$M I P$$
$$\underline{S A M}$$
$$S A P \qquad (1分)$$

③这是第一格 IAA 式。(1分)根据第一格规则"大前提必
　全称"(或根据"中项至少在前提中周延一次"的规则)。
　(1分)可知该三段论形式为无效式。(1分)

4. 运用求同法。(1分)棉花和积雪其他性质都不同,只有一
点是共同的:它们都是疏松多孔的,它们都能保温。根据
求同法得出结论:疏松多孔的东西可以保温。(2分)
公式:

场合	相关情况	被研究现象
(1)	A、B、C	a
(2)	A、D、E	a
(3)	A、G、F	a
……	……	……

所以,A 与 a 之间有因果联系。　（2分）

5.论题:实行岗位学雷锋可以做到坚持不懈。(1分)

论据:干部、战士岗位学雷锋可以做到坚持不懈;工人、农
　　　民岗位学雷锋可以做到坚持不懈;教师、学生岗位学
　　　雷锋可以做到坚持不懈。(1分)

论证方式:归纳论证。(2分)

论证方法:直接论证。(1分)

六、证明题(8分)

①∵大前提肯定且大项在大前提中周延,

　∴大前提必为 PAM。(1分)

②∵大项在结论中周延,而大项是结论中的谓项,

　∴结论必为否定判断(1分)

③∴根据三段论规则可知,而前提中必有一否定判断。(1
分)

④又∵大前提为 PAM,∴小前提必否定。(1分)

⑤∵小项在小前提中不周延,而否定判断的谓项是周延
的,

　∴小前提必为 SOM。(1分)

⑥又∵小项在结论中也不周延,而结论又是否定的,

　∴结论必为 SOP。(1分)

⑦综上,该三段论的推理形式应是:

　PAM

　SOM

　SOP

这一推理形式正是第二格 AOO 式。(2分)

七、综合题(每小题6分,共12分)

1. A:¬C→¬D

　B:D∨E

C:¬C

D:¬B→¬A

E:¬B∧A　　（1分）

D、E 两人的说法矛盾,根据矛盾律,其中必有一假。

(1分)由题设可知,A、B、C 三人必然说真话,以他们所

说的话作为前提,进行推理:

①¬C→¬D

②D∨E

③¬C　　（1分）

④¬D　　由①、③,充分条件假言推理的肯定前件式

　　　　（1分）

⑤E　　由②、④,相容选言推理的否定肯定式(1分)

∴ 是 E 作的案

又根据题设,知作案人只有一人,所以 E 的说法必假,

即 E 说了假话。（1分）

2.

①¬A∨¬B←C∧D　　　　前提

②¬(¬C∨¬D)　　　　　前提 }（1分）

③B　　　　　　　　　　前提

④C∧D　　由②,联言判断与相容选言判断的负判断间

的关系(1分)

⑤¬A∨¬B　　由①、④,必要条件假言推理的肯定后件

式(1分)

⑥¬A　　由③、⑤,相容选言推理的否定肯定式(1分)

∴C、D得了奖(1分),A未得奖。（1分）

图书在版编目（ＣＩＰ）数据

新编普通逻辑学基础／辛菊，潘家懿编著．—太原：书海出版社，2003.1（2015.1重印）

山西省高等教育自学考试委员会指定参考用书

ISBN 978－7－80550－507－7

Ⅰ．新…　Ⅱ．①辛…②潘…　Ⅲ．形式逻辑－高等教育－自学考试－自学参考资料　Ⅳ．B 812

中国版本图书馆 CIP 数据核字（2009）第 124124 号

新编普通逻辑学基础

编　　著：	辛　菊　潘家懿
责任编辑：	孔庆萍
出　版　者：	山西出版集团·书海出版社
地　　址：	太原市建设南路 21 号
邮　　编：	030012
发行营销：	0351－4922220　4955996　4956039
	0351－4922127（传真）　4956038（邮购）
E－mail：	sxskcb@163.com　发行部
	sxskcb@126.com　总编室
网　　址：	www.sxskcb.com
经　销　者：	山西出版集团·书海出版社
承　印　者：	山西出版集团·山西新华印业有限公司
开　　本：	850mm×1168mm　1/32
印　　张：	16
字　　数：	400 千字
印　　数：	12 001－14 000 册
版　　次：	2003 年 1 月第 1 版
印　　次：	2015 年 1 月第 4 次印刷
书　　号：	ISBN 978－7－80550－507－7
定　　价：	28.60 元

如有印装质量问题请与本社联系调换